Hybrid Intelligent Algorithms for Quadratic Knapsack Problems

混合智能二次背包算法

陈宇宁 刘晓路 陈盈果 郝进考 ◎ 著

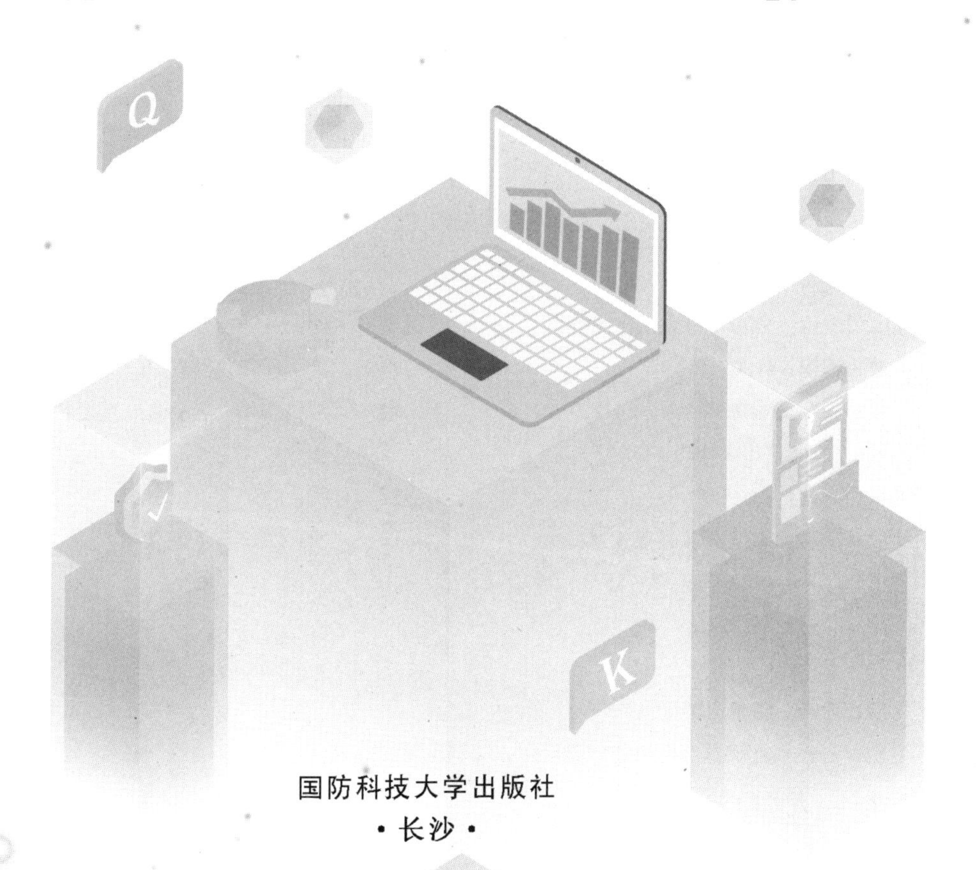

国防科技大学出版社
· 长沙 ·

图书在版编目（CIP）数据

混合智能二次背包算法/陈宇宁等著. —长沙：国防科技大学出版社，2023.4

ISBN 978-7-5673-0602-8

Ⅰ.①混… Ⅱ.①陈… Ⅲ.①计算机算法—研究 Ⅳ.①TP301.6

中国版本图书馆 CIP 数据核字（2022）第 198639 号

混合智能二次背包算法

HUNHE ZHINENG ERCI BEIBAO SUANFA

陈宇宁　刘晓路　陈盈果　郝进考　著

责任编辑：胡诗倩

责任校对：周伊冬

出版发行：国防科技大学出版社　　地　址：长沙市开福区德雅路 109 号

邮政编码：410073　　电　话：（0731）87028022

印　制：国防科技大学印刷厂　　经　销：新华书店总店北京发行所

开　本：710×1000　1/16　　印　张：17

字　数：259 千字　　插　页：8 页

版　次：2023 年 4 月第 1 版　　印　次：2023 年 4 月第 1 次

书　号：ISBN 978-7-5673-0602-8

定　价：85.00 元

前 言

背包问题是一类最基本的组合优化问题，它常出现在各类优化算法的教材中。这是因为它的模型非常简单，很容易被没有任何领域知识的“小白”所理解。他们在看到这类问题时，根本不会想到这里面还有值得研究的课题。然而，就是这样简单的模型，在学术界却被研究了上百年之久。虽然，在过去快速发展的几十年间，学术界对基本背包问题求解算法的研究有了长足进步，各种类型的精确算法、启发式算法层出不穷。但是到目前为止，背包问题家族中仍然有许多模型的高效求解算法还未找到，是当前运筹优化领域的开放课题。二次背包问题就是这样一类尚未得到深入研究的问题。

本书研究的二次背包问题是一系列具有二次目标函数的背包问题。这类问题在我们现实生活中几乎随处可见，比如，军事领域的卫星通信基站部署、军事设施（如军用机场、港口）选址等；民用领域的金融产品投资组合、生产车间调度等。从计算复杂性的角度来看，这类问题属于严格意义上的 NP 困难（NP-hard）问题。现有求解算法均无法在问题规模的多项式时间内找到全局最优解。本书拟从实际应用的角度出发，在现有智能优化算法研究成果的基础上，寻求能够在较短的时间内快速找到问题近似最优解的启发式方法。最优化理论领域的“没有免费午餐”定理告诉我们算法混合是有效提高优化性能的一种手段，因此本书从算法集成创新的角度出发研究混合智能二次背包算法。

本书从二次背包系列问题中的五个典型问题切入，深入分析各个问题的特点，研究它们共性的启发式算子和个性的智能算法混合机制。这五个问题覆盖了多种问题类型，包括单约束问题和多约束问题、单目标问题和多目标问题、静态问题和动态问题。书中提出的共性的启发式算子在二次背包系列问题中具有广泛的适用性，个性的智能算法混合机制在特定的问题类型中也具有一定的通用性。大量的计算实验结果表明，本书提出的混合智能二次背包算法具有很高的求解效能，从求解质量和求解效率上轻松超越了文献中最好的启发式算法，并在多个经典测试算例上的求解效果达到世界先进水平。

本书介绍的研究成果在一定程度上推动了二次背包系列问题求解理论和方法的进步，同时也为运筹优化相关专业的研究生、科研工作者和工程技术人员提供了有价值的参考。

本书在编辑、形成和出版过程中，得到了国防科技大学系统工程学院和国防科技大学出版社的大力支持。在此，作者向他们表示感谢。

限于作者水平，书中难免有不妥和疏漏之处，敬请读者不吝赐教。

作 者

2022 年 11 月

目 录

第1章 绪 论 …… (1)
1.1 二次背包问题概述 …… (1)
1.2 二次背包问题的应用 …… (7)
1.3 问题的计算复杂度和求解方法 …… (9)
1.4 智能优化算法的简要回顾 …… (11)
1.5 二次背包问题的基本启发式组件 …… (17)
1.6 解的增量式评价 …… (19)
1.7 算法效能评估 …… (20)
第2章 基于超平面搜索的二次背包算法 …… (25)
2.1 引言 …… (25)
2.2 IHEA 算法设计 …… (27)
2.3 计算实验 …… (41)
2.4 讨论 …… (60)
2.5 结论 …… (66)

第 3 章　基于局部搜索和进化策略的智能混合二次多重背包算法 …………………… (68)

3.1　引言 …………………………………………………………… (69)
3.2　响应阈值搜索算法 …………………………………………… (72)
3.3　IRTS：RTS 与迭代局部搜索相结合 ………………………… (82)
3.4　EPRQMKP：RTS 与进化路径重链接元启发式相结合 …………………………………………………………… (83)
3.5　计算实验研究 ………………………………………………… (95)
3.6　算法组成与效能分析 ………………………………………… (117)
3.7　结论 …………………………………………………………… (124)

第 4 章　基于模因搜索的广义二次多背包算法 ………………… (126)

4.1　引言 …………………………………………………………… (126)
4.2　求解 GQMKP 的模因算法 …………………………………… (128)
4.3　计算结果分析 ………………………………………………… (143)
4.4　算法及其组件效能分析 ……………………………………… (170)
4.5　结论 …………………………………………………………… (182)

第 5 章　基于两阶段混合的多目标二次多背包算法 …………… (183)

5.1　引言 …………………………………………………………… (183)
5.2　双目标二次型多背包问题 …………………………………… (185)
5.3　求解 BO-QMKP 的两阶段混合算法 ………………………… (186)
5.4　实验研究 ……………………………………………………… (197)
5.5　结论 …………………………………………………………… (216)

第 6 章　基于修复策略的智能随机二次多背包算法 …………（217）

6.1　引言 ……………………………………………（217）

6.2　SQMKP 问题定义 ………………………………（220）

6.3　基于修复的优化方法 ……………………………（221）

6.4　实验研究 …………………………………………（227）

6.5　结论 ………………………………………………（245）

第七章　总结与展望 …………………………………（246）

7.1　总结 ………………………………………………（246）

7.2　展望 ………………………………………………（250）

参考文献 ………………………………………………（252）

第1章 绪 论

本书研究的二次背包问题是指一类带有二次目标函数的背包问题所组成的问题集合。这些问题模型可用于描述众多实际应用问题。然而从计算复杂度的角度看，二次背包问题模型却是一类特别难以求解的模型。针对这类问题的高效求解算法是一个具有挑战且具有重要研究价值的课题。首先，介绍本书重点研究的五个二次背包问题。其次，介绍文献中有关二次背包问题的计算复杂性结论，以说明问题的求解难度；综述参考文献中现有的求解算法并分析其局限性。再次，梳理常用的智能优化算法，分析算法混合的困难及挑战；并在智能优化算法的框架下，介绍二次背包问题的基本启发式信息（这些启发式信息稍加改造即可普遍适用于多类不同的二次背包问题）及增量式评价技术，以加速基于邻域搜索的智能优化算法的应用。最后，介绍标准测试算例、算法评价指标以及统计测试方法，以评价后续章节中介绍的混合智能二次背包算法。

1.1 二次背包问题概述

自20世纪50年代后期以来，学术界对各类背包问题进行了广泛而深入的研究。在这些问题中，最基本且最广为人知的模型是线性0-1背包问题（knapsack problem，KP）。整数线性规划（integer linear programming，ILP）的研究最初就是从KP开始的。KP也是ILP最简单的特例，它只包含一个线性约束并且变量只能取0、1值。这个基本的

KP 在课堂教学上很受欢迎，它常常作为背景应用问题辅助经典优化方法（如动态规划、分支定界、松弛和近似方案）基本原理和运行机理的讲解。另外，KP 的简单结构使它几乎无处不在地作为其他优化问题的一个子问题。例如，在切平面方法中，覆盖不等式的分离就是一个 KP。在许多其他例子中也可以找到 KP 子问题。根据物品和背包的分布不同，文献中出现了许多线性背包问题的变种问题。例如，在线性 0-1 背包问题中每个物品最多可被选择一次，而在有界背包问题（bounded knapsack problem，BKP）中每个物品根据其类型不同可被选择多次。当物品集合被划分成多个互不相交的物品子集并且每个子集中恰好只有一个物品可被选择时，就得到了多选背包问题（multiple-choice knapsack problem，MCKP）。在多背包问题（multiple knapsack problem，MKP）中，有多个背包可同时用于填充物品。带有一个背包和多个约束的多维背包问题（multidimensional knapsack problem，MDKP）是一个最通用的模型，它是一个所有系数取值都为正的通用 ILP。除了前面提到的经典 KP 变种问题，线性背包问题家族还包括所有其他仅具有线性目标函数和线性约束的背包问题。这类问题中的部分问题已经在文献中被研究过，其他变种问题仍是学术界的开放问题。

与仅具有线性目标函数的 KP 不同，本书研究的二次背包问题具有一个或多个二次目标函数，背包容量约束仍为线性约束。在二次背包问题的所有变种中，对于一组给定的物品，不仅有单个物品的利润，还有两个物品成对的利润。仅当两个物品被放进同一个背包时，成对的利润才会被计入目标值中。线性背包问题家族中的每个问题都有一个对应的二次背包问题。由于线性背包问题（特别是前面提到的这些问题）与 ILP 的关系密切，因此在过去的几十年中受到了广泛的关注。然而，对二次背包问题的研究却相对较少，这主要是因为二次背包问题存在二次项，在计算上比线性问题更加棘手。

本书研究了二次背包问题家族中五个困难的变种问题，下面将以模型复杂度递增的顺序对这些问题进行规范化描述。

1.1.1 二次背包问题

二次背包问题（quadratic knapsack problem，QKP）是家族中最基本的问题。令 c 为背包容量，$N=\{1, 2, \cdots, n\}$ 为一组物品。设 p_i 为物品 i（$i \in N$）的利润，w_i 为物品的质量。对于每对物品 i 和 j（$1 \leqslant i \neq j \leqslant n$），$p_{ij}$ 表示成对的利润，仅当两个物品都被选中时成对利润才被计入总利润中。QKP 的数学模型如下：

$$\max \sum_{i=1}^{n} \sum_{j=1}^{n} p_{ij} \boldsymbol{x}_i \boldsymbol{x}_j \tag{1.1}$$

其约束为：

$$\sum_{j=1}^{n} w_j \boldsymbol{x}_j \leqslant c \tag{1.1a}$$

$$x \in \{0, 1\}^n \tag{1.1b}$$

公式（1.1）旨在最大化所选物品的总利润。约束（1.1a）要求所选物品的总质量不超过容量 c；约束（1.1b）确保物品的状态为选择或不选择。

1.1.2 二次多背包问题

在 QKP 的基础上，把一个背包扩展为多个，所产生的新问题就是二次多背包问题（quadratic multiple knapsack problem，QMKP）。在这种情况下，必须同时对多个背包进行装包。首先要决定是否选择某个物品，如果选择的话，还要决定放进哪个背包。令 $M=\{1, 2, \cdots, m\}$ 表示 m 个背包的集合。令 $\boldsymbol{x}$ 为 $n \times m$ 的一个二进制矩阵，如果将物品 i 分配给背包 k，则 $\boldsymbol{x}_{ik}=1$，否则 $\boldsymbol{x}_{ik}=0$。QMKP 的 0－1 二次规划模型如下：

$$\max\left(\sum_{i=1}^{n} \sum_{k=1}^{m} \boldsymbol{x}_{ik} p_i + \sum_{i=1}^{n-1} \sum_{j=i+1}^{n} \sum_{k=1}^{m} \boldsymbol{x}_{ik} \boldsymbol{x}_{jk} p_{ij} \right) \tag{1.2}$$

其约束为：

$$\sum_{i=1}^{n} \boldsymbol{x}_{ik} w_i \leqslant C_k, \forall k \in M \tag{1.2a}$$

$$\sum_{i=1}^{n} \boldsymbol{x}_{ik} \leqslant 1, \forall i \in N \tag{1.2b}$$

$$\boldsymbol{x}_{ik} \in \{0,\ 1\},\ \ \forall i \in N,\ k \in M \tag{1.2c}$$

公式（1.2）旨在使所有被选中物品的总利润最大化。约束（1.2a）要求分配给每个背包的物品的总质量不超过其容量；约束（1.2b）确保每个物品最多被放进一个背包；约束（1.2c）保证每个物品在每个背包中最多被选择一次。

1.1.3 广义二次背包问题

广义二次多背包问题（generalized quadratic multiple knapsack problem，GQMKP）是二次背包问题家族的新成员，该问题在文献[102] 中首次被提出。GQMKP 从启动成本和背包偏好两个方面进一步扩展了 QMKP。与 QMKP 相比，GQMKP 具有以下四个显著特征：

（1）物品分类。物品分为不同的类。相同类别的物品具有共同的特征。

（2）启动成本。背包可能包含来自不同类别的物品。在背包中，每增加一类物品，就要增加相应的资源消耗，这就是所谓的启动成本。

（3）分配限制。每类物品只能分配给部分背包而非所有背包。

（4）背包偏好。每个物品都有背包偏好，当将其分配给不同的背包时，它的收益也有所区别。

在 GQMKP 中，将 n 个物品分类为 r 个不相交的类 $C = \{C_1,\ C_2,\ \cdots,\ C_r\}$，其中 $C_i \cap C_j = \varnothing$，对于每个 i、j，$1 \leqslant i \neq j \leqslant r$。每个背包 k（$k \in M$）的容量为 B_k。令 $R = \{1,\ 2,\ \cdots,\ r\}$ 为类的索引集合，$n_i = |C_i|$是类 $C_i \in C(\sum_{i=1}^{r} n_i = n)$ 的物品数，$\boldsymbol{\sigma}_i$ 是可以存放 C_i 类的背包集合（$\boldsymbol{\sigma}_i$ 和 $\boldsymbol{\sigma}_j$ 可以重叠），$\boldsymbol{\beta}_i$（$1 \leqslant \boldsymbol{\beta}_i \leqslant m$）表示 C_i 中的物品最多可被分配到 $\boldsymbol{\beta}_i$ 个背包中。$C_{ij} \in N$（$i \in R,\ j \in \{1,\ 2,\ \cdots,\ n_i\}$）表示第 j 类第 i 个物品

的索引。每个 C_i 都与一个启动成本 s_i 关联，当 C_i 的任何一个物品分配给背包 k（$k \in M$）时，将消耗 s_i 的背包空间，多个 C_i 的物品分配给背包 k 时只消耗一个 s_i。每个物品 i（$i \in N$）具有权重 w_i，还有一个背包依赖的收益 p_{ik} 用于表达物品 i 对背包 k 的偏好。每对物品 i 和 j（$1 \leqslant i \neq j \leqslant n$）都会生成一个成对的利润 q_{ij}，当将这两个物品分配给相同的背包时，成对利润将加入目标值中。另外，令 x_{ik} 为决策变量，如果将物品 i 分配给背包 k，则 $x_{ik}=1$，否则 $x_{ik}=0$；令 y_{uk} 为决策变量，如果将类 u 中的一个或者多个物品分配给背包 k，则 $y_{uk}=1$，否则 $y_{uk}=0$。GQMKP 的 0－1 二次规划模型为：

$$\max\left(\sum_{u=1}^{r}\sum_{i=1}^{n_u}\sum_{k=1}^{m} x_{C_{ui}k} p_{C_{ui}k} + \sum_{i=1}^{n-1}\sum_{j=i+1}^{n}\sum_{k=1}^{m} x_{ik}x_{jk}q_{ij}\right) \tag{1.3}$$

其约束为：

$$\sum_{u=1}^{r}\left(\sum_{i=1}^{n_u} x_{C_{ui}k} w_{C_{ui}k} + y_{uk}s_u\right) \leqslant B_k, \forall k \in M \tag{1.3a}$$

$$\sum_{k=1}^{m} x_{ik} \leqslant 1, \forall i \in N \tag{1.3b}$$

$$y_{uk}=0,\ \forall u \in R,\ k \notin \sigma_u \tag{1.3c}$$

$$\sum_{k=1}^{r} y_{uk} \leqslant \beta_u, \forall u \in R \tag{1.3d}$$

$$x_{C_{ui}k} \leqslant y_{uk},\ \forall u \in R,\ i \in \{1, 2, \cdots, n_u\},\ k \in M \tag{1.3e}$$

$$y_{uk} \leqslant \sum_{i=1}^{n_u} x_{C_{ui}k}, \forall u \in R, k \in M \tag{1.3f}$$

$$x_{ik},\ y_{uk} \in \{0, 1\},\ \forall i \in N,\ u \in R,\ k \in M \tag{1.3g}$$

对于每个背包 k，约束（1.3a）要求背包中物品的质量加上“启动成本”资源消耗之和必须小于等于其容量；约束（1.3b）确保每个物品最多可分配给一个背包；约束（1.3c）表示无法将物品分配到不允许的背包中；约束（1.3d）要求每个类别装有物品的背包数量必须小于或等于最大数量；约束（1.3e）保证了当至少一个 u 类中的物品分配给背包 k 时，y_{uk} 的值为 1；约束（1.3f）要求，当没有将 u 类的物品分配给背包 k 时，y_{uk} 的取值为 0；约束（1.3g）要求每个变量取值为 0 或 1。

1.1.4 双目标二次多背包问题

在实际应用中，优化问题通常必须同时考虑多个优化目标。为此，我们提出了一个双目标二次多背包问题（bi-objective quadratic multiple knapsack problem，BO-QMKP）模型，其中装包计划的总利润和最小利润背包的收益（类似于调度理论中制造期的概念）应同时最大化。BO-QMKP 的 0－1 二次规划模型为：

$$\max\left(\sum_{i=1}^{n}\sum_{k=1}^{m}x_{ik}p_i+\sum_{i=1}^{n-1}\sum_{j=i+1}^{n}\sum_{k=1}^{m}x_{ik}x_{jk}p_{ij}\right) \tag{1.4.1}$$

$$\max\min_{k\in M}\left(\sum_{i=1}^{n}x_{ik}p_i+\sum_{i=1}^{n-1}\sum_{j=i+1}^{n}x_{ik}x_{jk}p_{ij}\right) \tag{1.4.2}$$

其约束为：

$$\sum_{i=1}^{n}x_{ik}w_i\leqslant C_k,\forall k\in M \tag{1.4a}$$

$$\sum_{k=1}^{m}x_{ik}\leqslant 1,\forall i\in N \tag{1.4b}$$

$$x_{ik}\in\{0,\ 1\},\quad \forall i\in N,\ k\in M \tag{1.4c}$$

公式（1.4.1）旨在使所有已分配物品的总利润最大化，而公式（1.4.2）旨在使利润最小的背包（或制造期）最大化。约束（1.4a）确保分配给每个背包的物品总质量不超过其容量；约束（1.4b）要求每个物品最多分配给一个背包；约束（1.4c）保证每个物品在每个背包中最多被选择一次。

1.1.5 随机二次多背包问题

在实际应用中，优化问题的输入通常具有不确定性。本书研究了一个随机二次多背包问题（stochastic quadratic multiple knapsack problem，SQMKP），其中物品的质量和收益是随机变量，其分布取决于一个给定的环境变量 θ。$f(\theta_i^w)$ 为 w_i 的概率密度函数，则物品质量的

分布为 $P(w_i \leqslant y) = \int_{-\infty}^{y}(w_i|\theta_i^w)f(\theta_i^w)\mathrm{d}\theta_i^w$；$f(\theta_{ij}^p)$ 为 p_{ij}的概率密度函数，则物品收益的分布为 $P(p_{ij} \leqslant y) = \int_{-\infty}^{y}(p_{ij}|\theta_{ij}^p)f(\theta_{ij}^p)\mathrm{d}\theta_{ij}^p$。SQMKP 的目标是在所有符合条件的解中找到预期收益最高的解。SQMKP 的数学模型如下：

$$\max R(x) \tag{1.5}$$

其约束为：

$$E[\sum_{i=1}^{n} x_{ik}(w_i|\theta_i^w)] \leqslant C_k, \forall k \in M \tag{1.5a}$$

$$\sum_{k=1}^{m} x_{ik} \leqslant 1, \forall i \in N \tag{1.5b}$$

公式（1.5）表示 SQMKP 的优化目标是使解的预期收益最大化。约束（1.5a）要求每个背包中的物品预期总质量不超过背包容量；约束（1.5b）要求每个物品最多只能分配给一个背包。目标是找到具有最大预期收益（即鲁棒性度量值最大）的解。

二次背包问题家族中的其他相关问题还包括具有多重约束的二次背包问题、基数受限的二次背包问题等。如前文所述，每个线性背包问题家族的变种在二次背包问题家族中都能找到对应问题，所以二次背包问题家族包含的问题非常多。如此多的问题无法一一解决，本书侧重于对上述五个典型且具有重要应用价值的问题模型进行分析。关于其他二次背包问题以及变种问题的讨论可参见文献［71］和［84］。

1.2　二次背包问题的应用

二次背包问题在理论和实际应用中都有较高的研究价值。从理论上讲，可以从图论的角度来看待 QKP。首先，可以将 QKP 看作是团(clique)问题的扩展问题。给定一个完全无向图，图的节点集合为 N，其中每个节点 i 与一个利润 p_i 以及一个权重 w_i 相关联，并且每条边（i,

j）都有一个利润 p_{ij}，从 N（$S\subset N$）中选择一个子集 S 并要求 S 的总权重不超过 c，目的是使节点子集的整体利润最大化，其中总利润是通过将 S 中的节点的利润和连接 S 中两个端点的边的利润相加得到。对于给定的正整数 k，传统的团问题检查给定的无向图 $G=(V, E)$ 是否包含具有 k 个节点的完全子图。对于任意 $j\in N$，令 $n=|V|$、$c=k$、$w=1$，如果$(i, j)\in E$，则 $P_{ij}=P_{ji}=1$，否则 $P_{ij}=P_{ji}=0$，此时 QKP 对应于团问题的一个优化版本，这个问题也称为密集子图问题，该问题的目的是选择一个节点子集 $S\subset V$，其中 $|S|=k$，以使 S 导出的 G 子图包含尽可能多的边。请注意，在密集子图问题中，背包约束变为基数约束。最大团问题是团问题的另一个更著名的优化版本，它的目的是找到具有最大数量节点的完整子图。最大团问题可以通过 QKP 算法解决，把 c 设置为 1 和 n 之间的数，并采用二元搜索进行求解。除作为一组图论问题的扩展问题之外，QKP 还是图分割问题的列生成子问题。

除了理论研究上的重要性，QKP 还可以用于描述许多实际应用问题。例如，在电信领域的卫星基站选址中，给定 n 个备选的站点，第 i 个站点所需的投资成本 w_i 以及站点 i 和站点 j 之间的日常通信带来利润 p_{ij}，目标是在 N 中选择一个子集 $S\subset N$，以使全局利润最大化并满足预算约束。类似的应用还包括火车站、货运站和机场的选址问题。

在基本 QKP 中加入约束或目标函数得到扩展的二次背包问题能够描述更多的实际应用问题。例如，二次多背包问题（QMKP）具有重要的实际应用，这些应用的核心是解决任务和资源匹配的问题。举两个典型的 QMKP 应用案例：第一个例子是关于如何将公司中的员工分配给不同的工作组，在组中分别单独或成对计算组员的贡献；第二个例子是关于投资组合的问题，其中背包代表有限的预算，而成对的收益值表示当同时选择两个不同的投资产品时对预期表现的影响。

双目标二次多背包问题（BO-QMKP）进一步增加了模型的描述能力。当公司经理将员工分配到不同的组以负责不同产品时，他们不仅要考虑每个小组的整体的实力，而且要考虑小组之间的公平和小组的可持续发展。例如，当每个小组负责不同类型客户和不同产品时，为了追求长期利益，公司经理可能希望在分配小组成员时平衡每个小组的实力，以便每个小组都有足够的资源以确保长期高质量地满足客户的需求。在证券投资中，投资者可能不仅要求最大化投资资产组合的总收益，还需要对最低的预期收益兜底。以上这些情形都可以用 QMKP 的双目标版本来建模。而在 BO-QMKP 中，可实现装包计划的总利润和最低利润背包的收益同时最大化。

在生产调度领域，使用注塑机生产塑料零件的问题本质上是一个广义二次多背包问题（GQMKP）。在此应用场景中，作业被视为物品，注塑机被视为背包，给定的计划时间被视为背包的容量。首先，根据作业所需的模具将作业分为不同的类别。在机器中切换模具需要一个与模具相关的准备时间。由于技术原因，模具只能固定在数量有限的机器上。最好将同一类的作业分配给同一台机器，因为与之关联的模具可能无法在所有机器上以相同的效率工作，或者作业调度人员可能更倾向于将此作业分配给某台机器。在机器中执行作业需要一定时间，这被视为物品的质量。除单个作业产生的利润之外，还可以通过将相似的作业（即来自同一类别的作业）分配给同一台机器以获得额外的利润，从而减少启动成本（可理解为换模具的时间），这反映了此问题的二次目标特性。该问题的目的是确定要执行的作业，并确定作业与机器的匹配关系，同时满足所有问题约束。

1.3 问题的计算复杂度和求解方法

从计算复杂度的角度来看，所有二次背包问题都属于 NP 困难问题，因为它们都是经典 0－1 线性背包问题（KP）的扩展问题和几个著名的 NP 完全问题的特例（例如最大团和加权最大 b 团）。QKP 被证明是一个强 NP 问题，可见其他更复杂的变种问题也是如此。文献［98］针对 QKP 的一个特例提出了一种全多项式时间逼近算法（fully polynomial time approximation scheme，FPTAS），该算法的条件是：第一，所有成本系数均为非负值；第二，基础图是边序列平行的。文献［70］和文献［118］为 QKP 的另一种特殊情况——对称二次背包问题，提出了一个 FPTAS 算法。对于 QKP 更一般的情况，其基础图可能是顶点序列平行的，而某些成本系数可能是负的，文献［98］证明该问题是强 NP 完全问题，对于这类问题找不到任何固定近似比率的多项式时间算法。

由于二次背包问题的 NP 困难特性，在一般情况下很难设计出多项式算法来精确解决这些问题。对于 QKP，大多数精确算法都是在分支定界（branch and bound ，B&B）的隐式枚举框架下设计的。在此框架下引入了许多高效的技术，包括上平面、拉格朗日松弛、线性化、半定规划。精确方法方面的进步使得越来越大的 QKP 实例可被求解到最优。在最先进的精确方法中，B&B 算法可能是最成功的方法之一，该方法使用了激进的问题削减技术。精确算法在理论上具有保证找到的最优解决方案的优势。但是考虑到 NP 困难问题的求解难度很大，因此通过精确算法找到最佳解决方案所需的计算时间可能对于大规模的问题是难以忍受的。例如，对于 QKP，它是二次背包问题家族中最基本的问题，最强大的精确算法只能处理不超过 1 500 个变量的实例，且需要大量的计算时间。对于更复杂的 QKP 变种问题，据了解，尚未有文献发表精确算法。

与为数不多的精确算法相反，学术界投入更多的精力来开发智能优化算法以解决各种二次背包问题。智能优化算法是一种非常受欢迎的求解方法，它在合理的计算时间内寻求高质量的近似最优解决方案。对于难以通过精确方法获得最优解的难题，此类方法特别有用。本书重点研究针对五个重要的二次背包变种问题的智能优化算法。本书的撰写是出于以下目的：

首先，从实践的角度来看，工业生产的快速增长和信息技术的发展导致问题规模和数据集越来越大。在实际决策过程中，许多现实世界中的问题都是大规模的，需要在合理的时间内提供较优的解决方案。

其次，从学术角度来看，尽管文献中已经针对若干二次背包问题提出了许多智能优化算法，但它们的求解效果远不能令人满意，特别是对于困难的大规模算例。

这些问题的重要性要求在智能优化算法方面有新的进展，进一步提升求解效率和求解效能。在后续每一个章节，本书都会对相应问题的已有智能优化算法进行详细介绍。下一节将简要对智能优化算法进行概述，这是为了让读者更好地理解本书所做的工作。

1.4　智能优化算法的简要回顾

智能优化算法（也称为元启发式方法）一词最早在文献［52］中引入。在文献中对智能优化算法有多种不同的定义，经过仔细研究和比较，这里采用了文献［9］中给出的定义：智能优化算法是一个使用多种策略探索搜索空间的高级概念。这些策略的选择应该慎重考虑，目的是在利用既往的搜索经验（通常称为集中性）和开发新的搜索空间（通常称为疏散性）之间达到动态平衡。这种平衡是必要的，一方面可以在搜索空间中的区域快速确定高质量解决方案，另一方面则必须避免在已经探索过的或未提供高质量解决方案的搜索空间中浪费太多时间。

智能优化算法可以用几种不同的方式进行分类：

（1）自然启发与非自然启发；

（2）基于单解与基于种群；

（3）采用动态评价函数与采用静态评价函数；

（4）基于单一邻域结构和基于多邻域结构；

（5）采用强记忆与采用弱记忆。

为便于理解，下文采用基于单解与基于种群的分类来简要描述目前主流的智能优化算法。

单解智能优化算法在搜索的过程中始终操纵一个解，所有搜索过的解在搜索空间中形成一条清晰的轨迹。典型的单解智能优化算法包括：

（1）迭代改进

迭代改进是单解智能优化算法（也称局部搜索），该方法在搜索的过程中仅接受改进解。一旦找到局部最优，该算法就会停止。迭代改进是许多二次背包算法的子过程，例如QKP算法、QMKP算法和GQMKP算法。除GQMKP算法之外，本书所提出的其他所有算法均把迭代改进当作一个子过程（有关QKP算法参见第2.2.4节；有关QMKP算法参见第3.2.7节；有关BO-QMKP算法参见第5.3.2节）。

（2）模拟退火

模拟退火（simulated annealing，SA）是公认的最古老的智能优化算法，是最早具有明确策略以逃避局部最优的算法之一。其基本思想是以一定的概率接受劣解以逃离局部最优。随着搜索的推进，接受劣解的概率会不断降低。目前，尚未发现文献研究有SA在二次背包问题中的应用。本书成功地将其作为一个子过程嵌入求解GQMKP的模因算法中（参见第4.2.3节）。

（3）阈值接受

阈值接受（threshold accept，TA）由文献［36］引入，其基本思想是通过接受不低于给定阈值的解决方案以逃离局部最优。该阈值随着搜索的进行而不断收紧，这类似于SA的退火计划。据了解，没有将TA用于二次背包问题的应用。本书首次尝试应用TA解决QMKP（参见第3.2节）。

（4）禁忌搜索

禁忌搜索（tabu search，TS）首次在文献［55］中被提出，它是组合优化问题中使用最多的智能优化算法之一。简单的TS算法将“最好改进”（best improvement）局部搜索作为基本组成部分，并使用禁忌表实现短期记忆，以避免循环搜索并摆脱局部最优。TS或禁忌机制应用于求解二次背包问题的代表性算法包括针对QKP的GRASP＋tabu算法和针对QMKP的禁忌增强迭代贪婪算法。本书提出的QKP算法使用了一个禁忌搜索子过程（参见第2.2.6节），求解QMKP的迭代局部搜索算法的扰动阶段也采用了禁忌机制（参见第3.3节）。

（5）策略振荡

策略振荡（strategic oscillation，SO）由文献［50］引入，并与TS的起源密切相关。在SO中，针对关键状态（也被认为是振荡的边界）进行搜索。这些关键状态通常对应于算法的一个稳态，例如局部极小值，或者是解构造过程的结束状态。振荡策略定义了一种模式，使算法搜索在边界来回振荡。该模式还定义了振幅（即离边界的距离）。文献［47］针对QMKP提出了一种成功的SO算法。

（6）贪婪随机自适应搜索

贪婪随机自适应搜索（greedy randomized adaptive search procedure，GRASP）最早在文献［41］中提出的，它是一种简单的智能优化算法，结合了构造方法和局部搜索。GRASP是一个不断迭代的过程，每次迭代由两个阶段组成：解的构建和解的改进。解的构造机制主要有两个特点：动态构造和随机。该算法的第二阶段是局部搜索过程，它可以是基本的局部搜索算法，例如迭代改进，也可以是更高级SA或TS等技术。文献［119］提出了一种用于求解QKP的GRASP算法。本书提出的QMKP算法（参见第3.4.2节）和GQMKP算法（参见第4.2.2节）也结合了GRASP方法的思想，主要用于解的初始化，以产生多样化的初始解。

（7）变邻域搜索

变邻域搜索（variable neighbourhood search，VNS）在文献［60］中首次被提出。VNS的核心思想是应用动态变化的邻域结构。该算法非常通用，并且在设计变体算法和应用算法时具有较大的自由度。尽管在二次背包问题的文献中没有找到直接应用VNS的算法，但是在已有的QKP和QMKP算法中经常采用多个邻域的想法，以及本书提出的所有算法中也都采用了多邻域的思想（QKP算法中的相关内容参见第2.2.4节；QMKP算法中的相关内容参见第3.2.6节和第3.2.7节；GQMKP算法中的相关内容参见第4.2.3节；BO-QMKP算法中的相关内容参见第5.3.2节和第5.3.3节）。

（8）引导局部搜索

与使用动态邻域的 VNS 不同，引导局部搜索（guided local search，GLS）的特点是动态更改目标函数，以有效地探索搜索空间。GLS 的基本原理是通过更改搜索范围来帮助搜索以逐渐远离局部最优。有兴趣的读者可以参考文献［110］，其对 GLS 进行了全面介绍。据了解，尚无公开发表的求解二次背包问题的 GLS 算法。

（9）迭代局部搜索

迭代局部搜索（iterated local search，ILS）是其他智能优化算法（例如 TS 和 VNS）的通用框架。ILS 在初始解的基础上采用局部搜索进行寻优直到找到局部最优，然后对解进行扰动，并重新启动局部搜索。扰动的重要性是显而易见的：扰动太小可能无法跳出局部最优；扰动太大使该算法类似于随机重启局部搜索。本书将 ILS 框架首次应用于求解 QMKP，并在第 3.3 节中研究其性能。

基于种群的智能优化算法始终操纵一组解，而非单个解。这类方法可以进一步分为两个子类：进化计算方法和群体智能方法。这类方法中的具体算法有很多，其中部分算法特别适合于求解连续优化问题（例如粒子群算法、差分进化算法等）。然而，鉴于二次背包问题是组合优化问题，本书选择了以下三个最适合求解组合优化问题的算法：

（1）遗传算法

遗传算法（genetic algorithm，GA）最早在文献［64］中被提出，通常使用称为重组或交叉的算子将两个或多个个体重组以产生新个体，使用突变算子对个体进行局部变化。GA 寻优的驱动力是其选择操作，根据个体的适应度值进行选择，适应度值可以是问题的目标函数值，也可以是仿真实验结果。适应度值较高的个体更有可能被选为下一次迭代的种群成员（或作为产生新个体的父代解）。GA 经常被应用于解决各种二次背包问题，例如求解 QKP 的 GA、求解 QMKP 的 GA 以及求解 GQMKP 的 GA。本书第 4 章提出的 GQMKP 算法结合了遗传算法和模拟退火过程。

（2）路径重链接

路径重链接（path relinking，PR）与GA的不同之处在于，它基于欧几里得空间中的广义路径构造方法，提供了用于重新组合解的一种统一的原则。一般的PR框架通常从一组精英解开始，这些解存放在一个被称为参考集的集合中。在最常见的版本中，参考集中的解相互组队并存放在所谓的对子集合中。然后将路径重链接方法应用于每对解，以生成位于该对解之间的一系列中间解。从这一系列中间解中选择一个或多个，采用改进算法提升这些解的质量。新的参考解集合将从当前参考解集合和新产生的候选解集合中选择一定数量的解组合而成。本书首次将PR算法应用于求解QMKP，详细内容参见第3.4节。

（3）蚁群优化

蚁群优化（ant colony optimization，ACO）的灵感源于真正蚂蚁的觅食行为。这种行为使蚂蚁能够找到食物源与其巢穴之间的最短路径，使其尽快从食物源走到巢穴，反之亦然，蚂蚁在地面上沉积了一种称为信息素的物质。当它们决定要走的方向时，它会以较高的概率选择信息素浓度较大的路径。这种基本行为是导致最短路径出现的合作互动的基础。尽管ACO尚未应用于二次背包问题，但已成功应用于许多其他著名的组合优化问题。

应用智能优化算法来解决组合优化问题（例如二次背包问题）的研究领域正在迅速发展。为了确保成功应用，需要解决以下两个挑战：

（1）确定有效的针对特定问题的启发式

由于智能优化算法通常是一个高层次的通用框架，在方法应用时要做针对问题的改造以使其有效适应问题求解。这就高度依赖有效的针对特定问题的启发式，这些启发式通常是智能优化算法整体框架下的一个子过程。针对特定问题的启发式有：问题结构的知识、用于局部搜索的邻域运算符、遗传算法的交叉和变异算子等。

（2）平衡算法的集中性与多样性

这确保了智能优化算法足够“智能”，既可以集中探索高质量解聚集的区域，又可以在必要时探索新的搜索区域。智能优化算法中使用的大多数基本构件可能同时具有这两种效果，但是两者之间要达到平衡却不容易。例如，在TS中使用禁忌表来选择邻居、在SA中以概率接受劣解，以及管理ACO中信息素值更新的组件，这些算法基本构件都兼具集中性与多样性。多样性程度明显高于集中性程度的要素包括ILS的踢动（kick-move）机制（即从ILS的邻域中随机选择一个邻居）和GA中用于随机更改解元素的变异算子。集中性程度明显高于多样性程度的算法构件包括GA中的选择算子和最速下降局部搜索的邻居解选择规则。综上所述，在将智能优化算法应用于二次背包问题时，需要深入分析每个算法构件的多样性和集中性，并对它们进行合理的组合，以使算法的性能达到最优。

混合多种智能优化算法是一个非常有前景的研究方向。不同方法的正确混合可以发挥每种方法的优势，并使混合后的算法比其任何单一的算法更强大。尽管混合的模式有很多，但本书主要关注一种目前主流的混合模式，即把一个智能优化算法的构件嵌入另一个智能优化算法中。在这种模式下，通常有两种实现方法：

（1）将面向集中性的局部搜索算法与通用的迭代局部搜索（ILS）框架相结合

在这种混合方式中，局部搜索算法主要负责在有希望的区域中强化搜索，而ILS主要通过对局部最优解进行系统的扰动来使搜索多样化。这类混合算法设计的关键是局部搜索算法和扰动算符。在本书提出的算法中，有两个算法成功使用了这种混合方式：第一，QKP的迭代超平面搜索算法，该算法将局部搜索算法作为一个禁忌搜索过程使用；第二，QMKP的迭代响应阈值搜索算法，该算法将局部搜索算法作为一个响应阈值搜索过程使用。更多内容将在其各自的技术章节（分别参见第2章和第3章）中介绍，这两种算法在解的质量和计算效率方面均表现出色，并且超越了目前文献中前沿的算法。

（2）结合基于种群的智能优化算法和基于单解的智能优化算法

基于种群的智能优化算法能够更好地确定搜索空间中有希望的区域，而基于单解的智能优化算法则能够更好地在有希望的区域进行深度搜索。因此，只要设计合理，采用两者混合的方式得到的算法通常非常成功。这类混合算法设计的关键是基于种群的智能优化算法框架的选择和基于单解的智能优化算法的选择。在本书提出的算法中，有两个成功采用这种混合方法的范例：第一，求解 QMKP 的进化路径重链接算法，该算法集成了基于单解的响应阈值搜索以及基于种群的路径重链接算法；第二，求解 GQMKP 的模因算法，该算法将基于单解的模拟退火算法与基于种群的遗传算法进行混合。在常用标准测试集上与文献中前沿的算法进行对比，这两种算法的出色表现证实了这种混合方式的优越性（更多详细信息分别参见第 3 章和第 4 章）。

智能优化算法用于解决多目标组合优化问题也是一个活跃的研究领域。在众多可选的方法中，进化算法在多目标优化领域已被学术界广泛接受，文献中介绍了各种各样的多目标进化算法，例如 NSGA-Ⅱ、SPEA2、PAES，更多算法可参见文献［24］和［30］。近年来，越来越多的学者致力于扩展基于单解的智能优化算法（例如 TS 和 SA）以处理多个目标的问题，希望它们在单目标优化中的出色性能可以扩展到多目标的情形。此外，多种算法混合是提高多目标问题搜索有效性的一种重要途径，这也是多目标组合优化的开放研究领域之一。在本书研究的五个问题中，有一个是双目标二次多背包问题，这是本书提出的一个新问题。针对这个问题，我们设计了一种高效的混合智能优化算法，该算法结合了模因搜索框架和帕累托局部搜索（更多详细信息参见第 5 章）。

1.5 二次背包问题的基本启发式组件

对于二次背包问题，贪婪启发算法中经常使用的两个基本概念是物品贡献度和物质密度。针对不同的物品集合，这两个概念的定义有所不同。在文献［69］中，作者给出了两个定义，其中一个作用在所有物品上，而另一个定义则作用在构造算法在构造过程中维护的当前解对应的物品集合上。实验结果表明，后者返回解的质量比前者更优。根据此观察，本书的定义也是作用在构造过程的当前解上。物品贡献度定义为物品本身的利润及与其同一背包中所有其他物品的配对利润的总和，而物质密度定义为其贡献除以其物品质量的商。因此，“物质密度”实质上是将线性背包问题中常用的“单位质量的物品收益值”启发式信息扩展至二次背包问题中。对于更复杂的 GQMKP，物质密度的定义还应考虑不同类别物品之间的启动成本。

显然，具有较高物质密度的物体更有可能成为最佳（或高质量）解的成员。因此，此信息可作为启发式构件辅助构造算法以提供高质量的初始解；也可作为启发式构件辅助具有集中搜索能力的算法以获得高质量的解。本书提出的算法在解的初始化过程中均采用了物质密度作为启发式信息（其具体定义在不同的问题背景中有所不同）（更多详细信息，QKP 算法参见第 2.2.4 节，QMKP 算法参见第 3.2.3 节，BO-QMKP算法参见第 3.2.3 节 ，GQMKP 算法参见第 4.2.2 节）。

大多数求解二次背包问题的智能优化算法都采用了邻域搜索方法，本书提出的算法也不例外。在邻域搜索中，移动运算符（move operator）是重要的启发式构件，它定义了一个邻域函数，决定了新解的产生方式。对于二次背包问题，有三个基本的移动运算符：ADD、DROP 和 SWAP，它们在整个问题家族中具有广泛的适用性。ADD 运算符将未分配的物品添加到背包中。DROP 运算符将一个物品从背包中踢出。SWAP 运算符将未分配的物品与已分配的（即位于某个背包内的）物品进行交换。在不同的问题背景中，移动运算符需要针对特定的约束进行适应性改造。例如，在 GQMKP 中，一个未分配的物品只能添加到允许该物品的背包中。这些运算符的定义可以在特定的背景下扩展。例如，在 QMKP 中，ADD 运算符不仅可以将未分配的物品添加到某个背包中，还可以从物品所在的当前背包中移除物品并将其添加到另一个背包中，因此在 QMKP 背景中，相较于 ADD，REALLOCATE 是一个更合适的名称。还可以扩展 SWAP 运算符以交换来自两个不同背包的两个物品（其中，未分配的物品可以视为包含在一个虚拟背包中）。

DROP 运算符是最通用的运算符，它几乎不需要做调整即可应用于各种问题。然而，由于不能提高解的质量，DROP 运算符很少被使用，只有在某些情况下，需要通过接受劣解以帮助搜索跳出局部最优时才会用到该运算符。这些移动运算符在不同问题背景下的定义将在相应的章节中给出（参见第2.2.6节、第3.2.4节、第4.2.3节和第5.3.3节）。

1.6　解的增量式评价

增量评价是邻域搜索的核心技术。在解评价中利用增量对邻居解进行快速评价可以显著加速邻域搜索过程。本书提出的所有算法均包含邻域搜索子过程。因此，在邻域搜索中使用高效的解评价机制可以增强算法的整体性能。解的增量评价的规范化描述如下：

令 S 为当前解，S'为在 S 的邻域中需要去评价的解。令 $\boldsymbol{\Delta}$ 表示 S 和 S'之间的“变化量”。S 和 S'共同的部分称为“不变量”。对 S'进行增量评价，就是用小于 $O(|S'|)$ 的时间评价新解 S'，最好是能够在 $O(|\boldsymbol{\Delta}|)$的时间内完成。这样，从 S 到 S'的变化越小，评价越快。尤其是，如果一个移动产生的 $\boldsymbol{\Delta}$ 相对于$|S|$是一个常量（即 $\boldsymbol{\Delta} \ll |S|$），那么这个移动所产生的邻居解的评价值可以在常数时间内得到。

二次背包问题的传统移动运算符，像前面提到的 ADD、DROP 和 SWAP 运算符，它们所产生的邻居解与当前解只有一到两个变量的取值不同。在这种情况下，如果解评价方法运用得当，则可以在常数时间内实现对邻居解的评价。二次背包问题的传统移动运算符在不同的问题背景中以不同的方式发挥作用，因此其对应的增量评价技术需要针对问题特征进行设计。本书分别在第2.2.8节和第3.2.4节中针对 QKP 和 QMKP 算法设计了一个高效的增量评价机制。GQMKP 中的 REALLOCATE 和 SWAP 运算符能以 QMKP 中相同的方式实现，但是在检查解可行性时，需要考虑更多的约束。BO－QMKP 算法采用了 QMKP 算法的局部搜索过程，因此 QMKP 增量式评价技术可在 BO－

QMKP 算法中使用。这些增量评价技术在不改变解质量的情况下，将本书所提算法的执行速度提升了几个数量级。对于大规模的算例，加速效果尤其明显。根据经验，如果解评价机制没有得到有效的优化，把精力花在调整搜索策略或智能优化算法的各种参数上将收效甚微。

1.7 算法效能评估

在本书研究的五个二次背包问题中，有些问题是本书新提出的，而有些成熟的问题已被大量研究。针对成熟的问题，文献中已有许多优秀的智能优化算法。而在实际应用中，通常只会选择一个算法来解决实际问题。因此，需要在这些方法之间进行比较，并选择一个效能最佳的算法。这也引出了智能优化算法的另一个重要研究领域，即算法效能评估。

1.7.1 标准测试算例

显然，在测试算法性能时，不可能将所有需要测试的算法应用于实际案例中可能遇到的所有情况。因此，需要构建一系列具有代表性的标准测试算例，以作为测试智能优化算法的通用平台。本书使用的标准测试算例包括常用的标准测试算例和本书提出的新的大型实例。接下来，按问题分类介绍这些算例。这些算例可以分为三组：

（1）QKPSet Ⅰ

此集合由 Billionnet 和 Soutif 生成的 100 个中小规模标准测试算例组成。这些算例被广泛应用于测试文献中的各类 QKP 算法。这些算例的特征在于它们的物品数 $n \in \{100, 200, 300\}$，密度 $d \in \{25\%, 50\%, 75\%, 100\%\}$（即目标函数的非零系数的个数除以 $n(n+1)/2$）。每个 (n, d) 组合都包含 10 个不同的算例，每个算例有个标签号。（300，75%）和（300，100%）这两组算例数据已丢失，不进入测试集。

QKPSet Ⅰ算例的最优解是已知的。算例数据文件可从 http://cedric.cnam.fr/~soutif/QKP/QKP.html 获得。

（2）QKPSet Ⅱ

第二组包括 Yang 等最近生成的 80 个大规模算例。这些算例具有的物品数量从 1 000～2 000 不等，密度值为 25%～100%。由于这些算例的规模很大，因此它们的最优解仍然未知。算例数据文件可从 http://www.info.univ-angers.fr/pub/hao/QKP.html 获得。

（3）QKPSet Ⅲ

该集合由本书提出的 40 个超大规模算例组成。它们的特征是物品的数量 $n \in \{5\,000, 6\,000\}$，密度 $d \in \{25\%, 50\%, 75\%, 100\%\}$。每个（$n$，$d$）组合包含 5 个算例。算例数据文件可从 http://www.info.univ-angers.fr/pub/hao/QKP.html 获得。

以上三组算例均采用相同的算例生成器生成，该生成器在 QKP 相关文献中被广泛引用。生成器的参数设置也相同：目标函数的系数 p_{ij} 是在[0，100]区间内均匀分布的整数；每个权重 w_j 在[1，50]中均匀分布；容量 c 是从 $[50, \sum_{j=1}^{n} w_j]$ 中随机产生的。然而，为了降低 QKPSet Ⅲ算例的难度，这里采用了以下算法筛选过程：

（1）采用构造算法对每个算例随机选择物品填充背包，直至填满，获得 10 种可行解并计算出这些随机解的目标函数值与本书提出的 QKP 算法的最优值之间的差距，此差距用百分比表示为 Δ_{GAP}。

（2）对每个（n，d）组合生成 10 个实例，选择其中 5 个具有最大 Δ_{GAP} 的实例加入 QKPSet Ⅲ。

筛选后，QKPSet Ⅲ所有算例的平均 Δ_{GAP} 为 69.36%，这表明随机生成的解相当差；可见，为这些算例找到高质量的解并非易事。

对于 QMKP，本书在实验中使用了 90 个标准测试算例，它们可分为以下两组：

（1）QMKPSet Ⅰ

BO-QMKP 算法实验测试了第一组算例。该集合包含 60 个众所周知的算例，这些算例在文献中通常用于 QMKP 算法的效能评估。它们是根据 QKPSet Ⅰ中的 QKP 算例构建的；对于每个算例，将背包的容量设置为物体总质量除以背包数量再乘以 0.8。这些算例的最优解是未知的。

（2）QMKPSet Ⅱ

第二个集合由 30 个新的大规模算例组成，这些算例具有 300 个物品（即 $n=300$），且最优值未知。与 QMKPSet Ⅰ的算例一样，它们的特征还是密度 $d\in\{25\%,75\%\}$，背包数 $m\in\{3,5,10\}$。为构建这 30 个 QMKP 算例，我们首先使用文献［7］中介绍的方法随机生成了 10 个 QKP 算例（每个密度组内包含 5 个算例）。基于每个 QKP 算例，创建了 3 个 QMKP 算例，每个 QMKP 算例具有不同数量的背包，且背包容量设置为物品总质量除以背包数量再乘以 0.8。上述新算例都可以从 http://www.info.univ-angers.fr/pub/hao/qmkp.zip 获得。

对于 GQMKP 实验，我们使用了属于以下两个不同集合的共 96 个算例对算法进行评价，这些算例可从 http://endustri.ogu.edu.tr/Personel/Akademik_personel/Tugba_Sarac_Test_Instances/G-QMKP-instances.rar 获得。

（1）GQMKSet Ⅰ

该集合由 48 个小规模算例组成，这些算例的特征是物品数 $n=30$，背包数 $m\in\{1,3\}$，物品类 $r\in\{3,15\}$，密度 $d\in\{25\%,100\%\}$。这些算例的最优解未知。

（2）GQMKSet Ⅱ

第二组包括 48 个大规模算例，物品数量 $n=300$，背包数量 $m\in\{10,30\}$，物品类 $r\in\{30,150\}$，密度 $d\in\{25\%,100\%\}$。这些算例的最优解未知。

以上两组实例在文献［102］中首次被提出，文献［102］中作者考虑了 12 个可能影响问题结构的因素。针对每个因素，他们测试了 2 个因素取值，如果进行完整的析因实验，则总共要测试 4 096 种不同类型（具有不同参数组合）的问题。为了从众多的问题中抽取一个子集，他们从中选择了32种类型（参数组合）的测试问题，这些问题覆盖了所有因素的所有取值。通过这种设计，生成了本书中使用的两组共96个算例。

1.7.2　评价指标

在上述标准测试集中，QKPSet Ⅰ是唯一有已知最优解的算例集合。对于这类集合，本书专注于评估所提出算法达到最优解的能力和计算效率。对于其他最优解未知的算例，本书根据三个指标来评估算法的性能：

（1）改进或达到已知最优解的能力；

（2）下界和上界之间的差距；

（3）计算效率。

由于智能优化算法不能保证所求得的解为最优解，因此，第一个指标旨在给定一个较好的上界（对于最大化问题而言）；第二个指标有利于了解生成的近似解的质量。特别是在下界与上界匹配的情况下，智能优化算法产生的近似解就是最优解。好的上界依赖于好的上界求解方法，遗憾的是，这种方法并非总能找到。在本书考虑的三个单目标优化问题中，只有QKP具有有效的上界求解方法 $\hat{U}^2_{\mathrm{CPT}}$，该方法在文献［12］中被提出，在第2章中用于评估本书提出的QKP算法。对于QMKP和GQMKP，尚未有文献提出上界求解方法。

我们为BO-QMKP提出的算法是一种多目标算法。与单目标智能优化算法不同，多目标算法输出一组解，这组解构成了近似的帕累托最优。衡量多目标智能优化算法应考察三个方面：

（1）非支配解集合是否从广度上充分涵盖了真实帕累托最优；

（2）近似帕累托最优是否足够接近真实帕累托最优；

（3）非支配解集合中的解是否间隔合理，均匀覆盖整个最优。

通常可以使用一元指标来衡量上述三个方面，例如超体积指标，更多内容可参见第5章。

1.7.3 统计分析方法

本书的实验研究应用了许多统计检验方法，包括 Friedman 检验、Post-hoc 检验和 Wilcoxon 符号秩检验。Friedman 检验是一种非参数统计检验，旨在检测多次实验之间的统计差异。当通过此测试检测到差异时，可以额外应用 Post-hoc 检验来确定哪些组之间存在显著差异。与 Friedman 检验相反，Wilcoxon 符号秩检验是一种配对差异检验，可用于比较两个相关样本、匹配样本或单个样本的重复测量值。

第2章 基于超平面搜索的二次背包算法

二次背包问题（QKP）是一个具有广泛应用价值的组合优化模型。鉴于其NP困难性质，在一般情况下，寻找QKP的最优解甚至高质量次优解是一项极具挑战性的任务。本章提出了一种迭代超平面搜索（iterated hyperplane exploration approach，IHEA）方法来近似地求解QKP。该方法不考虑整个解空间，而是考虑一组（由基数约束定义的）超平面，将搜索限定在解空间中以期寻找到（近似）最优解的区域。为了有效地探索这些超平面，IHEA采用了一个变量固定策略进一步削减超平面内的搜索空间，并应用一个专用的禁忌搜索过程在削减后的解空间中寻优。为测试IHEA的性能，我们在220个QKP实例上做了大量实验研究。结果表明，IHEA在解决方案质量和计算效率方面与最先进的算法相比有很强的竞争力。除此之外，还做了额外的实验以甄别IHEA的关键组件。

2.1 引言

二次背包问题（QKP）可以描述为：给定一个容量受限的背包和一组候选物品，每个物品有一个权重值；如果物品被选中，将产生一个物品自身的利润，并与其他被选中物品产生一个成对的利润。QKP的目的是在物品集合中选择一个子集填充背包，在物品的总质量不超过背包容量的情况下，最大化整体的利润。问题的形式化描述如下：

设 c 为背包容量，$N=\{1, 2, \cdots, n\}$ 为物品集合。令物品 i（$i\in$

N）的利润为 p_i，令其权值为 w_i。对于每一对物品 i 和 j（$1 \leqslant i \neq j \leqslant n$），$p_{ij}$表示它们成对的利润。给定一个装包方案，只有物品 i 和 j 同时被选中时，成对的利润才被添加到总利润中。QKP 的目的是从物品集合中选择一个子集，满足背包的容量约束并使总体的收益值最大。QKP 的二次规划模型在公式（1.1）已有介绍，不再赘述。

在过去的几十年里，QKP 已被充分研究，科研人员开发了大量精确算法。在第1 章中，通过对精确算法的文献综述，发现目前最先进的精确方法能够解决高达1 500 个变量的问题算例。为了求解更大规模的算例，启发式方法责无旁贷。启发式方法的目的是在合理的时间内尽可能地找到大规模问题的次优解。现有的 QKP 启发式方法可分为两类：随机启发式（即在其搜索组件中随机选择）和确定性启发式（即给定一组输入，总是产生相同的输出）。典型的 QKP 随机启发式方法包括贪婪算法、遗传算法、贪婪遗传算法、迷你群算法和 GRASP + tabu 算法。典型的 QKP 确定性启发式方法包括基于上平面的启发式、贪婪构造启发式、结合文献［5］的贪婪启发式和文献［14］的“填充和交换”局部搜索算子的混合方法、基于交换的启发式搜索（采用了二次转线性的问题建模），以及动态规划启发式。与直接处理 QKP 的方法不同，文献［18］的方法将其重新表述为一个无约束的 0 - 1 二次问题（unconstrained binary quadratic problem，UBQP），并应用一个求解 UBQP 的禁忌搜索算法来求解该问题。在上述启发式方法中，迷你群算法、GRASP + tabu 算法和动态规划启发式方法是近年来文献中发表的先进启发式方法，可作为进行算法性能评估和比较的参考。最后，文献［24］和文献［36］发表了多个性能优秀的近似算法。对于 2007 年以前 QKP 求解方法的综述，读者可以参见文献［28］。

与长达几十年的精确算法研究工作相比，对于 QKP 的启发式方法的研究相对较少。本章重点研究大规模 QKP 算例的求解，并提出了一种基于超平面搜索的启发式方法。该方法在原有模型的基础上增加了一个基数约束，对搜索空间中不存在最优解的区域进行剪枝。这种思想曾在多维背包问题的启发式方法得到应用。在分支定界（B&B）框架中也有类似的思想，如“广义分支”或“约束分支”。本章采用超平面搜索的思想求解 QKP。为此，需要解决两个关键问题：首先，需要确定哪些是包含高质量解的超平面；其次，需要设计在给定超平面中进行高效搜索的算法，因为每个超平面虽然相对于原始模型已经缩小了很多，但仍然可能包含大量的候选解。

2.2　IHEA 算法设计

本节详细介绍求解 QKP 的 IHEA 算法。首先介绍一些基本的符号和定义，然后详细介绍算法的主要组成部分。

2.2.1　基本符号和定义

为了准确描述 IHEA 算法，首先给出下述基本符号和定义。

给定一个 QKP 问题 P，以及 P 的一个解 $x \in \{0, 1\}^n$，$I_1(x)$ 和 $I_0(x)$ 分别表示解 x 中取值为 1 和取值为 0 的变量的索引集合。

给定一个 P 的解 $x \in \{0, 1\}^n$，$\sigma(x)$ 表示 x 中所有变量取值为 1 的变量个数，即 $\sigma(x) = |I_1(x)|$。

给定 P 的两个解 $x \in \{0, 1\}^n$ 和 $x' \in \{0, 1\}^n$，$|x,x'| = \sum_{j=1}^{n} |x_j - x'_j|$ 表示 x' 和 x' 的海明距离。

函数 $f_r(x)$ 为解 $x \in \{0, 1\}^n$ 的原始目标函数，该解可以是可行解，也可以是不可行解。

定义 1　给定一个解 $x \in \{0, 1\}^n$，则物品 i（$i \in N$）对目标值的贡献记为：

$$C(i,x) = p_i + \sum_{j \in I_1(x), j \neq i} p_{ij} \tag{2.1}$$

定义 2　给定一个解 $x \in \{0, 1\}^n$，则物品 i（$i \in N$）的密度记为：

$$D(i,x) = C(i,x) / w_i \tag{2.2}$$

定义3 具有 k 维超平面约束的受限 QKP 定义为：

$$C_{\mathrm{QKP}}[k] = \max \sum_{i=1}^{n} \sum_{j=1}^{n} p_{ij} x_i x_j \tag{2.3}$$

其约束为：

$$\sum_{j=1}^{n} w_i x_j \leqslant c \tag{2.3a}$$

$$\sum_{j=1}^{n} x_j = k \tag{2.3b}$$

$$x \in \{0, 1\}^n \tag{2.3c}$$

定义3中约束（2.3b）是一个超平面约束，它将搜索空间限定在 QKP 的一个 k 维超平面子空间内。问题 C_{QKP} $[k]$ 的每个可行解中都有 k 个被选中的物品。

2.2.2 "超平面搜索"算法的一般思想

给定 $C_{\mathrm{QKP}}[k]$（$1 \leqslant k \leqslant n$）的定义（见定义3），其解空间显然是原 QKP 的子空间。因此，$C_{\mathrm{QKP}}[k]$（$1 \leqslant k \leqslant n$）的任何可行解也是原 QKP 的可行解。QKP 的可行解空间为 $\Omega^{\mathrm{F}} = \{x \in \{0,1\}^n : \sum_{j=1}^{n} w_j x_j \leqslant c\}$，那么具有 k 维超平面约束的受限 QKP（$C_{\mathrm{QKP}}[k]$）的可行解空间为 $\Omega_{[k]} = \{x \in \Omega^{\mathrm{F}} : \sigma(x) = k\}$。

QKP 可以分解为 n 个独立的子问题（受限 QKPs）：$C_{\mathrm{QKP}}[1]$，$C_{\mathrm{QKP}}[2]$，…，$C_{\mathrm{QKP}}[n]$。这 n 个子问题表示了 n 个不相交的子空间，QKP 的可行解空间是其所有子问题的解空间的并集，即 $\Omega^{\mathrm{F}} = \cup_{k=1}^{n} \Omega_{[k]}$。

对于 QKP，如果根据权值 w_j（$j \in N$）对物品进行递增排序，则必须存在一个正整数 k_{UB}，同时满足以下两个约束条件：

（1）$\sum_{j=1}^{k_{\mathrm{UB}}} w_j \leqslant c$；

（2）$\sum_{j=1}^{k_{\mathrm{UB}}+1} w_j > c$。

同理，如果根据权值 w_j（$j \in N$）对物品进行递减排序，则必须存在一个正整数 k_{LB}，同时满足以下两个约束条件：

（1）$\sum_{j=1}^{k_{\mathrm{LB}}} w_j \leqslant c$；

（2）$\sum_{j=1}^{k_{\mathrm{LB}}+1} w_j > c$。

与文献［12］的做法相同，假设在利润矩阵中所有元素均是非负的。目前公开的 QKP 标准测试算例均基于这个假设。这就引出了下面的命题。

命题1　令超平面的维度为 k，在满足 $k_{\mathrm{LB}} \leqslant k \leqslant k_{\mathrm{UB}}$ 的超平面上，一定存在 QKP 的最优解。

证明： 给定一个可行解 $x^1 \in \Omega_{[k_1]}$（$0 < k_1 < k_{\mathrm{LB}}$），$x^2 \in \Omega_{[k_2]}$（$k_{\mathrm{LB}} < k_2 < k_{\mathrm{UB}}$，$k_1 < k_2$）是在 x^1 的基础上增加了（$k_2 - k_1$）个不在 x^1 中的物品。x^2 和 x^1 有 k_1 个相同的物品。由于 $k_2 - k_1 > 1$，x^2 中任意物品的贡献大于或等于0，可知 $f(x^2) \geqslant f(x^1)$。因此，在 $\cup_{k=k_{\mathrm{LB}}}^{k_{\mathrm{UB}}} \Omega_{[k]}$ 中一定至少存在一个解，它（或它们）的目标值比在 $\cup_{k=1}^{k_{\mathrm{LB}}-1} \Omega_{[k]}$ 空间中的最好解的目标值更高。

另外，k_{UB} 是背包中所能包含物品的最大数，这意味着在超平面中，维数大于 k_{UB} 的任何解都是不可行的。因此，在 $\cup_{k=k_{\mathrm{UB}}+1}^{n} \Omega_{[k]}$ 空间中也不会存在比 $\cup_{k=k_{\mathrm{LB}}}^{k_{\mathrm{UB}}} \Omega_{[k]}$ 空间最优解更好的解。

为了提高搜索效率，应该把注意力集中在区间［k_{LB}，k_{UB}］内的超平面，其他子空间可被忽略。这就是解空间的第一次大规模削减，从 $\cup_{k=1}^{n} \Omega_{[k]}$ 削减为 $\cup_{k=k_{\mathrm{LB}}}^{k_{\mathrm{UB}}} \Omega_{[k]}$。

然而，剩下的搜索空间 $\cup_{k=k_{\mathrm{LB}}}^{k_{\mathrm{UB}}} \Omega_{[k]}$ 仍然可能过大而无法有效探索，特别是 k_{LB} 与 k_{UB} 差距很大的时候（更多内容参见第2.4.1节）。为了进一步削减一些不太有可能得到优质解的解空间，这里提出以下两个猜想：

（1）高质量的解位于有希望的超平面内，这些超平面的维度接近 k_{UB}；

（2）给定一个在 k_1 平面内找到的最优解 $x^*_{[k_1]}$，很有可能在一个维度更高的平面 k_2 内找到一个更好的解。这些猜想在第 2.3 节和第 2.4.1 节的实验结果中得到了证实。

基于上述猜想，我们设计 IHEA 算法的总体思想是逐步深入地探索部分维数接近 k_{UB} 的超平面，从而有效地削减子空间，使搜索更加集中。按照超平面的维数递增的顺序进行探索，目的是找出质量递增的解，并在没有改善的情况下，以扰动的方式重新开始这个过程。当搜索在一个超平面上停滞时，则在更高维超平面上寻找更好的解。为了探索给定的超平面，需要使用变量固定技术来固定多个变量，从而进一步缩小待搜索的子空间。

2.2.3 IHEA 算法的总体过程

IHEA 算法由以下三个步骤组成：

（1）构造初始高质量解 x^0 和使用 $\sigma(x^0)$ 确定起始维度，其中 $\sigma(x^0) \in [k_{LB}, k_{UB}]$ 且 $\sigma(x^0)$ 接近 k_{UB}；

（2）对于每一个超平面 $k(k = \sigma(x^0), \sigma(x^0) + 1, \sigma(x^0) + 2, \cdots)$，执行以下三个步骤：

①构造一个受限子问题 $C_{QKP}[k]$；

②找出一些极有可能成为最优解组成部分的变量，将这些变量固定为 1，并将它们从 $C_{QKP}[k]$ 中移除，从而得到一个简化的受限问题 $C'_{QKP}[k]$；

③运行 IHEA 算法求解 $C'_{QKP}[k]$。采用一个禁忌搜索算法在当前搜索空间 $\Omega_{[k]}$ 中寻找一个高质量的解。如果当前超平面找到的最好解比前序超平面中找到的最好解更好，算法将继续探索下一个超平面；否则算法跳至步骤（3）。

（3）对搜索过程进行扰动，让算法从一个新的起点重新开始搜索。扰动操作通常把搜索从当前平面带到一个更低的平面（例如，低于 $\sigma(x^0)$ 的平面），这些平面中可能存在高质量的解。扰动策略为搜索尚未探访过的解空间提供了可能。

算法 2.1 给出了 IHEA 算法的伪代码。首先，通过贪婪随机构造过程（细节将在第 2.2.4.1 节介绍）生成初始解，采用爬山法（细节将在第 2.2.4.2 节介绍）进一步改进。其次，由初始解确定超平面的初始维数和第一个受限问题。最后，算法进入超平面搜索阶段，在该阶段算法解决一系列超平面约束 QKP 问题。在 while 循环的每次迭代中，IHEA 首先应用变量固定规则来构造一个削减后的受限问题 C_{RCP}（V_{fixed}，$C_{QKP}[k]$），其中 V_{fixed} 包含一组固定变量（细节将在第 2.2.5 节介绍）。然后，采用禁忌搜索算法对 C_{RCP}（V_{fixed}，$C_{QKP}[k]$）求解（细节在将第 2.2.6 节介绍）。每当发现一个新的最好解时（即 $f(x^*_{[k]})>f(x^b)$），IHEA 将会更新最好解，并继续解决下一个更高维超平面的受限问题。为此，算法将 k 增加 1，为 x^b 随机添加一个未选中的物品，并赋予 x'。当无法找到改进的解时，while 循环终止。全局最佳解在 while 循环的末尾更新。然后 IHEA 对 x^b 进行扰动，通过一个局部搜索算法将扰动解改进为局部最优解，并使用该局部最优解作为初始解开始新一轮的超平面搜索过程。上述整个过程将反复进行直到达到预定的最大迭代数为止。

算法 2.1　IHEA 算法伪代码

输入： P（QKP 算例）
L（运行列表的表长）
l_{rc}（受限候选列表的大小）
X^{max}_{iter}（最大迭代次数）

输出： x^*（最好的可行解）

1. $x^0 \leftarrow$ Greedy_Randomized_Construction(l_{rc})
2. $x^0 \leftarrow$ Descent(x^0)
3. $x' \leftarrow x^0$　/* x'代表当前解 */
4. $X_{iter} \leftarrow 0$　/* 迭代计数器 */
5. $x^b \leftarrow x'$　/* x^b 记录当前迭代找到的最好解 */

续

6. $x^* \leftarrow x^b$ /* x^* 记录全局最好解 */
7. **repeat**
8. SolutionImproved←true
9. $k \leftarrow \sigma(x')$
10. 构建一个受限子问题 $C_{QKP}[k]$
    /* 超平面搜索阶段 */
11. **while** SolutionImproved **do**
12. V_{fixed}←Determine_Fixed_Variables（k, x'）
13. 构建一个削减后的受限子问题 C_{RCP}（V_{fixed}, $C_{QKP}[k]$, x'）
14. 运行 TabuSearch_Engine（L, x', x^b）以解决 C_{RCP}（V_{fixed}, $C_{QKP}[k]$, x'）并保留最好解 $x^*_{[k]}$
15. **if** $f(x^*_{[k]}) > f(x^b)$ **then**
16. $x^b \leftarrow x^*_{[k]}$
17. $k \leftarrow k+1$
18. $x' \leftarrow x^b$ 中随机增加一个物品
19. 构建一个受限子问题 $C_{QKP}[k]$
20. **else**
21. SolutionImproved←false
22. **end if**
23. **end while**
24. **if** $f(x^b) > f(x^*)$ **then**
25. $x^* \leftarrow x^b$
26. **end if**
    /* 扰动阶段 */
27. $x' \leftarrow$ Perturbation(x^b, X_{iter})
28. $x' \leftarrow$ Descent(x')
29. $x^b \leftarrow x'$
30. $X_{iter} \leftarrow X_{iter} + 1$
31. **until** $X_{iter} \geqslant X_{iter}^{max}$

2.2.4 初始解生成方法

IHEA 采用贪婪随机构造法产生初始解。为了将初始解放在一个“优秀的”超平面上，本节还用“纯下降”局部搜索算法改进了构造解。下文将解释这两个算法的具体细节。

2.2.4.1 贪心随机构造法

贪婪随机构造过程遵循了文献［41］所提方法的主要精神，该方法已经在文献［119］中被用于求解 QKP。在文献［119］中，作者使用构造过程作为主要搜索算法；与其不同的是，IHEA 算法使用这个构造过程来获得初始解。

从一个部分解（partial solution）x 开始，其中所有的物品在初始状态下都被设置为未选中，构造过程在反复迭代的过程中自适应地选择一些物品放进 x 中（即对应的变量取值从 0 变为 1），同时保持解的可行性。在每次迭代中，从受限候选列表 L_{RC} 中随机选择一个未被选中的物品，并将该物品添加到部分解中。

令 $R(x)=\{i\in I_0(x): w_i+\sum_{j\in I_1(x)} w_j\leqslant c\}$ 为能够装入背包的未选物品集合，令 l_{rc} 为受限候选列表的最大容量。L_{RC} 包含 $\min\{l_{rc}, |R(x)|\}$ 个未被选中的物品，这些物品的特点是密度值大，并且它们中的任意一个加入背包不会违反约束条件。上述过程的规范化描述如下：

$$\forall i\in L_{RC}$$

满足以下两个条件时成立：

（1）$i\in R(x)$；

（2）$D(i, x)\geqslant D(j, x)$（$\forall j\in I_0(x)\setminus L_{RC}$）。

L_{RC} 中的物品根据其密度值进行排序，第 r（$1\leqslant r\leqslant |L_{RC}|$）个物品的偏好为 $b_r=1/e^r$。因此，选择第 r 个物品的概率 $p(r)$ 为：$p(r)=$

$b_r \Big/ \sum_{j=1}^{|L_{RC}|} b_j$。一旦一个物品被选中并添加到部分解 x 中，L_{RC} 和部分解的目标值同时更新。这个过程重复进行，直到 L_{RC} 变为空。

在实验过程中注意到，由这个贪婪随机过程构造的初始解必定在一个维数不小于 k_{LB} 的超平面上，这是因为该解一定是一个紧凑的装包方案，包中没有冗余的空间可以放下更多的物品。同时，因为该解是一个可行解，这个超平面的维数不大于 k_{UB}。实验证明，该维数接近 k_{UB}，这是因为被选中加入背包的物品通常为质量较小的物品。

2.2.4.2 下降过程

IHEA 从贪婪随机构造过程产生的解出发，使用下降过程达到局部最优。下降过程有助于：

（1）使搜索到达一个有希望的超平面，里面包含高质量的解；

（2）提高初始解的质量，使超平面搜索从一个高起点开始。

在下降过程联合使用了两个基本移动运算符——ADD 和 SWAP：

（1）ADD(i)

这个移动操作将一个未选中的物品 i（$i \in I_0(x)$）添加到解 x 中同时保证解的可行性。这个运算符可以认为是文献［119］中 FLIP 运算符的一个特例，其中可被翻转的变量为解中取值为 0 的变量。

（2）SWAP(i, j)

给定一个解 x，SWAP(i, j) 将一个未选中的物品 i($i \in I_0(x)$) 与选中的物品 j($j \in I_1(x)$) 交换。该算子被多个现有的 QKP 算法采用。交换可以通过两个连续的翻转来实现，其中一个将变量从 0 翻转到 1，另一个将变量从 1 翻转到 0。

下降过程的目的是从一个解 x 出发，在邻域 N_A^F 和 N_S^F 中获得局部最优。为此，算法以 $N_A^F \to N_S^F \to N_A^F \to N_S^F \cdots$ 这样的方式搜索两个邻域。对于每次迭代，从当前正在考虑的邻域中随机选择一个比当前解 x 更好的邻居解 x'。

2.2.5　变量固定和问题削减

在 QKP 模型中加入一个超平面约束 $\sigma(x)=k$ 后，得到的受限子问题 $C_{\text{QKP}}[k]$ 大幅度削减了原始 QKP 的解空间，削减部分高达 $O(2^n-C_n^k)$。然而，由于问题本身的复杂性，受限子问题 $C_{\text{QKP}}[k]$ 的解空间可能仍然过大而难以实现有效搜索。当使用搜索算法搜索整个解空间时（更多内容参见第 2.6 节），$C_{\text{QKP}}[k]$ 包含 $2k$ 个解，其中 k 虽然小于 n，但仍然可能是一个不小的数。为了进一步削减搜索空间，采用变量固定策略固定 $C_{\text{QKP}}[k]$ 中的部分变量。在算法 2.1 中，求解受限子问题 $C_{\text{QKP}}[k]$ 的 TabuSearch_Engine 的初始解 x' 是从最好解 x^{b} 做了部分改动而得到的，使得在第一个超平面的 x' 和 x^{b} 要么是同一个解（见算法 2.1 第 7 行），要么只有一个变量取值不同（见算法 2.1 第 21 行）。对于每个 $C_{\text{QKP}}[k]$，IHEA 的变量策略试图在 x' 中识别出一组变量 V_{fixed} 并将它们固定为 1。V_{fixed} 中的变量取值很可能是最优解的组成部分。然后，从 $C_{\text{QKP}}[k]$ 中删除这些变量，从而得到一个简化的受限子问题 $C_{\text{RCP}}(V_{\text{fixed}}, C_{\text{QKP}}[k], x')$。

为了尽可能避免固定错误的变量，采用文献［54］的思想寻找一组“非常确定的”变量。为此，我们利用物品的密度值信息。根据第 2.2.1 节给出的定义，物品的密度表示其单位质量的贡献。因此，密度值可以很好地刻画所选物品的重要性。给定一个 C_{QKP} 解 $x'=\{0,1\}^n$，IHEA 的变量固定策略可以总结为“三步法”：

（1）计算每个变量 x'_i（$i\in I_1(x')$）的密度值 $D(i, x')$；

（2）对 $I_1(x')$ 中的所有变量按照它们的密度值进行降序排序，得到一个排序后的集合 $SI_1(x')$；

（3）在 $SI_1(x')$ 中抽取前 n_f 个变量，构造固定变量集合 V_{fixed}（$|V_{\text{fixed}}|=n_f$），并将这些变量的取值固定为 1，得到一个削减后的受限子问题 $C_{\text{RCP}}(V_{\text{fixed}}, C_{\text{QKP}}[k], x')$，其变量集合为 $(I_1(x')/V_{\text{fixed}})\cup I_0(x')$。

第（3）步中的参数 n_f 的取值由一个经验公式确定：

$$n_f = k_{LB} + \max\{(|I_1(x')| - k_{LB}) \times [1 - 1/(0.008 \times n)], 0\} \tag{2.4}$$

式中，k_{LB}为可以装入背包的物品的最小数量。通常情况下，$|I_1(x')|$大于 k。只有 k_{LB}个物品的解不太可能是一个好的解，因为装包方案不够紧凑。实验研究表明，可被固定的物品数量 n_f 处于 k_{LB}和$|I_1(x')|$之间，具体数值由公式（2.4）确定。

值得一提的是，我们使用的变量固定策略与文献［56］中提到的“非常确定的”和“一致的”变量的概念类似。相似的临时或永久变量固定策略也在其他文献中出现，如涉及 0－1 混合整数规划、整数线性规划和二元二次规划的文献［17］、［111］和［113］。

2.2.6　探索超平面的禁忌搜索引擎

本节描述的禁忌搜索引擎（即 TabuSearch_ Engine）是为了解决削减后的受限子问题 C_{RCP}（V_{fixed}，$C_{QKP}[k]$，x'），目的是找到一个比当前超平面搜索阶段最好解 x^b 更优的解。TabuSearch_ Engine 的关键成分描述如下：

（1）邻域

众所周知，允许对不可行解进行受控搜索，可以促进结构不同的可行解之间相互转换，从而提高启发式搜索算法的性能。根据这一思想，使用交换邻域 N_S（具体定义参见第 2. 4. 2 节），它既包含可行的邻居解，又包含不可行的邻居解。为了高效地探索解空间，IHEA 将搜索进行限制，只访问比目前找到的最好解更好的解。因此，IHEA 搜索的邻域是一个受限的邻域 N_S^R。下面用更加规范的方式来定义 N_S^R。给定当前最佳可行解的目标值为f_{min}，则解 x 的邻域 $N_S^R(x)$为：$N_S^R(x) = \{x' \in N_S(x) : f_r(x') > f_{min}\}$。注意，解 x 可以为不可行解。

（2）禁忌列表管理

IHEA 使用反向消除方法（reverse elimination method，REM）来管

理禁忌列表。REM 定义了一种精确的禁忌机制，它可以精确地防止任何已访问的解被再次访问。REM 使用一个运行列表（running list）来存储所有访问过的解的属性。使用另一个称为剩余取消序列（residual cancellation sequence，RCS）的列表，可对 REM 进行反向追溯以确定解的禁忌状态。如果解的属性尚未在 RCS 中，则将其添加进 RCS 中，否则从 RCS 中删除该属性。感兴趣的读者可以参见文献［28］以获得关于此方法的细节。当 RCS 中只剩下两个属性（即 $|X_{\mathrm{RCS}}|=2$）时，由这两个属性组成的移动在下一个迭代中被禁用。算法 2.2 描述了禁忌状态更新的过程。

（3）评价函数

TabuSearch_Engine 使用的评价函数综合考虑以下两个因素：原始目标值 $f_r(x)$，约束违反量 $v_c(x)=c-\sum_{j=1}^{n}w_jx_j$。如果 $\forall x''\in(N_S^R(x)\setminus\{x'\})$ 且 x' 满足以下两个条件之一：第一，$v_c(x')<v_c(x'')$；第二，$v_c(x')=v_c(x'')$ 且 $f_r(x')\geqslant f_r(x'')$。则算法从当前解 x 移动到邻居解 $x'\in N_S^R(x)$。

算法 2.2 给出了 TabuSearch_Engine 的伪代码，算法的输入为以下三个参数：

（1）运行列表的最大长度，作为算法的终止条件；

（2）初始解，可为不可行解；

（3）一个参考可行解 x^{ref}，用于筛选比 x^{ref} 目标值更优的解。

在每次迭代中，算法找到最佳的非禁忌交换移动，并执行该移动以获得一个新解。每当找到一个可行解（即 $v_{\min}=0$）时，运行列表复位，$f_{\min}$ 更新。当以下两个条件至少一条得到满足时，算法终止：

（1）所有的移动都被禁忌，即 $v_{\min}=\infty$；

（2）运行列表已满，即 $l_{\mathrm{er}}\geqslant L$。

算法 2.2　TabuSearch_Engine 的伪代码

输入：L（运行列表的表长）

x^{in}（初始解）

x^{ref}（初始解）

输出：x^*（最好的可行解）

1. $|L_{RL}| \leftarrow L$　/* 将运行列表的表长初始化为 L */
2. $f_{min} \leftarrow f(x^{ref})$　/* 记录当前最好可行解的目标值 */
3. $x^* \leftarrow x^{ref}$　/* x^* 记录当前最好可行解 */
4. $l_{er} \leftarrow 0$
5. $x \leftarrow x^{in}$
6. **while** $v_{min} \neq \infty \vee l_{er} < L$ **do**
7. 　$(v_{min}, f_{max}) \leftarrow (\infty, -\infty)$
8. 　　**for each** $i \in I_0(x)$ **do**
9. 　　　**for each** $j \in I_1(x)$ **do**
10. 　　　　**if** $C_{tabu}[i][j] \neq X_{iter}$ **then**
11. 　　　　　$(x_i, x_j) \leftarrow (1, 0)$
12. 　　　　　**if** $(f_r(x) > f_{min} \wedge ((v_c(x) < v_{min}) \vee (v_c(x) = v_{min}) \wedge (f_r(x) \geq f_{max})))$ **then**
13. 　　　　　　$(i^*, j^*) \leftarrow (i, j)$; $(v_{min}, f_{max}) \leftarrow (v_c(x), f_r(x))$
14. 　　　　　**end if**
15. 　　　　　$(x_i, x_j) \leftarrow (0, 1)$
16. 　　　　**end if**
17. 　　　**end for**
18. 　　**end for**
19. 　**if** $v_{min} \neq \infty$ **then**
20. 　　$(x_i^*, x_j^*) \leftarrow (1, 0)$
21. 　　**if** $v_{min} = 0$ **then**
22. 　　　$l_{er} \leftarrow 0$; $f_{min} \leftarrow f_r(x)$; $x^* \leftarrow x$
23. 　　**else**

续

```
24.         X_iter ← X_iter + 1; L_RL ← L_RL ∪ {i*} ∪ {j*}; l_er ← l_er + 2
25.         /* 更新禁忌状态 */
26.         i ← (l_er - 1)
27.         while i ≥ 0 do
28.           j ← L_RL [i]
29.           if j ∈ X_RCS then
30.             X_RCS ← X_RCS \ {j}
31.           else
32.             X_RCS ← X_RCS ∪ {j}
33.           end if
34.           if |X_RCS| = 2 then
35.           C_tabu [X_RCS [0] X_RCS [1]] ← X_iter; C_tabu [X_RCS [1] X_RCS [0]] ← X_iter
36.           end if
37.         i ← i - 1
38.         end while
39.       end if
40.     end if
41. end while
```

2.2.7　扰动

为增加算法的全局搜索能力，提升算法访问未搜索的“高质量的”超平面的能力，本书设计了一种扰动策略，从一个新的起点（通常是比当前超平面维度更低的超平面）重新开始搜索。当基于超平面的搜索停滞时（即当前约束问题 $C_{QKP}[k]$ 的局部最优 $x^*_{[k]}$ 未改进此轮超平面搜索的最好解 x^b），就会应用一个扰动操作。这个最佳解 x^b 可能是初始构造过程加下降过程后的局部最优，也可能是上一个超平面 $C_{QKP}[k-1]$（$x^*_{[k-1]}$）的局部最优。

给定一个可行解 x，扰动的一般思想是从解的 t 个已选的物品中删除 s（$s \leqslant t \leqslant (I_1(x) - n_f)$）个密度最低的物品，然后加入一些未选择的物品。为此，首先对 x 中所有物品密度 $D(x, i)$（$i \in I_1(x)$）的进行升序排序。然后从前 t 个物品中移除 s 个物品，并使用第 2.2.4.1 节的贪婪随机构造过程重新构造解，得到一个扰动解；再使用第 2.2.4.2 节中的下降过程，进一步改进扰动解。参数 t 和 s 的取值方法可参见第 2.3.2 节。

为了确保扰动过程有效增强算法整体的多样化搜索能力，我们使用短期记忆防止最近删除的物品在后续迭代中被重新加入解中。每次从解中删除一个物品时，该物品在后续 $X_{\text{rand}}(1, s)$ 迭代中不允许被加入解中，其中 $X_{\text{rand}}(1, s)$ 表示 1 到 s 之间的一个随机数。

2.2.8 增量评价技术

本节引入一种快速增量评价技术，该技术能够快速地评估一个移动对 $f_r(x)$ 的影响。该技术在不改变解质量的情况下大幅提升了算法的运行效率，尤其是对大规模的算例，其提速效果更加明显。

给出一个解 x，翻转一个变量 x_i 以产生新的解 x'，可在 $O(1)$ 时间内算得新解的目标值 $f_r(x') = f_r(x) + (1 - 2 \times x_i) \times C(i, x)$，其中 $C(i, x)$ 是 x_i 的贡献度。因此，任何包含常数个翻转操作的移动操作对解目标值的影响都可以在 $O(1)$ 时间内完成评估。ADD 和 SWAP 也不例外。ADD 包含一个翻转操作，SWAP 包含两个翻转操作。与重新计算解的目标值所需的 $O(n^2)$ 时间相比，使用这种快速评估技术可以显著提高评估效率。

为此，我们设计了一个内存结构 $\boldsymbol{\Delta}$ 用于存储每个变量 $\boldsymbol{\Delta}_i$ 的当前贡献度（即 $C(i, x)$），该值在每次翻转操作后更新一次。给定一个空的解，其中所有的变量都赋值为 0，翻转任何变量的贡献度被初始化为该变量对应的物品利润值，即 $\boldsymbol{\Delta}_i \leftarrow p_i$，$i \in N$。然后，一旦执行了一次移动操作，变量 x_i 的值被翻转后，每个变量的贡献值按下式更新：

$$\boldsymbol{\Delta}_j = \begin{cases} \boldsymbol{\Delta}_j, \ j = i \\ \boldsymbol{\Delta}_j + q_{ij}, \ x_i = 1 \text{ 且 } j \in N \setminus \{i\} \\ \boldsymbol{\Delta}_j - q_{ij}, \ x_i = 0 \text{ 且 } j \in N \setminus \{i\} \end{cases} \tag{2.5}$$

$\boldsymbol{\Delta}$ 更新的总时间最多为 $O(n)$。使用这种内存结构，x 的一个邻居解 x' 可以使用下式计算：

$$f_r(x') = f_r(x) + \boldsymbol{\Delta}_i \tag{2.6}$$

类似地，交换当前解 x 两个变量的取值 $x_i(x_i = 1)$ 和 $x_j(x_j = 1)$ 得到的新解 x' 的目标值可按下式评估：

$$f_r(x') = f_r(x) - \boldsymbol{\Delta}_i + \boldsymbol{\Delta}_j - p_{ij} \tag{2.7}$$

除了 $\boldsymbol{\Delta}$，算法中还维护了另一个存储器，用于存储当前解中所有物品的总质量。该存储器的值在每次移动后进行了相应更新。该存储器使得容量约束检查能够在 $O(1)$ 的时间复杂度内完成。

2.3 计算实验

本节通过计算实验评估 IHEA 算法的计算效能，并与文献中最先进的 QKP 方法进行比较。

2.3.1 实验基础环境

为了评估算法的效能，我们在三组共 220 个测试算例上做了大量实验（更多关于算例的内容，请参见第 1.7.1 节）。

IHEA 采用 C ++ 编码，GNU gcc 4.1.2 编译（带“ – O3”优化选项）。实验使用的操作系统为 Ubuntu 12.04，电脑处理器为 AMD 皓龙 4184（2.8 GHz）、内存为 2 GB。在该机器上求解 DIMACS 标准测试算例 r300.5、r400.5 和 r500.5 时，运行时间分别是 0.40 s、2.50 s 和 9.55 s。

2.3.2 参数配置

IHEA 算法依赖 5 个参数（见表 2.1）。为了校准这些参数，这里采用 Iterated F-race（IFR）参数自动配置方法，该方法已被集成到 irace 软件包中。对于待配置的每个参数，IFR 需要一个取值范围作为算法输入。经初步测试，将取值范围设定为：$l_{rc} \in [10, 30]$，$L \in [100, 400]$，$p_1 \in [5, 20]$，$p_2 \in [1, 7]$。p_1 和 p_2 是与 t 和 s 相关的两个参数，即 $t = \min\{p_1, (I_1(x) - n_f)\}$ 及 $s = \min\{p_2, t\}$。将训练集限制为 26 个算例代表——每个 (n, d) 组合抽取一个算例。运行 3 000 次 IHEA 算法，每次给予 IHEA 算法 50 次迭代。上述 4 个参数取值确定后，即可轻松调整终止条件参数 X_{iter}^{max} 的取值。评价方法是使得 IHEA 算法在求解质量和求解效率之间达到平衡。除非另有说明，表 2.1 中的参数值用于下述所有实验。

表 2.1 IHEA 算法参数配置

参数	描述	值	章节
l_{rc}	受限候选列表的大小	20	2.2.4
L	运行列表的大小	300	2.2.6
t	参与扰动的最小密度的物品的数量	$\min\{10, (I_1(x) - n_f)\}$	2.2.7
s	扰动的物品数量	$\min\{3, t\}$	2.2.7
X_{iter}^{max}	最大迭代次数	$\sqrt{n} + 65$	2.2.3

2.3.3 基于 Set Ⅰ算例的算法求解结果对比分析

第一组实验是在 Set Ⅰ的基准算例上测试算法性能。首先，通过精确算法得到这些算例的最优解，求解时间在数百或数千秒不等（算法运行的环境为 300 MHz 的奔腾 Ⅱ 处理器）。文献中最新发表的启发式方法能够用很小的计算开销（通常是几秒钟）获得这些最优解。为评估 IHEA 算法的性能，这里将 IHEA 与文献中最近发表的启发式方法进行比较：

（1）Mini-Swarm 算法。据文献［116］介绍，Mini-Swarm 算法实验的运行环境是一台主频为 3.06 GHz、处理器为奔腾 P4 的 PC 机。

（2）GRASP-tabu 算法。该算法是文献中表现最好的算法之一。文献［119］中测试了（GRASP）′ 和（GRASP + tabu）′ 两个变种算法。这两个算法的求解结果将纳入本书的对比实验中进行全面的对比分析。（GRASP）′ 和（GRASP + tabu）′ 算法实验的运行环境为 2 Gb RAM、奔腾处理器 T2370、主频为 1.73 GHz。

由于计算硬件、终止准则等方面的差异，与参考方法进行完全公平的比较分析并非易事，尤其是计算时间的公平比较难度更大。因此，本书把研究的重点放在解的质量对比分析上。同时，还提供计算时间的信息以供参考。参考文献［26］和［31］的做法，以计算机环境（CPU 为 AMD 皓龙 4184、主频为 2.8 GHz）为基础，对文献［35］和［37］记录的计算时间进行缩放，缩放因子见表 2.2。

表 2.2　参考算法所用计算机的缩放因子

算法	参考文献	处理器类型	主频/GHz	缩放因子
IHEA	—	AMD 皓龙 4184	2.8	1.0
Min-Swarm	［116］	奔腾 P4	3.06	1.09
GRASP + tabu	［119］	奔腾	1.73	0.62

注：以本章所使用的计算机（AMD 皓龙 4184）为基准。

与 Mini-Swarm 和 GRASP-tabu 算法实验的做法相同，我们在每个算例上运行 IHEA 算法 100 次。为了从总体上展示算法性能，根据 (n,d) 组合将整个算例集划分为 8 个类。表 2.3 ~ 表 2.4 展示了每组算例和每个算法在以下 3 个指标上的平均结果：

（1）成功率 P_{SR}，即 100 次实验中达到已知最优解的次数；

（2）相对百分比偏差 Δ_{RPD}，100 次实验中最佳下界 f_{LB} 与最佳解值 f_b 差值的平均值，其计算方法为$((f_{LB}-f_b)/f_{LB}\times 100)$；

（3）平均 CPU 时间，单位为秒（s）。

表 2.3 IHEA 与 3 个当前最好的算法在 QKPSet Ⅰ 的 100 个算例的计算结果对比 1

算例分组	Min-Swarm			GRASP		
	P_{SR}/%	Δ_{RPD}	t/s	P_{SR}/%	Δ_{RPD}	t/s
100_25	93.9	0.012	0.482	100	0	0.026
100_50	94.2	0.004	0.442	100	0	0.024
100_75	97.5	0.001	0.396	100	0	0.023
100_100①	100	0	0.224	100	0	0.022
200_25	90.3	0.009	1.559	100	0	0.186
200_50	92.4	0.001	1.967	97.9	2.3×10^{-4}	0.179
200_75	90.9	0.003	2.361	100	0	0.190
200_100	100	0	1.305	100	0	0.152
300_25②	—	—	—	98.889	0.003	0.518
300_50	—	—	—	100	0	0.544

注：①算例 100_100_4 的数据无法获取，因此在算例分组 100_100 中没有考虑该算例的计算结果；②算例 300_25_3 的数据无法获取，因此在算例分组 300_25 中没有考虑该算例的计算结果。

表 2.4　IHEA 与 3 个当前最好的算法在 QKPSet Ⅰ的 100 个算例的计算结果对比 2

算例分组	GRASP + tabu			IHEA			
	$P_{SR}/\%$	Δ_{RPD}	t/s	$P_{SR}/\%$	Δ_{RPD}	t/s	t_b/s
100_25	100	0	0.060	100	0	0.325	0.004
100_50	100	0	0.057	100	0	0.253	0.002
100_75	100	0	0.052	100	0	0.334	0.003
100_100①	100	0	0.048	100	0	0.248	0.002
200_25	100	0	0.286	100	0	0.714	0.029
200_50	99.9	9.4×10^{-6}	0.301	**100**	**0**	0.827	0.035
200_75	100	0	0.318	100	0	0.946	0.010
200_100	100	0	0.251	100	0	0.722	0.005
300_25②	99.667	0.001	0.735	**100**	**0**	1.122	0.018
300_50	100	0	0.763	100	0	1.156	0.015

注：①算例 100_100_4 的数据无法获取，因此在算例分组 100_100 中没有考虑该算例的计算结果；②算例 300_25_3 的数据无法获取，因此在算例分组 300_25 中没有考虑该算例的计算结果；加粗的值表示 IHEA 的改进结果。

对于 IHEA 算法，我们记录了算法首次遇到最佳解的时间 t，并得出了 100 次实验结果的平均值。由于 IHEA 算法和参考算法均能很容易地获得所有算例的最优结果，所以这些最优结果未在表中列出（感兴趣的读者可参见文献［7］）。由于没能获取到参考算法的源代码，参考算法的结果从相应的文献［116］中提取。

从表 2.3 ~ 表 2.4 可以看出，IHEA 算法在平均计算时间不超过 1.156 s 的情况下，获得了所有算例的已知最优值，成功率为 100%。IHEA 在计算时间上表现更加突出，其获得最佳解的平均时间 t_b 不超过

0.035 s。IHEA 在成功率和相对百分比偏差方面优于 Mini-Swarm，同时 IHEA 消耗的 CPU 时间普遍更少。与文献中表现最好的 GRASP + tabu 算法相比，IHEA 依然很有竞争力。因为 IHEA 获得了 100% 的成功率，而 GRASP 和 GRASP + tabu 均未达到 100% 的成功率。IHEA 另一个优秀的特性是，它的平均计算时间与算例大小近似呈线性关系，其他参考算法均不具备这个特性。

2.3.4 基于 Set Ⅱ 大规模算例的求解结果对比分析

本节研究了 IHEA 算法在第二组 80 个大规模算例上的表现。参考 GRASP + tabu 算法实验的做法，IHEA 算法在每个算例上运行 100 次。该实验的对比算法为 GRASP + tabu，这是因为该算法获得了这些算例的最好解。GRASP + tabu 结果直接从文献［119］中提取。表 2.5 ~ 表 2.7（包含 1 000 个物品的算例）和表 2.8 ~ 表 2.10（包含2 000个物品的算例）集中展示了算法的对比结果。表中的指标包括最佳下界 S_b、获得最佳下界的成功率（success rate，SR）P_{SR}、相对百分比偏差（relative percentage deviation，RPD）Δ_{RPD} 和平均计算时间 t。同时记录了 IHEA 算法 100 次实验获得最佳解的平均时间 t_b。已知最好结果用斜体表示，新的改进结果用粗体突出显示。最后两行分别记录斜体和粗体值的数量和每一列的平均值。

表 2.5 IHEA 与 DP + FE、GRASP + tabu 算法结果对比 1
（包含 1 000 个物品的算例）

算例	DP + FE		GRASP + tabu			
	S_b	t/s	S_b	P_{SR}/%	Δ_{RPD}	t/s
1000_25_1	6 172 407	1 682.28	6 172 407	100	0	18.234
1000_25_2	229 833	2 103.29	229 941	66	0.008	20.448
1000_25_3	172 418	1 919.35	172 418	100	0	13.429

续表

算例	DP + FE		GRASP + tabu			
	S_b	t/s	S_b	P_{SR}/%	Δ_{RPD}	t/s
1000_25_4	367 365	2 537.72	367 426	100	0	16.188
1000_25_5	4 885 569	2 626.97	4 885 611	100	0	23.368
1000_25_6	15 528	608.55	15 689	100	0	5.072
1000_25_7	4 945 741	2 725.22	4 945 810	100	0	22.636
1000_25_8	1 709 954	3 762.89	1 710 198	100	0	44.15
1000_25_9	496 315	2 839.99	496 315	100	0	18.619
1000_25_10	1 173 686	3 607.27	1 173 792	100	0	36.537
1000_50_1	5 663 517	3 722.47	5 663 590	100	0	31.459
1000_50_2	180 831	1 450.87	180 831	100	0	0.893
1000_50_3	11 384 139	2 071.25	11 384 283	100	0	19.753
1000_50_4	322 184	1 868.86	322 226	100	0	13.677
1000_50_5	9 983 477	2 570.76	9 984 247	86	1.5×10^{-4}	25.315
1000_50_6	4 106 186	3 801.72	4 106 261	100	0	36.01
1000_50_7	10 498 135	2 322.16	10 498 370	84	1.3×10^{-4}	20.727
1000_50_8	4 981 017	3 826.98	4 981 146	20	0.012	72.1
1000_50_9	1 727 727	3 382.02	1 727 861	100	0	32.717
1000_50_10	2 340 590	3 605.07	2 340 724	94	2.3×10^{-4}	59.074
1000_75_1	11 569 498	3 334.21	11 570 056	65	7.6×10^{-5}	39.68
1000_75_2	1 901 119	3 094.56	1 901 389	100	0	20.131
1000_75_3	2 096 415	3 208.98	2 096 485	100	0	24.713
1000_75_4	7 305 195	3 821.02	7 305 321	100	0	34.156
1000_75_5	13 969 705	2 887.19	13 970 240	93	4×10^{-4}	23.182

续表

算例	DP + FE		GRASP + tabu			
	S_b	t/s	S_b	P_{SR}/%	Δ_{RPD}	t/s
1000_75_6	12 288 299	3 178. 95	12 288 738	100	0	20. 733
1000_75_7	1 095 837	2 580. 27	1 095 837	100	0	14. 359
1000_75_8	5 575 592	3 804. 42	5 575 813	100	0	42. 451
1000_75_9	695 595	2 171. 33	695 774	100	0	14. 062
1000_75_10	2 507 627	3 349. 44	2 507 677	100	0	29. 338
1000_100_1	6 243 330	3 849. 5	6 243 494	100	0	44. 646
1000_100_2	4 853 927	3 627. 05	4 854 086	61	0. 001	52. 601
1000_100_3	3 171 955	3 320. 52	3 172 022	100	0	29. 177
1000_100_4	754 542	1 990. 8	754 727	100	0	14. 651
1000_100_5	18 646 607	2 829. 35	18 646 620	99	6.9×10^{-7}	24. 273
1000_100_6	16 019 697	3 247. 81	16 018 298	96	4.2×10^{-6}	25. 78
1000_100_7	12 936 205	3 587. 16	12 936 205	100	0	27. 59
1000_100_8	6 927 342	3 850. 89	6 927 738	100	0	59. 551
1000_100_9	3 874 959	3 463. 92	3 874 959	100	0	32. 414
1000_100_10	1 334 389	2 474. 89	1 334 494	100	0	14. 651
已知最好或改进结果数量	7	—	38	30	30	—
平均值	5 128 111	2 917. 699	5 128 228	94. 1	0. 000 6	27. 964

表 2.6　IHEA 与 DP + FE、GRASP + tabu 算法结果对比 2
(包含 1 000 个物品的算例)

算例	IHEA				
	S_b	P_{SR}/%	Δ_{RPD}	t/s	t_b/s
1000_25_1	6 172 407	100	0	2.765	0.094
1000_25_2	229 941	**100**	**0**	5.39	0.091
1000_25_3	172 418	100	0	5.892	0.05
1000_25_4	367 426	100	0	7.293	0.068
1000_25_5	4 885 611	100	0	5.543	0.144
1000_25_6	15 689	100	0	1.635	0.02
1000_25_7	4 945 810	100	0	4.804	0.306
1000_25_8	1 710 198	100	0	7.104	0.416
1000_25_9	496 315	100	0	6.891	0.06
1000_25_10	1 173 792	100	0	7.573	0.148
1000_50_1	5 663 590	100	0	6.87	0.108
1000_50_2	180 831	100	0	3.692	0.045
1000_50_3	11 384 283	100	0	3.338	0.088
1000_50_4	322 226	100	0	5.433	0.059
1000_50_5	9 984 247	**98**	$\mathbf{6\times10^{-6}}$	3.662	0.541
1000_50_6	4 106 261	100	0	7.691	0.113
1000_50_7	10 498 370	**100**	**0**	3.584	0.271
1000_50_8	4 981 146	**99**	$\mathbf{1\times10^{-6}}$	9.155	1.648
1000_50_9	1 727 861	100	0	9.381	0.847
1000_50_10	2 340 724	**100**	**0**	7.416	0.163
1000_75_1	11 570 056	**100**	**0**	4.892	0.514

续表

算例	IHEA				
	S_b	P_{SR}/%	Δ_{RPD}	t/s	t_b/s
1000_75_2	1 901 389	100	0	6.492	0.129
1000_75_3	2 096 485	100	0	8.742	0.107
1000_75_4	7 305 321	100	0	6.846	0.119
1000_75_5	**13 970 842**	**100**	**0**	6.022	0.13
1000_75_6	12 288 738	100	0	4.463	0.161
1000_75_7	1 095 837	100	0	7.119	0.099
1000_75_8	5 575 813	100	0	7.833	0.142
1000_75_9	695 774	100	0	4.624	0.126
1000_75_10	2 507 677	100	0	6.863	0.074
1000_100_1	6 243 494	100	0	7.018	0.116
1000_100_2	4 854 086	**100**	**0**	7.092	0.193
1000_100_3	3 172 022	100	0	6.391	0.096
1000_100_4	754 727	100	0	5.207	0.075
1000_100_5	18 646 620	**100**	**0**	4.07	0.289
1000_100_6	**16 020 232**	**100**	**0**	5.204	0.117
1000_100_7	12 936 205	100	0	5.533	0.129
1000_100_8	6 927 738	100	0	7.298	0.113
1000_100_9	3 874 959	100	0	7.085	0.067
1000_100_10	1 334 494	100	0	6.27	0.094
已知最好或改进结果数量	40	40	40	—	—
平均值	5 128 291	99.925	0	6.005	0.204

表 2.7　3 种算法结果对比（包含 1 000 个物品的算例）

算例	指标	已知最好或改进结果数量	平均值
DP + FE	S_b	7	5 128 111
	t/s	—	2 917.699
GRASP + tabu	S_b	38	5 128 228
	P_{SR}/%	30	94.1
	Δ_{RPD}	30	0.0006
	t/s	—	27.964
IHEA	S_b	40	5 128 291
	P_{SR}/%	40	99.925
	Δ_{RPD}	40	0
	t/s	—	6.005
	t_b/s	—	0.204

表 2.8　IHEA 与 DP + FE、GRASP + tabu 算法结果对比 1（包含 2 000 个物品的算例）

算例	DP + FE		GRASP + tabu			
	S_b	t/s	S_b	P_{SR}/%	Δ_{RPD}	t/s
2000_25_1	5 268 004	57 726.92	5 268 188	100	0	320.273
2000_25_2	13 293 940	51 050.13	13 294 030	100	0	205.053
2000_25_3	5 500 323	57 419.27	5 500 433	56	4.5×10^{-4}	496.081
2000_25_4	14 624 769	46 620.16	14 625 118	100	0	215.072
2000_25_5	5 975 645	57 416.96	5 975 751	100	0	457.765
2000_25_6	4 491 533	56 155.8	4 491 691	100	0	294.252
2000_25_7	6 388 475	57 116.94	6 388 756	100	0	346.09

续表

算例	DP + FE		GRASP + tabu			
	S_b	t/s	S_b	P_{SR}/%	Δ_{RPD}	t/s
2000_25_8	11 769 395	52 832.06	11 769 873	100	0	277.109
2000_25_9	10 959 388	54 258.65	10 960 328	100	0	278.882
2000_25_10	139 233	14 686.96	139 236	100	0	68.07
2000_50_1	7 070 736	52 860.69	7 070 736	39	0.027	294.078
2000_50_2	12 586 693	57 518.44	12 587 545	100	0	331.619
2000_50_3	27 266 846	48 397.3	27 268 336	100	0	191.506
2000_50_4	17 754 391	57 376.09	17 754 434	100	0	485.249
2000_50_5	16 804 699	57 563.58	16 805 490	90	9.3×10^{-4}	923.936
2000_50_6	23 075 693	52 613.21	23 076 155	50	5.1×10^{-4}	285.256
2000_50_7	28 757 657	46 437.96	28 759 759	6	0.008	442.792
2000_50_8	1 580 242	32 416.87	1 580 242	100	0	102.412
2000_50_9	26 523 637	48 529.93	26 523 791	100	0	212.114
2000_50_10	24 746 249	50 565.42	24 747 047	100	0	253.202
2000_75_1	25 121 327	57 579.99	25 121 998	100	0	500.371
2000_75_2	12 663 927	54 629.12	12 664 670	89	4.7×10^{-4}	316.231
2000_75_3	43 943 294	45 151.42	43 943 994	100	0	171.362
2000_75_4	37 496 414	50 255.52	37 496 613	100	0	219.561
2000_75_5	24 835 254	56 840.03	24 834 948	73	2.1×10^{-4}	424.285
2000_75_6	45 137 702	44 437.73	45 137 758	100	0	190.011
2000_75_7	25 502 503	57 480.68	25 502 608	100	0	303.887
2000_75_8	10 067 752	52 566.82	10 067 892	100	0	213.795
2000_75_9	14 177 079	55 684.21	14 171 994	97	1.6×10^{-5}	329.877

续表

算例	DP + FE		GRASP + tabu			
	S_b	t/s	S_b	P_{SR}/%	Δ_{RPD}	t/s
2000_75_10	7 815 419	48 717.48	7 815 755	78	8.7×10^{-5}	201.636
2000_100_1	37 929 562	57 195.97	37 929 909	100	0	270.14
2000_100_2	33 665 281	57 844.25	33 647 322	95	8.2×10^{-5}	490.736
2000_100_3	29 951 509	57 198.42	29 952 019	34	0.003	923.36
2000_100_4	26 948 234	57 484.56	26 949 268	100	0	440.69
2000_100_5	22 040 523	58 316.78	22 041 715	70	3×10^{-4}	466.252
2000_100_6	18 868 630	56 282.86	18 868 887	100	0	339.878
2000_100_7	15 850 198	54 333.57	15 850 597	100	0	358.472
2000_100_8	13 628 210	52 206.35	13 628 967	100	0	231.923
2000_100_9	8 394 440	45 817.31	8 394 562	97	2.2×10^{-4}	188.672
2000_100_10	4 923 413	38 243.75	4 923 559	92	1.4×10^{-4}	124.031
已知最好或改进结果数量	4	—	36	26	26	—
平均值	18 088 455	51 695.754	18 088 299	89.15	0.001	329.65

表 2.9　IHEA 与 DP + FE、GRASP + tabu 算法结果对比 2
（包含 2 000 个物品的算例）

算例	IHEA				
	S_b	P_{SR}/%	Δ_{RPD}	t/s	t_b/s
2000_25_1	5 268 188	100	0	22.264	0.479
2000_25_2	13 294 030	100	0	24.917	2.191
2000_25_3	5 500 433	**100**	**0**	28.933	0.78
2000_25_4	14 625 118	100	0	17.05	0.766

续表

算例	IHEA				
	S_b	P_{SR}/%	Δ_{RPD}	t/s	t_b/s
2000_25_5	5 975 751	100	0	28.102	0.502
2000_25_6	4 491 691	100	0	23.442	0.767
2000_25_7	6 388 756	100	0	25.178	0.671
2000_25_8	11 769 873	100	0	22.584	0.718
2000_25_9	10 960 328	100	0	22.42	0.564
2000_25_10	139 236	100	0	7.551	0.087
2000_50_1	7 070 736	**100**	**0**	28.016	0.441
2000_50_2	12 587 545	100	0	23.943	1.349
2000_50_3	27 268 336	100	0	22.691	0.359
2000_50_4	17 754 434	100	0	24.506	0.447
2000_50_5	**16 806 059**	**100**	**0**	32.057	0.538
2000_50_6	23 076 155	**100**	**0**	21.579	0.631
2000_50_7	28 759 759	**100**	**0**	25.365	0.525
2000_50_8	1 580 242	100	0	13.937	0.169
2000_50_9	26 523 791	100	0	19.695	0.438
2000_50_10	24 747 047	100	0	20.613	0.377
2000_75_1	25 121 998	100	0	22.721	0.529
2000_75_2	12 664 670	**100**	**0**	21.584	0.401
2000_75_3	43 943 994	100	0	18.723	0.763
2000_75_4	37 496 613	100	0	19.901	0.434
2000_75_5	**24 835 349**	**100**	**0**	27.439	0.533
2000_75_6	45 137 758	100	0	20.862	0.345

续表

算例	IHEA				
	S_b	$P_{SR}/\%$	Δ_{RPD}	t/s	t_b/s
2000_75_7	25 502 608	100	0	21. 848	0. 402
2000_75_8	10 067 892	100	0	21. 56	0. 333
2000_75_9	**14 177 079**	**100**	**0**	32. 008	0. 482
2000_75_10	7 815 755	**100**	**0**	20. 537	1. 73
2000_100_1	37 929 909	100	0	21. 622	0. 418
2000_100_2	**33 665 281**	**100**	**0**	34. 322	0. 548
2000_100_3	29 952 019	**100**	**0**	23. 249	0. 436
2000_100_4	26 949 268	100	0	23. 8	0. 542
2000_100_5	22 041 715	**95**	$\mathbf{1.1 \times 10^{-5}}$	23. 346	6. 286
2000_100_6	18 868 887	100	0	22. 315	0. 387
2000_100_7	15 850 597	100	0	22. 555	0. 399
2000_100_8	13 628 967	100	0	22. 25	0. 356
2000_100_9	8 394 562	**100**	**0**	18. 686	0. 361
2000_100_10	4 923 559	**100**	**0**	15. 041	0. 913
已知最好或改进结果数量	40	40	40	—	—
平均值	18 088 900	99. 875	0	22. 73	0. 735

表 2.10　3 种算法结果对比（包含 2 000 个物品的算例）

算例	指标	已知最好或改进结果数量	平均值
DP + FE	S_b	4	18 088 455
	t/s	—	51 695.754
GRASP + tabu	S_b	36	18 088 299
	$P_{SR}/\%$	26	89.15
	Δ_{RPD}	26	0.001
	t/s	—	329.65
IHEA	S_b	40	18 088 900
	$P_{SR}/\%$	40	99.875
	Δ_{RPD}	40	0
	t/s	—	22.73
	t_b/s	—	0.735

从表 2.5 ~ 表 2.10 可以看出，IHEA 算法全面优于 GRASP + tabu 算法。

首先，在全部 80 个算例中，IHEA 算法要么取得已知最好结果，要么取得新的最好解。具体来说，它在 6 个算例上找到了改进的最好解，并在其余 74 个算例上获得了已知最好解。

其次，IHEA 算法在成功率和相对百分比偏差上始终优于或等于 GRASP + tabu 算法。具体来说，IHEA 算法在 80 个算例中有 24 个算例在这两个指标上表现较好，其余 56 例表现相同。GRASP + tabu 算法有 24 个算例的成功率未达到 100%，而 IHEA 算法只有 3 例。此外，IHEA 算法在最低成功率及平均成功率上表现得比 GRASP + tabu 算法更好，分别为 95% 比 6% 和 99.9% 比 91.63%。注意，IHEA 算法的成功率可以通过简单地增加最大迭代次数 X_{iter}^{max} 得到进一步的提升。例如，当 X_{iter}^{max} 设置为 $\sqrt{n}+130$ 时，IHEA 算法在所有这些算例中都获得了 100% 的成功率，但代价是需要更多的计算时间。

最后，IHEA 算法花费的计算时间更少，却获得了比 GRASP + tabu 算法更优的计算结果。IHEA 算法在求解具有 1 000 个物品的算例时平均耗时为 6. 0 s，解决具有 2 000 个物品的算例时平均耗时为 22. 73 s；而 GRASP + tabu 算法的平均耗时为 27. 96 s 和 329. 65 s。可见，当问题规模从 1 000 个物品增加到 2 000 个物品时，IHEA 算法在平均计算时间上增长很慢（即 22. 73/6. 0 ≈ 3. 79），该增长速度远小于 GRASP + tabu 算法的计算耗时增长速度（即 329. 65/27. 96 ≈ 11. 79）。还要注意，与平均计算时间相比，获得最佳解的时间 t_b 平均值更小，约为 0. 47 s。很容易看出，t 和 t_b 之间的巨大差距是算法为了完成最大迭代次数而消耗的时间，对改进最佳解并无帮助。

2. 3. 5　基于 Set Ⅲ 算例的算法求解结果对比分析

最后一个实验的目的是测试算法在 40 个超大规模算例（Set Ⅲ）上的表现。这组算例包含 5 000 ~ 6 000 个变量，它们的最优解未知。这些算例不仅包含变量多，而且求解难度大。为了测试 IHEA 算法的求解效能，本书使用了文献［12］中提出的上界求解方法 $\hat{U}_{CPT}^{2}$ 进行检验。

IHEA 算法在每个算例上运行 100 次。表 2. 11 集中展示了算法求解结果。针对每个算例，表 2. 11 记录了每个算法求得的最佳下界 S_b、下界与上界之间的差距 Δ_{GAP}（计算方式为 $(\hat{U}_{CPT}^{2}-S_b)/S_b\times 100$）、成功率 P_{SR}、相对百分比偏差 Δ_{RPD}、平均计算时间 t 和平均最佳解获得时间 t_b。最后一行表示每一列的平均值。从表 2. 11 中可以观察到，IHEA 算法能够求得这些大规模算例的高质量解，下界与上界之间的差距很小，平均 Δ_{GAP} 为 1. 359%。此外，IHEA 算法在 30 个算例上的成功率达到 100%，所有算例的平均成功率为 87. 675%。算法的计算开销也较小，平均耗时为174.075 s。最佳解的获得时间更短，平均值为14.456 s。

表2.11 IHEA算法对Set Ⅲ40个特大实例的计算结果

算例	S_b	Δ_{GAP}/%	P_{SR}/%	Δ_{RPD}	t/s	t_b/s
5000_25_1	23 667 450	2.729	100	0	130.664	1.973
5000_25_2	37 914 560	3.323	100	0	143.679	2.843
5000_25_3	68 295 820	1.718	100	0	126.904	2.668
5000_25_4	33 866 053	2.292	100	0	139.453	3.374
5000_25_5	9 533 115	5.409	100	0	111.366	3.227
5000_50_1	45 194 685	2.432	100	0	144.125	2.503
5000.50_2	88 355 678	0.830	100	0	143.188	2.488
5000_50_3	152 447 303	0.376	100	0	143.813	2.960
5000_50_4	171 000 228	0.915	100	0	148.015	3.392
5000_50_5	1 187 339	6.570	100	0	61.106	0.326
5000_75_1	28 170 819	1.230	100	0	105.745	1.674
5000_75_2	195 434 758	0.406	100	0	149.977	2.834
5000_75_3	64 324 704	0.970	76	3.9×10^{-5}	141.571	36.113
5000_75_4	247 348 595	0.796	100	0	144.213	2.942
5000_75_5	46 462 750	0.478	4	1×10^{-4}	136.119	45.054
5000_100_1	214 425 886	0.083	100	0	150.076	2.974
5000_100_2	18 783 132	0.367	100	0	76.661	1.164
5000_100_3	10 784 650	0.203	100	0	61.450	0.648
5000_100_4	160 539 947	0.065	100	0	153.082	2.780
5000_100_5	33 166 524	0.552	67	9×10^{-5}	105.708	38.976
6000_25_1	69 832 542	1.788	100	0	204.230	5.621

续表

算例	S_b	$\Delta_{GAP}/\%$	$P_{SR}/\%$	Δ_{RPD}	t/s	t_b/s
6000_25_2	3 697 236	5. 232	100	0	123. 770	2. 797
6000_25_3	79 300 092	1. 964	100	0	246. 285	3. 490
6000_25_4	191 531 304	0. 276	87	1.2×10^{-5}	238. 917	9. 093
6000_25_5	36 121 510	1. 423	100	0	208. 762	3. 447
6000_50_1	194 344 567	1. 622	100	0	214. 187	4. 060
6000. 50_2	323 753 804	0. 376	66	9.6×10^{-5}	272. 235	4. 864
6000_50_3	31 913 824	2. 502	100	0	220. 343	3. 015
6000_50_4	225 556 641	0. 999	100	0	198. 893	5. 776
6000_50_5	40 931 924	1. 885	100	0	186. 351	6. 849
6000_75_1	204 512 250	0. 999	12	5.2×10^{-5}	267. 433	86. 722
6000_75_2	42 422 207	1. 187	100	0	182. 990	2. 754
6000_75_3	524 508 156	0. 477	60	3.4×10^{-3}	177. 873	24. 377
6000_75_4	197 004 931	1. 083	100	0	220. 513	4. 100
6000_75_5	74 350 712	0. 344	100	0	282. 668	3. 822
6000_100_1	292 257 056	0. 069	100	0	219. 599	4. 054
6000_100_2	219 791 358	0. 149	1	9.7×10^{-4}	257. 679	122. 758
6000_100_3	376 967 122	0. 087	96	1×10^{-6}	266. 202	46. 105
6000_100_4	355 609 720	0. 058	100	0	245. 857	3. 710
6000_100_5	686 364 195	0. 100	38	4.2×10^{-5}	211. 295	69. 904
平均值	—	1. 359	87. 675	1.2×10^{-4}	174. 075	14. 456

2.4 讨论

上一节通过将 IHEA 算法实验结果和文献中前沿算法实验结果进行对比的方式说明了 IHEA 算法的有效性。本节将提供更多的信息以获得对超平面搜索组件（第 2.4.1 节）的深入了解，并进一步研究 IHEA 算法的变量固定策略（第 2.4.2 节）和扰动策略（第 2.4.3 节）。为了简化本节的呈现方式，我们使用了来自第二组 80 个基准测试算例的一个子集，该子集包含 8 个具有代表性的算例（见表 2.12 和 2.13）。这些算例涵盖了 QKPSet Ⅱ算例所有可能的物品数量和密度值的组合。这个算例子集被称为 QKPSet 2。

2.4.1 超平面搜索效能分析

作为对表 2.5 ~ 表 2.10 的补充，在表 2.12 中展示了 QKPSet 2 中 8 个算例的更详细的计算结果，包括最好解所在的超平面 k^*，初始超平面的平均维度 k_{avg}，超平面维度的下界 k_{LB}，超平面维数的上界 k_{UB}和已访问超平面数量的平均值 k_{avg}。从表 2.12 可以看到，IHEA 算法搜索的超平面数量总是小于 3 个。对于算例 1000_100_6，k_{avg}正好是 2，这意味着 TabuSearch_Engine 在第一个超平面中找到了改进的解，但在第二个超平面中没有找到。对于其他 7 个算例，TabuSearch_Engine 有时会在第二个超平面中发现改进的解，这解释了为什么它们的 k_{avg}值大于 2 但小于 3。基于这一观察，得出结论：IHEA 算法在超平面搜索阶段的每次迭代通常只探索数量非常有限的超平面。这也是 IHEA 算法搜索效率高的原因。

表 2.12　IHEA 关于 QKPSet 2 中 8 个代表性算例的补充信息

算例	k^*	k_{avg}^0	k_{LB}	k_{UB}	k_{avg}
1000_25_5	880	879.01	520	881	2.904
1000_50_8	627	626	242	627	2.928
1000_75_5	858	857	490	858	2.924
1000_100_6	796	796	397	796	2
2000_25_3	929	928.01	236	931	2.896
2000_50_5	1 153	1 152	378	1 153	2.969
2000_75_9	864	863	207	864	2.967
2000_100_2	1 154	1 153	387	1 154	2.97
平均值	907.63	906.75	357.13	908	2.82

进一步研究，为什么探索少量的超平面却能够得到高质量的解。通过考察每个算例的初始超平面 k_{avg}^0，可以看出初始超平面总是等于或非常接近最佳超平面 k^*。8 个算例中有一个算例（1000_100_6）的初始超平面恰好是最佳超平面，其余 7 个算例的初始超平面距离最佳超平面只有 1 维。此外，表 2.12 表明，初始超平面 k_{avg}^0 的维数始终在 $[k_{LB}, k_{UB}]$ 之间，且非常接近 k_{UB}。k_{avg}^0 和 k_{UB}^0 之间的差距只有 $908.00-906.75=1.25$。通过实验分析，在 QKPSet Ⅱ 的其他算例上也得到了类似的结论。

2.4.2　变量固定策略对算法效能的影响

如第 2.2.5 节所述，对于给定的超平面，IHEA 算法以一个高质量的解作为输入。在使用禁忌搜索探索超平面之前，本书使用密度值作为参考来固定一些变量的取值，从而生成一个削减后的子问题并采用禁忌搜索进行求解。在高质量的解中，高密度变量的取值是高度确定的，不应该在禁忌搜索过程中改变其取值。为了验证这个变量固定策略的有效性，将 IHEA 算法与一个变量固定策略被禁用的算法版本 $IHEA_{NoVF}$进行比较。在 $IHEA_{NoVF}$中，TabuSearch_Engine 直接搜索 $C_{QKP}[k]$ 的解空间，而非 $C_{RCP}(V_{fixed}, C_{QKP}[k], x')$ 的解空间（更多内容参见第 2.3 节）。

在相同的条件下运行 IHEA 和 $IHEA_{NoVF}$各 100 次，求解 QKPSet Ⅱ 的所有算例。根据（n,d）的组合，将整个算例集划分为 8 个类。表 2.13～表 2.14 展示了算法计算结果。除平均最佳解目标值 S_{avgb}、平均成功率 P_{avgSR}和平均总计算时间 t_{avg}之外，针对 IHEA，还记录了被固定的变量占总变量的平均百分比 $M_{avg\%FV}$和错误固定的变量占总变量的平均百分比 $M_{avg\%WFV}$。将被固定的变量与表 2.5～表 2.10 中记录的已知最好解进行比较，可以识别出被错误固定的变量。最后一行表示各列的平均值。

表 2.13　IHEA 和 $IHEA_{NoVF}$在 QKPSet Ⅱ 算例上的计算结果对比 1

算例	IHEA				
	S_{avgb}	P_{avgSR}/%	t/s	$M_{avg\%FV}$	$M_{avg\%WFV}$
1000_25	2 016 960.7	**100**	5.489	0.928	0
1000_50	5 118 953.9	**99.7**	6.022	0.938	0
1000_75	5 900 793.2	**100**	6.39	0.932	0
1000_100	7 476 457.7	**100**	6.117	0.932	0
2000_25	7 841 340.4	**100**	22.244	0.964	0
2000_50	18 617 410.4	**100**	23.24	0.967	0
2000_75	24 676 371.6	**100**	22.718	0.967	0
2000_100	**21 220 476.4**	**99.5**	22.719	0.963	0
平均值	**11 608 595.538**	**99.9**	**14.367**	0.949	0

表 2. 14　IHEA 和 $IHEA_{NoVF}$ 在 QKPSet Ⅱ算例上的计算结果对比 2

算例	$IHEA_{NoVF}$		
	S_{avgb}	P_{avgSR}/%	t/s
1000_25	2 016 960. 7	99. 4	101. 332
1000_50	5 118 953. 9	90. 9	114. 268
1000_75	5 900 793. 2	83. 1	120. 73
1000_100	176 457. 9	99. 9	102. 621
2000_25	7 841 340. 4	99. 4	591. 328
2000_50	18 617 410. 4	99. 9	617. 926
2000_75	24 676 368	88. 6	546. 975
2000_100	21 220 453. 5	80	466. 538
平均值	11 608 592. 225	92. 587	332. 715

从表 2. 13 ~ 表 2. 14 可以看出，对于 8 个算例类中的 2 个类，IHEA 在平均最佳解值 S_{avgb} 和平均成功率 P_{avgSR} 方面均优于 $IHEA_{NoVF}$。在剩下的 6 个算例类中，虽然 IHEA 和 $IHEA_{NoVF}$ 获得了相同的最佳结果，但是 IHEA 的平均成功率始终高于 $IHEA_{NoVF}$。采用 Wilcoxon 符号秩检验两组的成功率，显著性因子为 0. 05，所得 P 值为 0. 001 602，可见 IHEA 明显优于 $IHEA_{NoVF}$。此外，从平均计算时间角度看，IHEA 的速度是 $IHEA_{NoVF}$ 的 23 倍。这是因为大量的变量被固定，而且未发生错误固定的现象。被固定的变量占总变量的平均百分比为 94. 9%，这意味着 94. 9% 的搜索空间被削减，而且没有出现任何一个变量被固定在错误的取值上。

2.4.3 扰动策略对算法效能的影响

IHEA 使用一种基于密度的扰动策略来增强算法的全局搜索能力，以便更好地探索解空间（参见第 2.2.7 节）。为了评估所采用的扰动策略对算法效能的影响，这里比较了 IHEA 与两种变体算法 $\text{IHEA}_{\text{RDRP}}$和$\text{IHEA}_{\text{NOPT}}$的计算结果。其中，$\text{IHEA}_{\text{RDRP}}$在不考虑物品密度的情况下随机删除所选物品，而 $\text{IHEA}_{\text{NOPT}}$则从 IHEA 中去除扰动阶段。本实验的测试算例是 QKPSetⅡ。每个算法在每个算例上运行 100 次。

表 2.15 ~ 表 2.17 从三个指标展示了算法结果：

（1）平均最优解值 S_{avgb}；

（2）平均成功率 P_{avgSR}；

（3）平均计算时间 t_{avg}。

表的最后一行表示每列的平均值，表中加粗的值表示这一行中的最好值。从表 2.15 ~ 表 2.17 可以看出，从 IHEA 算法中去除扰动阶段导致其性能在最佳解值和成功率方面都有很大的下降。与 IHEA 和 $\text{IHEA}_{\text{RDRP}}$相比，$\text{IHEA}_{\text{NOPT}}$在 6 类算例上平均最佳解目标值 S_{avgb} 最小，在所有 8 个类别中平均成功率 P_{avgSR}最低。$\text{IHEA}_{\text{RDRP}}$与 IHEA 相比，虽然最佳解值相当，但 $\text{IHEA}_{\text{RDRP}}$稳定性差，在 7 类算例的平均成功率更低。采用 Wilcoxon 符号秩次检验比较 $\text{IHEA}_{\text{RDRP}}$和 IHEA 的成功率，显著性因子为 0.05，$P$ 值为 0.001 602，可见 $\text{IHEA}_{\text{RDRP}}$ 明显逊色于 IHEA。此外，与 IHEA 相比，$\text{IHEA}_{\text{RDRP}}$的平均计算时间更长。本实验证实了 IHEA 的扰动阶段以及所采用的基于密度的策略均是有效的。

表 2.15　IHEA、$IHEA_{RDPT}$以及 $IHEA_{NOPT}$在 QKPSet Ⅱ算例上的计算结果对比 1

算例	IHEA		
	S_{avgb}	P_{avgSR}/%	t_{avg}/s
1000_25	2 016 960. 7	100	5. 489
1000_50	5 118 953. 9	99. 7	6. 022
1000_75	5 900 793. 2	100	6. 39
1000_100	7 476 457. 7	100	6. 117
2000_25	7 841 340. 4	100	22. 244
2000_50	18 617 410. 4	100	23. 24
2000_75	24 676 371. 6	100	22. 718
2000_100	21 220 476. 4	99. 5	22. 719
平均值	**11 608 595. 538**	**99. 9**	14. 367

表 2.16　IHEA、$IHEA_{RDPT}$以及 $IHEA_{NOPT}$在 QKPSet Ⅱ算例上的计算结果对比 2

算例	$IHEA_{RDPT}$		
	S_{avgs}	P_{avgSR}/%	t_{avg}/s
1000_25	2 016 960. 700	96. 2	7. 649
1000_50	5 118 953. 900	78. 2	8. 327
1000_75	5 900 793. 200	98. 4	9. 218
1000_100	7 476 457. 700	93. 6	9. 010
2000_25	7 841 340. 400	89. 9	31. 684
2000_50	18 617 410. 400	97. 6	32. 179
2000_75	2 476 371. 600	97. 5	31. 554
2000_100	21 220 476. 400	100	31. 750
平均值	**11 608 595. 538**	93. 925	20. 171

表 2.17　IHEA、$IHEA_{RDPT}$以及 $IHEA_{NOPT}$在 QKPSet Ⅱ算例上的计算结果对比 3

算例	$IHEA_{NOPT}$		
	S_{avgb}	P_{avgSR}/%	t_{avg}/s
1000_25	2 016 958. 1	78. 3	0. 134
1000_50	5 118 885. 3	61. 1	0. 144
1000_75	5 900 733. 3	75. 7	0. 149
1000_100	7 476 457. 7	79. 9	0. 146
2000_25	7 841 340. 4	57. 9	0. 569
2000_50	18 617 161	88. 3	0. 576
2000_75	24 675 823	81. 1	0. 563
2000_100	21 218 753. 4	77. 8	0. 533
平均值	11 608 263. 988	75. 012	0. 352

2.5　结论

本章研究了基本的二次背包问题 QKP，将问题解空间削减技术和禁忌搜索相结合，提出了一种迭代的超平面搜索方法。该方法在原 QKP 模型上引入超平面约束，生成一系列超平面约束子问题，这些问题的解空间是原 QKP 解空间的一个子集。为了进一步削减超平面约束问题的解空间，首先采用了基于物品密度信息的变量固定策略，通过固定一组变量的取值以削减解空间；然后使用专用的禁忌搜索过程求解经过削减后的超平面约束问题；最后应用扰动策略帮助搜索摆脱深度局部最优。

在 180 个中小规模算例和 40 个大规模算例组成的测试集上，将 IHEA 与文献中 3 种性能最好的方法进行了比较。计算结果表明，该方法与现有的算法相比具有很强的竞争力。具体地说，IHEA 在 100 个小型测试算例（包含 100 ~ 300 个物品）中获得了全部最优解，成功率为 100%。对于包含 1 000 ~ 2 000 个物品的 80 个较大规模算例，IHEA 发现了 6 个改进的最佳结果，并获得了其余 74 个已知最佳解。在 40 个新的大规模算例（包含 5 000 ~ 6 000 个物品）上，上下界的平均差距小于 1.359%，算法求解结果进一步证实了 IHEA 方法的有效性。实验结果还表明，IHEA 比现有的启发式算法具有更高的计算效率。此外，还进行了额外的实验，证实了超平面搜索部分以及该算法的两个关键策略（变量固定策略和扰动策略）的有效性。

虽然本章要求 IHEA 遵循非负利润的一般假设（参见第 2.2.2 节中的命题 1），但是 IHEA 在不遵循该假设的情况下同样是可用的这也不是必要条件。实际上，在负利润的情况下，命题 1 并不一定成立，因此包含最优解的超平面的界限难以确定。尽管如此，IHEA 仍然可以用于在一组有希望的超平面中寻找高质量的解，这些超平面可以通过特定的方式来寻找。从这个意义上说，本章提出的 IHEA 方法是通用的，适用于任何 QKP 算例。

第3章　基于局部搜索和进化策略的智能混合二次多重背包算法

本章讨论QKP的一个重要的扩展问题——二次多背包问题（QMKP）。与只有一个背包的QKP相比，QMKP中有多个容量受限的背包。为了求解QMKP，本章介绍了两种由笔者团队研发的高效的混合智能算法：迭代响应阈值搜索（iterated responsive threshold search，IRTS）算法和进化路径重链接（evolutionary path relinking for QMKP，EPRQMKP）算法。IRTS算法的开发时间早于EPRQMKP，并发表在*Annals of Operations Research*期刊上。当IRTS算法面世时，在60个著名的标准测试算例上，其表现超越了文献中所有公开发表的算法。EPRQMKP算法是基于IRTS算法的一个改进算法，其性能总体上比IRTS算法更优。随着算例规模的增大，EPRQMKP算法相较于IRTS算法的优势变得更加明显。介绍EPRQMKP算法的文章发表在*Knowledge-Based Systems*期刊。

为了增强本章的可读性，首先，介绍响应阈值搜索（responsive threshold search，RTS）算法，因为RTS是本章提出的两个算法的公共部分；其次，介绍如何在迭代局部搜索框架中嵌入RTS以获得IRTS算法，以及如何将RTS与进化路径重链接框架相结合得到EPRQMKP算法；再次，介绍实验研究结果，目的是通过与文献中最先进的算法对比来说明本章所提出的算法具有优异的计算效能；最后，分析每个算法的关键组成部分，以阐明它们对算法效能的影响。

3.1 引言

设 $N=\{1, 2, \cdots, n\}$ 为物品集合，$M=\{1, 2, \cdots, m\}$ 为背包集合。每个物品 i（$i\in N$）具有一个利润 p_i 和一个质量 w_i。当物品 i 和 j 都分配给相同的背包时，每对物品 i 和 j（$1\leqslant i\neq j\leqslant n$）具有成对的利润 p_{ij}。每个背包 k（$k\in M$）的容量记为 C_k。QMKP 的目的是将 n 个物品分配给 m 个背包（部分物品可能因无法装进背包而被舍弃），在满足下列两个约束的前提下使得所分配物品的总利润最大化。

（1）每个物品 i（$i\in N$）最多可分配给一个背包；

（2）每个背包 k（$k\in M$）所装物体的总质量不能超过其容量 C_k。

设 $S=\{I_0, I_1, \cdots, I_m\}$ 为 QMKP 的一个解，其中每个 $I_k\subset N$（$k\in M$）表示分配给背包 k 的物品集合，I_0 表示未分配物品的集合。那么 QMKP 可以形式化描述如下：

$$\max f(S) = \sum_{k\in M}\sum_{i\in I_k} p_i + \sum_{k\in M}\sum_{i\neq j\in I_k} p_{ij} \tag{3.1}$$

其约束为：

$$\sum_{i\in I_k} w_i \leqslant C_k, \forall k \in M \tag{3.1a}$$

$$S\in \{0, 1, \cdots, m\}^n \tag{3.1b}$$

公式（3.1）的 QMKP 模型是本章算法设计的基础。除了上述建模方式，还注意到 QMKP 还可以很直观地描述为一个 0-1 二次规划，该模型已在第1章（公式1.2）中给出。虽然本章所做的工作不依赖二次规划模型，但它有助于设计其他类型的求解方法（如数学规划方法）。

QMKP 是 QKP 和著名的多背包问题的扩展问题。与这两个子问题相比，研究 QMKP 的文献相对较少。然而，鉴于其理论和实践的重要性，QMKP 近年来受到了越来越多的关注。尤其是文献中已有不少解决该问题的高效启发式方法。不过令人惊讶的是，在文献中尚未找到求解该问题的精确算法。

在研究 QMKP 的第一篇文献［63］中，作者提出了三种不同类型的启发式方法。第一种方法是贪婪构造算法，该算法在构造的过程中始终在未分配的物品中选择一个满足背包容量约束且密度值最大的物品装进最合适的背包中。第二种方法是随机爬山算法，在算法到达局部最优时从每个背包中移除一定数量的物品，然后采用贪婪构造算法把背包填满，每次删除的物品数由一个参数控制，随机爬山算法的停止条件是一个给定的最大迭代次数。第三种方法是遗传算法（GA），GA 将问题的候选解编码为一个字符串，字符串中每一个元素取值范围为｛1，2，…，m｝（m 是背包的数量），字符串的长度等于物品的数量。GA 的交叉算子保留了双亲解中共同的部分，然后按随机顺序检查剩余物品并选择合适的物品填充后代解的背包直到不能填充为止。GA 的变异算子与随机爬山算法的邻域运算符完全相同。为了评估算法的效能，文中还提出了一组标准测试算例（包含 60 个算例），这些算例是在文献［7］中提出的 20 个 QKP 算例的基础上改造而来的。这 60 个算例也将用于评估本章提出的算法。实验结果表明，爬山算法和 GA 总体上优于贪婪算法，但计算开销更大。针对大规模算例，爬山算法表现最好，然后是贪婪算法，最后是 GA。

文献［101］介绍了一种新的求解 QMKP 的遗传算法，该算法采用随机方法产生初始解，并采用二元锦标赛方法进行选择。算法使用了一个专用的交叉算子，该算子始终保持解的可行性；算法还使用了两个变异算子，它们的区别是算子中用到的改进技术不同。文献提供了实验结果以说明算法的有效性。

文献［104］介绍了一种求解 QMKP 的稳态分组遗传算法。该算法每一代产生一个子代解并替换群体中适应度值最低的解。每个解用一组背包的编号进行编码。该算法使用文献［63］提出的贪婪启发式作为种群初始化方法和二元锦标赛作为选择方法。算法采用一个专门的交叉和变异算子用于解决父代解重组和解的多样性问题。通过与文献［63］提出的算法进行实验对比，结果表明该算法具有更好的表现。

文献［106］提出了一种求解 QMKP 的人工蜂群算法（Sundar and

Singh-artificial bee colony algorithm，SS-ABC）。最初的“食物”来源是随机产生的。旁观者“蜜蜂”采用二元锦标赛法选择一个邻近的“食物”源。给定一定的迭代次数，当相关的“食物”源没有得到改善时，随机重建侦察“蜂”。使用基于交换未分配物品和已分配物品的局部搜索来进一步提高解的质量。计算结果表明，SS-ABC 算法优于以往文献中发表的所有 QMKP 算法。

文献［48］介绍了禁忌增强的迭代贪婪算法（tabu-enhanced iterated greedy algorithm for QMKP，TIG-QMKP）。该算法在解的构造和析构两个过程间不断切换。构造过程采用贪婪方法将一个部分解构造成完整解，然后进行局部改进以改善解的质量。析构过程使用短期禁忌记忆从背包中移除一组非禁忌的物品。TIG-QMKP 是 QMKP 目前最好的启发式方法之一，它保持了文献中多个标准测试算例的最好解记录。本章将使用该启发式方法作为实验研究中重点参考的方法之一。

在文献［47］中，作者采用策略振荡方法（strategic oscillation for the QMKP，SO-QMKP）来解决 QMKP。该方法每次迭代都需经历三个阶段。在第一阶段，算法探索当前解周围的可行区域和不可行区域，并返回新的解，之后将局部优化过程应用于每个新的候选解，以尝试在第二阶段获得改进的解，最后阶段使用一个接收准则决定选择哪个解以继续后续搜索。与 TIG-QMKP 一样，该算法在多个标准测试算例上保持着最好解记录，该算法也将作为本章的重点参考算法。

本章首先提出了一种高效的局部搜索算法，即响应阈值搜索（RTS）算法。RTS 使用特殊的响应机制来引导阈值的动态变化。以响应机制为基础，RTS 结合了基于阈值的探索阶段和基于爬山的改进阶段两个阶段。基于阈值的探索阶段采用三个邻域并不断接受新的解（包括比当前解差的解，只要它们的质量满足响应阈值），而基于爬山的改进阶段采用两个邻域并且只接受改进解。当发现这两个阶段停滞时，应用专门的扰动算子将搜索移位到解空间中远离当前位置的区域。然后将 RTS 嵌入两个元启发式框架，即迭代局部搜索和路径重新链接，形成两个不同的混合智能算法：IRTS 和 EPRQMKP。将这两个算法在

60 个标准测试算例上进行评估。计算结果表明，它们优于文献中最先进的方法。

3.2 响应阈值搜索算法

3.2.1 RTS 的总体方案

响应阈值搜索（RTS）算法在基于阈值的探索阶段（简称探索阶段）和基于爬山的改进阶段（简称改进阶段）之间不断交替。采用三个不同的邻域，基于阈值的探索阶段是在一个大范围的搜索空间内试图获得一个高质量的解。在该阶段的每次迭代中，算法接受任何一个满足以下条件的邻居解：该解可能优于也可能劣于当前解，但它的适应度值必须高于一个给定的阈值，该阈值由响应机制动态确定。响应机制根据搜索过程中发现的质量最高的局部最优解进行调整。作为该阶段的补充，基于爬山的改进阶段保证了搜索的集中性。重复这两个阶段以寻求越来越好的局部最优，直到搜索停滞为止。

如算法 3.1 所示，RTS 采用第 3.2.3 节中给出的方法生成初始解 s（算法 3.1 第 3 行）。在初始化全局变量（如迄今为止找到的最好解、最佳局部最优 f_p 的目标值和用于定义响应阈值的阈值系数 r 的初值，算法 3.1 第 4 ~7 行）之后，搜索进入主循环。在每次循环中，RTS 首先进入基于阈值的探索阶段，该阶段连续调用 L 次（L 是参数）ThresholdBasedExploration（s，r，N_D，N_R^C，N_E^C）过程（算法 3.1 第 10 ~12 行，参见第 3.2.6 节），该过程不断搜索三个邻域 N_D、N_R^C、N_E^C（邻域的定义参见第 3.2.4 节和第 3.2.5 节）。只要邻居解 s' 的质量在给定的阈值内，s' 就被接受并替换当前解 s。该阈值随着搜索过程动态变化，变化过程取决于到目前为止找到的最佳局部最优解的目标值 f_p 以及阈值比率 r。这种响应阈值机制使得算法能够探索搜索空间的各个区域，且不会轻易陷入局部最优。在探索阶段结束时，算法切换到基于爬山的改进阶段以集中强化搜索（算法 3.1 第 13 ~ 21 行）。

在改进阶段（详细内容参见第 3.2.7 节），算法利用两个邻域 N_R^C 和 N_E^C，利用首次改进接受机制接受所有邻居解中第一个改进解以替换当前解。当在两个邻域中找不到改进解时，意味着搜索已经达到局部最优，该阶段停止。如果局部最优值优于最佳目标值 f_p，则算法在开始新一轮“探索 - 改进”阶段之前更新 f_p 以及阈值比率 r（算法 3.1 第 15 ~ 21 行）。如果局部最优解 f_p 经过连续 W 个“探索 - 改进”阶段后未更新，则认为搜索陷入深度局部最优区域中。在这种情况下，算法切换到一个扰动阶段，对当前解进行一些大幅度扰动（算法 3.1 第 23 ~ 28 行），并以扰动解作为一个初始解启动新的“探索 - 改进”阶段。

整个过程不断重复“探索 - 改进”阶段，直到连续 W 轮次的“探索 - 改进”没有改善局部最优 f_p。

算法 3.1　RTS 算法伪代码

输入：P（QMKP 算例）
　　　L（搜索长度）
　　　ρ（扰动强度系数）
　　　W（扰动前局部最优解连续无改进的次数）
输出：s^*（最好解）

1. $s \leftarrow$ InitialSolution ( )；
2. $s^* \leftarrow s$；　/* s^* 记录全局最好解 */
3. $f_p \leftarrow f(s^*)$；　/* f_p 记录所有搜索过的局部最优中最好解的目标值 */
4. $r \leftarrow$ CalculateRatio (f_p)；　/* r 表示阈值比率，详见第 3.2.6 节 */
5. $w \leftarrow 0$；　/* 用于记录连续无改进的局部最优解的个数 */
6. **while** $w < W$ **do**
7. 　　/* 基于阈值的搜索阶段，使用邻域 N_D、N_R^C 和 N_E^C，详见第 3.2.6 节 */

续

```
8.  for i←1 to L do
9.     (s, s*)←ThresholdBasedExploration (s, r, N_D, N_R^C, N_E^C) 并更新历史最好解 s*
10. end for
11. /*基于下降的改进阶段，使用邻域 N_R^C 和 N_E^C，详见第3.2.7节 */
12: (s, s*) ←DescentBasedImprovement (s, N_R^C, N_E^C);
13: if f(s) >f_p then
14:    f_p←f(s);
15:    r←CalculateRatio (f_p);
16:    w←0;
17: else
18:    w←w+1;
19: end if
20: end while
```

3.2.2 搜索空间、评估函数和解表示

在介绍 RTS 算法各组成部分之前，首先定义算法的搜索空间、评估函数 f（以评估候选解的质量）和解表示。

令 A：$N\rightarrow\{0\}\cup M$ 为一个分配函数（$A(i)=0$ 表示物品 i 未分配给任何背包）。每个背包 $k\in M$ 的容量为 C_k。搜索空间由下式给出：

$$\Omega=\left\{A:\forall k\in M,\sum_{i\in I_k}w_i\leqslant C_k\right\} \tag{3.2}$$

任意一个给定的候选解（对应一个分配函数 A）$S\in\Omega$ 的质量用 QMKP 的目标函数 f 进行评估。设 p_i 是物品 i 的利润，p_{ij} 是两个物品 i 和 j 的共同利润。目标值 $f(s)$ 定义如下：

$$f(s)=\sum_{k\in M}\sum_{i\in I_k}p_i+\sum_{k\in M}\sum_{i\neq j\in I_k}p_{ij} \tag{3.3}$$

该函数为解空间 Ω 定义了一个全序关系。给定两个解 s_1 和 s_2，如

果 $f(s_2)>f(s_1)$，则 s_2 优于 s_1。

这里采用一个整数数组 $s\in\{0, 1, \cdots, m\}^n$ 对一个可行解进行编码，其中 n 是物品的数量，m 是背包的数量。$s(i)=k(k\in M)$ 表示物品 i 被分配给背包 k，而 $s(i)=0$ 意味着物品 i 未被分配给任何背包。使用 H（例如，$H=\cup_{k=1}^{m}I_k$）来表示已分配的物品集合，$|H|$表示已分配物品的总数（例如，$|H|=n-|I_0|$）。

3.2.3 生成初始解

RTS 采用贪婪构造启发式构造一个初始解。该方法被广泛应用于多项研究中。为了方便描述该方法，首先在 QMKP 的背景中介绍物品的贡献度和密度两个定义。

定义 1 给定一个解 $s=\{I_0, I_1, \cdots, I_m\}$，物品 $i(i\in N)$ 对背包 $k\in(k\in M)$的贡献度由下式给出：

$$V_C(s,i,k) = p_i + \sum_{i\neq j\in I_k} p_{ij} \tag{3.4}$$

定义 2 给定贡献度值 $V_C(s, i, k)$，物品 i（$i\in N$）相对于背包 k（$k\in M$）的密度由下式给出：

$$D(s, i, k) = V_C(s, i, k)/w_i \tag{3.5}$$

在贪婪构造算法的每次迭代中，选择具有最高密度 $D(s,i,k)$ 并且满足 $w_i+\sum_{i\in I_k} w_i\leqslant C_k$ 的未分配物品 $i(i\in I_0)$，将其分配给背包 k（$k\in M$）。重复该过程，直到不再有 $V_C(s, i, k)\geqslant 0$（$i\in I_0$，$k\in M$）的物品在不违反容量约束的前提下能够装入任何背包，构造过程结束。

在每个物品完成分配之后，可以在 $O(n)$ 的时间复杂度内实现对 V_C 的更新，因为将物品 i 分配到（插入）背包 k 后，任何其他物品 j（$j\in N$，$j\neq i$）插入背包 k 的贡献度都将增加一个成对的利润 p_{ij}。假定初始化过程最多可重复 n 次，则在最坏的情况下可以在时间复杂度 $O(n^2)$内完成整个初始化过程。

3.2.4 基本移动运算符及非受限邻域

邻域由移动运算符 m_v 定义。m_v 通过一些局部变换将当前解 s 移动到一个邻近解 s'。从 s 到 s'的转变可以表示为 $s'=s\oplus m_v$。令 $M_V(s)$ 为可以应用于 s 的所有移动的集合，然后 s 的邻域由下式给出：

$$N(s)=\{s':s'=s\oplus m_v,\ m_v\in M_V(s)\} \tag{3.6}$$

RTS 算法综合使用 N_R、N_E 和 N_D 三个邻域，它们由三个基本移动运算符定义：DROP、REALLOCATE 和 EXCHANGE。

令 $s=\{I_0,I_1,\cdots,I_m\}$ 为一个解。令 $k_i\in\{0,1,\cdots,m\}$ 为物品 i 所在的背包。移动运算符的功能描述如下：

DROP(i) 移动运算符从其关联的背包中移除已分配的物品 i。该运算符定义的邻域由下式给出：

$$N_D(s)=\{s':s'=s\oplus \text{DROP}(i),\ i\in N,\ k_i\in M\} \tag{3.7}$$

DROP 移动操作完成后，新解的目标值可按下式进行快速计算：

$$f(s')=f(s)-V_C(s,i,k_i),\ k_i\in M \tag{3.8}$$

REALLOCATE(i, k) 移动运算符将物品 i 从其当前背包 $k_i\in\{0,1,\cdots,m\}$ 移动到另一个背包 k（$k\neq k_i$，$k\neq 0$）。实际上，这个移动运算符包括两种情况：

（1）将未分配的物品 $i(k_i=0)$ 分配给背包 $k(k\in M)$；

（2）将已分配的物品 $i(k_i\neq 0)$ 从其当前所在的背包更换至另一个背包 k（$k\in M$）。

此移动运算符定义的无约束邻域 N_R 由下式给出：

$$N_R(s)=\{s':s'=s\oplus \text{REALLOCATE}(i,k),\ i\in N,\ k\in M\setminus\{k_i\}\} \tag{3.9}$$

给定解 s 的目标值，将 REALLOCATE 应用于 s 之后，邻居解 s'的目标值 $f(s')$ 可以采用下述快捷更新方法：

$$f(s')=\begin{cases}f(s)+V_C(s,i,k)-V_C(s,i,k_i), & k_i\neq 0\\ f(s)+V_C(s,i,k), & \text{其他}\end{cases} \tag{3.10}$$

EXCHANGE(i, j) 移动运算符交换一对物品 (i, j)，该运算符存在两种情况：一个是已分配的物品而另一个是未分配的物品；它们都是已分配物品但属于不同背包。交换未分配的物品或包含在同一个背包中的物品不会改变目标值，因此该交换移动运算符不会考虑这类交换。令 $k_i=0$（即物品 i 未分配），令 $Y=\{Y_1, Y_2, \cdots, Y_n\}$ 为所有可交换的物品对组成的集合，其中 $Y_i=\{(i, j): j\in N, i\neq j, k_i\neq k_j\}$ 包含与物品 i 相关的所有物品对。由该移动运算符构建的非受限邻域 N_E 为：

$$N_E(s)=\{s': s'=s\oplus \text{EXCHANGE}(i, j), (i, j)\in Y\} \quad (3.11)$$

经过 EXCHANGE 移动后的新解的目标值可以采用下述方法快速更新：

$$f(s')=\begin{cases} f(s)+V_C(s, i, k_j)+V_C(s, j, k_i)- \\ V_C(s, i, k_i)-V_C(s, j, k_j)-2\times p_{ij}, & k_i, k_j\in M \\ f(s)+V_C(s, i, k_j)-V_C(s, j, k_j)-p_{ij}, & k_i=0, k_j\in M \\ f(s)+V_C(s, j, k_i)-V_C(s, i, k_i)-p_{ij}, & k_j=0, k_i\in M \end{cases} \quad (3.12)$$

可以看到 REALLOCATE 和 EXCHANGE 都可以改善或降低当前解的质量，而 DROP 总是降低当前解的目标值。

在运用上述三个移动运算符中任意一个完成解的移动后，算法以 $O(n)$ 时间复杂度更新贡献表 V_C，这是因为三个移动运算符中的任意一个都可以分解为一个或多个“物品插入”或“物品移除”操作。与物品插入操作类似（参见第 3.2.3 节），在物品移除后更新 V_C 最多需要 $O(n)$ 的时间复杂度。

3.2.5　受限邻域及邻居解的生成

上一节中介绍的移动运算符（及其邻域）不考虑背包约束。因此，邻域中可能包含不可行的解（即违反背包约束的解）。由于 RTS 算法只搜索可行解空间，因此引入了与 REALLOCATE 和 EXCHANGE 运算符相关联的两个受限邻域。通过使用受限邻域，RTS 算法试图避免生成不可行邻居解，从而节省了检查不可行邻居解所需的计算时间，提高了计算效率。当 DROP 运算符作用于可行解时，它总是生成一个可行的邻居解。

REALLOCATE 运算符的功能是将未分配的物品分配给某个背包或将已分配的物品重新分配给另一个背包。一般情况下，其邻域 N_{R} 的大小为 $|N| \times |M| - |H|$。然而，对于给定的物品和解，如果物品的权重超过解中每个背包的剩余容量，则该物品的邻居解中不存在可行解，因此检查其邻域是无意义的。受限重分配邻域的想法是将要考虑的物品限制在一个特定的子集 $X \subseteq N$ 中，使得 $|X|$ 尽可能小，并且得到的邻域仍然包含非受限邻域的所有可行解。

给定解 $s = \{I_0, I_1, \cdots, I_m\}$，令 $S^{\mathrm{W}} = \{S_1^{\mathrm{W}}, S_2^{\mathrm{W}}, \cdots, S_m^{\mathrm{W}}\}$ 为一个数组，其中每个 $S_k^{\mathrm{W}} = \sum_{i \in I_k} w_i$ 是解 s 的背包 k 中物品的权重和。每个背包中的最大剩余空间 $K_{\mathrm{Slack}}^{\max}$ 由下式给出：

$$K_{\mathrm{Slack}}^{\max} = \max_{k \in M} \{C_k - S_k^{\mathrm{W}}\} \tag{3.13}$$

如果子集 X 定义为 $X = \{i \in N: w_i < K_{\mathrm{Slack}}^{\max}\}$，那么 REALLOCATE 构建的受限邻域 $N_{\mathrm{R}}^{\mathrm{C}}$ 由下式给出：

$$N_{\mathrm{R}}^{\mathrm{C}}(s) = \{s': s' = s \oplus \mathrm{REALLOCATE}(i,k),\ i \in X,\ k \in M \backslash \{k_i\}\} \tag{3.14}$$

显然，$N_{\mathrm{R}}^{\mathrm{C}}$ 的大小是 $|X| \times |M| - |H|$，其通常小于非受限邻域 $N_{\mathrm{R}}^{\mathrm{C}}$（$|N| \times |M| - |H|$）的大小。在大多数情况下，因为只有两个背包受到 REALLOCATE 移动的影响，$K_{\mathrm{Slack}}^{\max}$ 才可以在 $O(1)$ 的时间复杂度内更新。一个例外是当一个移动产生比 $K_{\mathrm{Slack}}^{\max}$ 更小的剩余空间，且这个移动涉及的两个背包中有一个原来的剩余空间正好为 $K_{\mathrm{Slack}}^{\max}$ 时，需要遍历所有背包以更新 $K_{\mathrm{Slack}}^{\max}$。

类似地，可以通过以下方式为 EXCHANGE 运算符设计受限邻域。给定一个物品 i（$i \in I_{k_i}$），即使通过移除具有最大质量的物品也不能用背包 k（$k \neq k_i$）容纳物品 i，那么试图将物品 i 交换到这个背包是无意义的。为此，定义一个数组 $M^W = \{M_1^W, M_2^W, \cdots, M_m^W\}$，其中每个 $M_k^W = \max\limits_{i \in I_k} \{w_i\}$ 存储背包 k 中所有物品的最大质量。如果满足 $w_i > M_k^W + (C_k - S_k^W)$，则可以排除通过交换物品 i ($i \in N$) 与背包 k ($k \in M$) 中任意物品得到的邻居解。

令 $Z = \{Z_1, Z_2, \cdots, Z_n\}$ 表示所有可交换的物品对，其中 $Z_i = \{(i, j): j \in N, j \neq i, k_j \neq k_i, M_{k_j}^W + (C_{k_j} - S_{k_j}^W) \geqslant w_i\}$ 是一个集合，它包含了所有与物品 i 相关的物品对。受限交换邻域 $N_E^C(s)$ 定义为：

$$N_E^C(s) = \{s': s' = s \oplus \text{EXCHANGE}(i, j), (i, j) \in Z\} \tag{3.15}$$

显而易见，N_E^C 通常比非受限的邻域 N_E 小，这是因为 $\forall i \in N$，$|Z_i| \leqslant |Y_i|$。

一般情况下，M^W 可以在 $O(1)$ 时间内更新，因为“交换”移动仅涉及两个背包。一个特殊情况是，在物体 i 与背包 k 中的物体 j 交换时，正好 j 就是背包 k 中质量最大的物品。这时需要遍历背包 k 的所有物品以更新 M_k^W。

3.2.6　使用邻域 N_D、N_R^C 和 N_E^C 进行基于阈值的搜索

在多邻域搜索的背景下，常用的多邻域组合方法包括邻域联合和令牌搜索。综合运用多个互补的邻域可避免搜索陷入单一邻域的局部最优。一个邻域的局部最小值不一定是另一个邻域的局部最优值。运用多个邻域的算法通常比采用单一邻域的算法找到的结果更优。在第 3.2.1 节中，RTS 算法在基于阈值的探索阶段和基于爬山的改进阶段之间交替进行。这两个阶段都采用了多邻域组合策略，但它们使用的邻域数量和解的接受标准不同。

在基于阈值的探索阶段，改进和退化的邻居解均可被接受以便于对搜索空间的大范围探索。该阶段基于三个受限邻域 N_D、N_R^C 和 N_E^C，并且采用阈值接受启发式作为其解的接受准则。利用令牌搜索 $N_D \rightarrow$

$N_R^C \to N_E^C \to N_D \to N_R^C \cdots$方式反复检查三个邻域（参见算法3.2）。针对每个邻域，以随机顺序检查邻居解。邻居解的接受受到响应阈值 T 的影响。如果其目标值不小于于阈值 T，即 $f(s') \geq T$，则接受邻居解 s' 并替换当前解。

响应阈值对算法的性能至关重要。太小的阈值（即 $f_p - T$ 很大）则类似于纯随机搜索，而过大的阈值（即 $f_p - T$ 很小）会使搜索难以逃离局部最优。本节的阈值采用如下方法计算：根据历史最佳的局部最优目标值 f_p 和阈值比率 r 确定阈值 $T = (1 - r) \times f_p$。因此，当 f_p 增加并且 r 减小时，T 增加（r 与 f_p 成反比）。由于在搜索过程中 f_p 不断更新，因此阈值 T 也是动态演变的。

需要注意的是，r 不是一个固定值，因为在搜索过程中 f_p 会发生变化（值越来越大），而且对于不同的问题实例，f_p 的范围可能会有很大差异。为了确定 r 的适当值，设计一个与 f_p 相关的反比例函数（式中 a、b 和 c 是系数）：

$$r = 1/(a \times (f_p/10\,000) + b) + c \tag{3.16}$$

该函数单调递减，这意味着当 f_p 增大时 r 严格减小。根据初步实验，本章采用 $a = 16.73$、$b = 76.46$ 和 $c = 0.002\,1$。这些值通过以下方式计算得到：

首先选择三个不同的问题实例，它们的最佳目标值差别很大（有最佳目标值特别小的实例，也有最佳目标值中等和最佳目标值特别大的实例）。通过手动调整参数，为每个实例选择一个最合适的 r 值，令其在搜索过程中保持不变。使用最佳目标值 f_p，获得三对（f_p，r）值。然后通过求解联立方程来确定 a、b 和 c。在本章的 RTS 算法中，每次更新 f_p 时都会重新计算 r。

算法 3.2　基于阈值搜索阶段的伪代码

输入：s（可行解）
L（搜索强度）
f_p（历史最好的局部最优解的目标值）
r（阈值比率）
输出：s（新解）
s^*（最好解）

1. **for** $i \leftarrow 1$ to L **do**
2. 　　$(s, s^*) \leftarrow$ ThresholdSearch (s, f_p, r, N_D)
3. 　　$(s, s^*) \leftarrow$ ThresholdSearch (s, f_p, r, N_R^C)
4. 　　$(s, s^*) \leftarrow$ ThresholdSearch (s, f_p, r, N_E^C)
5. **end for**
6. **return** s 和 s^*

3.2.7　使用 N_R^C 和 N_E^C 邻域进行迭代改进

在基于阈值的搜索阶段后，RTS 算法的下一个阶段是迭代改进，使用的邻域包括 N_R^C 和 N_E^C。迭代改进的目的是在 N_R^C 和 N_E^C 两个邻域中获得一个局部最优解。该过程以基于阈值搜索阶段的输入解作为迭代改进的起点。算法按照令牌环的方式对两个邻域进行搜索，即 $N_R^C \to N_E^C \to N_R^C \to N_E^C \cdots$。在每一次迭代中，算法在当前邻域中随机挑选一个更优的邻居解（即要求 $f(s') > f(s)$）并替代当前解。由于本阶段的目的是寻找一个比初始解更优的解，因此会导致解质量下降的邻域 DROP 没有被本阶段采用。

如果在 N_R^C 和 N_E^C 两个邻域中都无法找到比当前解更优的解，则搜索已经到达了一个局部最优解 s，本阶段终止。此时，算法检测 s 的目标值 $f(s)$ 是否比目标值的最佳纪录 f_p 更好。如果更好，则更新 f_p 值，

并将计数器 w 清零；否则 w 递增 1。当 w 到达其最大值 W 时，则认为算法已经进入搜索陷阱，搜索已经停滞不前。在第 3.3 节和第 3.4 节中，将 RTS 与两个元启发式策略结合，得到两个混合智能算法，目的是辅助算法逃离搜索陷阱，实现全局优化。

3.3 IRTS：RTS 与迭代局部搜索相结合

与 RTS 结合的第一个元启发式是迭代局部搜索（ILS），结合后的算法称为迭代响应阈值搜索（IRTS）算法。IRTS 重复执行以下步骤：

（1）$S' \leftarrow \mathrm{RTS}(S)$；

（2）$S' \leftarrow \mathrm{perturb}(S')$；

（3）$S \leftarrow S'$。

以上步骤的停止准则可以为常用的最大截止时间、最大迭代次数等，停止时算法返回找到的最好解。

下面详细介绍 IRTS 的扰动（perturb）阶段。

物品密度的定义为物品贡献度除以其质量（参见第 3.2.3 节）。高密度的物品优先被考虑装入背包中，因为它们的贡献高且质量相对较低。本章使用的扰动策略的核心思想是强制让一组具有最小密度的物品改变它们的状态（也就是移除、重新分配或者与其他背包交换这些物品）。该扰动策略可能导致当前解的质量产生较大程度的降低。

扰动过程具体描述如下：

首先，根据密度 $D(s, i, k)$（$i \in H$，$k \in M$）的升序对所有已分配的物品进行排序，然后强制前 L_{P} 个物品改变它们的状态。L_{P} 称为扰动强度，计算公式为：

$$L_{\mathrm{P}} = \rho * |H| \tag{3.17}$$

式中，ρ 为扰动强度系数；$|H|$ 为 s 中已分配的物品数量。针对前 L_{P} 个物品，检查每个物品的三个邻域的并集 $N_{\mathrm{D}} \cup N_{\mathrm{R}}^{\mathrm{C}} \cup N_{\mathrm{E}}^{\mathrm{C}}$，选择三个邻域中最佳的邻居解以替换当前解。这种替换方式可能改善当前解质量，也

可能导致当前解质量的退化。由于当使用最佳改进策略作为解的接受准则时，没有一个邻域总是优于另一个邻域，因此在扰动阶段需要使用组合邻域。还需要注意，禁止在扰动阶段对同一个物体做多次移动。

扰动阶段对提升算法整体性能起到重要作用。由前文分析可知，基于阈值的探索阶段可以接受退化的解，目的是增加搜索的多样性，使搜索有机会逃离局部最优。然而，由于阈值定义了一个下限，使得搜索难以逃出深度的局部最优。当搜索停滞时（即当 W 次连续的“探索 - 改进”阶段后得到的局部最优值没有得到改善时），触发的扰动阶段使搜索重新在一个离当前搜索区域较远的新区域开始，使得算法具有全局多样化搜索能力，从而增强了算法全面探索整个解空间的能力。

3.4　EPRQMKP：RTS 与进化路径重链接元启发式相结合

与 RTS 结合的第二个元启发式是进化路径重链接元启发式（evolutionary path relinking，EPR），结合后的算法称为 EPRQMKP。

进化路径重链接框架通常从一系列不同的精英解开始，这些解存储在一个参考集 ψ_{Ref} 中。ψ_{Ref} 中的“解对”存储在对集 ψ_{Pair} 中。将路径重链接方法应用于 ψ_{Pair} 中的每对解，以生成一系列中间解，构建一条连通两个解的路径。路径的起点称为起始解，而路径的终点称为引导解。从路径中挑选出一个或多个解进行局部改进，目的是发现更高质量的解。EPR 算法一次进化迭代结束的标志是 ψ_{Ref} 和 ψ_{Pair} 均完成更新。上述过程反复进行，直到 ψ_{Pair} 中的所有对都被检验完成。下面将详细介绍 EPRQMKP 算法的重要组件。

3.4.1 EPRQMKP 算法的总体框架

算法 3.3 描述了 EPRQMKP 算法的总体框架。一开始，初始 ψ_{Ref} 中包含的精英解 $\{S_1, S_2, \cdots, S_p\}$ 是采用概率贪婪构造方法（算法 3.3 第 4 行，更多详细描述参见第 3.4.2 节）产生，并由 RTS 进一步改进（更多详细描述参见第 3.2.1 节）所得到的。将所有可能的解的索引形成索引对 (i, g)，$(i, g \in \{1, 2, \cdots, p\})$ 并放入 ψ_{Ref} 中，这些索引对应该满足以下两个条件：

（1）起始解 S_i 比引导解 S_g 目标值低（即 $f(S_i) < f(S_g)$）；

（2）这些索引对按引导解 S_g 的目标值 $f(S_g)$ 降序排列，对于具有相同 $f(S_g)$ 的解，索引对按目标值 $f(S_i)$ 的升序排序。

随后，EPRQMKP 进入路径重链接阶段的 while 循环，直到 ψ_{Pair} 变空为止。在每个循环开始时，从一个空的后代解 S_0 开始，算法从 ψ_{Pair} 中选取第一个索引对 (i_0, g_0)，并将重链接方法应用于对应的两个解 (S_{i_0}, S_{g_0}) 以生成一个中间解集合 ψ_{Seq}（算法 3.3 第 11 行，更多详细描述参见第 3.4.3 节）。ψ_{Seq} 形成了连接 S_{i_0}（起始解）和 S_{g_0}（引导解）的路径。从这个路径中选择一个解，并根据这个解是可行解还是不可行解应用不同的操作。

EPRQMKP 首先检查 ψ_{Seq} 是否包含一个可行解 S^{bf}，其质量优于目前为止找到的最佳解 S^*（算法 3.3 第 12 ~ 13 行）。如果存在这样一个解，则 EPRQMKP 将 S^{bf} 记录为当前迭代中 EPRQMKP 算法生成的后代解 S_0，然后利用 S_0 相应地更新 ψ_{Ref} 和 ψ_{Pair}（算法 3.3 第 29 行，更多详细内容参见第 3.4.6 节）。

如果 ψ_{Seq} 中没有新的最佳解，则 EPRQMKP 采用路径解选择方法（更多详细内容参见第 3.4.4 节）从 ψ_{Seq} 中选择一个解 S^{r}，这个解是否可行视具体情况而定（算法 3.3 第 17 行）。如果选定的解 S^{r} 是不可行解，则 EPRQMKP 将使用修复方法（更多详细内容参见第 3.4.5 节）对其进行修复（算法 3.3 第 18 ~ 19 行）。如果修复后的解 S^{r} 是新的最佳解，则 EPRQMKP 将 S^r 记录为后代解 S_0（算法 3.3 第 21～22 行），然后相应地更新 ψ_{Ref} 和 ψ_{Pair}（算法 3.3 第 29 行，更多详细内容参见第 3.4.6 节）。

如果后代解 S_0 未被修复的解 S^r 更新，则 S_0 仍然是一个空解。EPRQMKP 应用响应阈值搜索（RTS）过程（算法 3.3 第 25 行）进一步改善 S^r 并用改进后的 S^r 更新 S_0。在完成 ψ_{Ref}、ψ_{Pair} 和最佳解更新后，EPRQMKP 完成一个迭代。

EPRQMKP 将上述操作应用于 ψ_{Ref} 的每个配对解。在完成 ψ_{Ref} 中所有解对的路径重链接后，EPRQMKP 重建一个新的 ψ_{Ref}，这个 ψ_{Ref} 中包含历史最佳解 S^*，该过程不断重复直到满足停止条件为止（例如，到达截止时间或最大迭代数量）。

算法 3.3　EPRQMKP 算法伪代码

输入：P（QMKP 算例）
　　　p（参考集容量）
输出：S^*（最好解）

1. **repeat**
2. 　$\psi_{Ref} = \{S_1, S_2, \cdots, S_p\} \leftarrow$ Initial_RefSet(p)　/* 详见第 3.4.2 节 */
3. 　$S^* \leftarrow$ Best（ψ_{Ref}）　/* S^* 记录当前最好解 */
4. 　$\psi_{Pair} \leftarrow \{(i, g): S_i, S_g \in \psi_{Ref}, f(S_i) < f(S_g)\}$
5. 　按照 $f(S_g)$ 的升序对 ψ_{Pair} 进行排序，当 $f(S_g)$ 相同时，按照 $f(S_i)$ 的升序对 ψ_{Pair} 排序
6. 　**while** $\psi_{Pair} \neq \varnothing$ **do**
7. 　　$\mathbf{S_0} \leftarrow \{0\}^n$
8. 　　选择第一对解（i_0, g_0）$\in \psi_{Pair}$　/* 详见第 3.4.3 节 */
9. 　　$\psi_{Seq} = \{S^1, S^2, \cdots, S^t\} \leftarrow$ path_relink（S_{i_0}, S_{g_0}）
　　/* 判断 ψ_{Seq} 中是否包含一个比当前最好解 S^* 更好的解 */
10. 　　$S^{bf} \leftarrow$ BestFeasible（ψ_{Seq}）　/* 找到 ψ_{Seq} 中最好的可行解 */

续

11. **if** $f(S^{bf}) > f(S^*)$ **then**

12. $S_0 \leftarrow S^{bf}$

13. **end if**

/* ψ_{Seq}中的最好解比当前最好解 S^* 差 */

14. **if** $f(S_0) = 0$ **then**

15. 选择 $S^r \in \psi_{Seq}$ /* 详见第 3.4.4 节 */

16. **if** S^r 不可行 **then**

17. $S^r \leftarrow \text{repair}(S^r)$ /* 将不可行解 S^r 修复为可行解，详见第3.4.5 节 */

18. **end if**

19. **if** $f(S^r) > f(S^*)$ **then**

20. $S_0 \leftarrow S^r$

21. **end if**

22. **if** $f(S_0) = 0$ **then**

23. $S_0 \leftarrow \text{RTS}(S^r)$ /* 利用响应阈值搜索算法改进 S^r */

24. **end if**

25. **end if**

/* 子代解 S_0 优于初始解 S_{i_0}，利用 S_0 更新 ψ_{Ref}和 ψ_{Seq} */

26. **if** $f(S_0) > f(S_{i_0})$ **then**

27. $(\psi_{Ref}, \psi_{Pair}) \leftarrow \text{pool\_updat}(\psi_{Ref}, \psi_{Pair})$ /* 详见第 3.4.6 节 */

if $f(S_0) > f(S^*)$ **then**

28. $S^* \leftarrow S_0$

29. **end if**

30. **else**

31. $\psi_{Pair} \leftarrow \psi_{Pair} \setminus (i_0, g_0)$

32. **end if**

33. **end while**

34. **until** 达到终止条件

35. **return** S^*

3.4.2 ψ_{Ref}初始化

在参考集初始化阶段，EPRQMKP 使用概率贪婪构造方法（probabilistic greedy construction method，PGCM）构建初始解，然后利用响应阈值搜索（RTS）算法对初始解进一步改进。基于第 3.2.3 节中介绍的确定性贪婪构造方法，PGCM 加入一定程度的随机性，以确保每次产生的解不同。

从空解 S 和第一背包（即 $k=1$）开始，PGCM 不断地从受限候选列表 $L_{\text{RC}}(S, k)$ 中随机选择一个未分配物品 i，并将 i 分配给背包 k。令 $R(S, k)$ 表示未选择物品的集合，使得 $\forall i \in R(S, k), w_i + \sum_{i \in I_k} w_i \leqslant C_k$。为了构建 $L_{\text{RC}}(S, k)$，首先按照它们的密度值从高到低（由公式（3.5）计算）对 $R(S, k)$ 中的所有物品进行排序，然后将前 $\min\{l_{\text{rc}}, |R(S, k)|\}$（$l_{\text{rc}}$为参数）个物品放入 $L_{\text{RC}}(S, k)$。$L_{\text{RC}}(S, k)$ 中的第 r 个物品的偏好为 $b_r = 1/\mathrm{e}^r$，该物品的选择概率 $p(r)$ 的计算公式如下：

$$p(r) = b_r \Big/ \sum_{j=1}^{|L_{\text{RC}}(s,k)|} b_j \tag{3.18}$$

每当 $L_{\text{RC}}(S, k)$（$\forall k \in M$）变空时，PGCM 跳到下一个背包，并重复这一过程，直到跳至最后一个背包（即 $k=m$）。

算法3.4 总结了这个 ψ_{Ref}的初始化过程。ψ_{Ref}首先设置为空。然后使用 PGCM（算法 3.4 第 6 ~ 10 行）产生一个构造解，再通过局部改进过程改进构造解。如果改进的解不在 ψ_{Ref}中，则将其插入 ψ_{Ref}；如果它已经在 ψ_{Ref}中，则舍弃该解。初始化过程不断迭代，直至 ψ_{Ref}中填满 p（ψ_{Ref}的容量）个各不相同的解或迭代次数达到 $n_{\text{Trial}}^{\max}$（设置为 $3*p$）。最后，将 p 重置为最终获得的解的数量。

算法3.4 ψ_{Ref}初始化过程伪代码

输入：P（QMKP算例）

p（参考集容量）

输出：ψ_{Ref}（参考集）

1. $\psi_{\text{Ref}} \leftarrow \varnothing$
2. $n_{\text{Trial}}^{\max} \leftarrow 3 * p$，$n_{\text{Trial}} \leftarrow 0$，$n_{\text{Indi}} \leftarrow 0$
3. **while** $n_{\text{Trial}} < n_{\text{Trial}}^{\max}$ **do**
4. $\quad S \leftarrow \{0, \cdots, 0\}$
5. $\quad$**for** $k = 1 \rightarrow m$ **do**
6. $\quad\quad$**while** $L_{\text{RC}}(S, k) \neq \varnothing$ **do**
7. $\quad\quad\quad$按照公式（3.18）给出的偏好概率函数选择一个物品 $i \in L_{\text{RC}}(S, k)$
8. $\quad\quad\quad S(i) = k$
9. $\quad\quad\quad$更新 $L_{\text{RC}}(S, k)$
10. $\quad\quad$**end while**
11. $\quad$**end for**
12. $\quad S \leftarrow \text{RTS}(S)$
13. $\quad$**if** S 不在 ψ_{Ref} 中 **then**
14. $\quad\quad \psi_{\text{Ref}} \leftarrow \psi_{\text{Ref}} \cup S$
15. $\quad\quad n_{\text{Indi}} \leftarrow n_{\text{Indi}} + 1$
16. $\quad\quad$**if** $n_{\text{Indi}} = p$ **then**
17. $\quad\quad\quad$**break**
18. $\quad\quad$**end if**
19. $\quad$**end if**
20. $\quad n_{\text{Trial}} \leftarrow n_{\text{Trial}} + 1$
21. **end while**
22. $p \leftarrow |\psi_{\text{Ref}}|$
23. **return** ψ_{Ref}

3.4.3　重链接方法

重链接方法的目的是探索连接高质量解的轨迹来生成一系列新解。从起始解开始，重链接方法通过逐步引入包含在引导解中的属性来生成整个路径中的解。

为了确保重链接方法的效能，需要考虑两个问题：

（1）需要一个距离测度来识别两个解之间的差异；

（2）需要利用邻域和评估函数来探索连接起始解和引导解之间的轨迹。

这两个问题将在接下来的两个小节中详细阐述。

3.4.3.1　测量两个解之间的距离

QMKP 可以被视为一类分组问题，因为 n 个物品将被分配到不同的背包中（未分配的物品放置在背包 0 中）。因此，集合论中著名的分割距离适用于测量两个 QMKP 解之间的差异。给定解 S_1 和 S_2，利用相似度 $\varphi_{sim}(S_1, S_2)$ 来计算它们的距离 $\omega_{dist}(S_1, S_2)$，即$\omega_{dist}(S_1, S_2) = n - \varphi_{sim}(S_1, S_2)$。相似度 $\varphi_{sim}(S_1, S_2)$ 定义了两个解的相同部分的大小。下面介绍如何获得两个解的相似度 $\varphi_{sim}(S_1, S_2)$。

在 QMKP 中，为了找到两个解中最大的共同部分，可能需要对每个解的背包进行重新排序。完成背包重排序后，第一个解的背包 i 可能对应于第二个解的背包 j（$j \neq i$）。首先，将第一个解的背包零与第二个解的背包零匹配。然后，创建一个完全二分图 $G = (V_1, V_2, E)$，其中 V_1 和 V_2 分别代表解 S_1 和 S_2 的 m 个背包。边 $(k_i^1, k_j^2) \in E$ 的权值为 $w_{k_i^1 k_j^2}$，权重 $w_{k_i^1 k_j^2}$ 被定义为解 S_1 的背包 k_i^1 和解 S_2 的背包 k_j^2 中的相同物品的数量。基于这个二分图，采用著名的匈牙利算法寻找最大加权匹配方案，算法的实践复杂度为 $O(m^3)$。在完成背包匹配后，根据匹配结果调整两种解的背包编号。将每个相匹配的背包中相同物品的个数相加即可得两个解的相似度 $\varphi_{sim}(S_1, S_2)$。

3.4.3.2 建立路径

从起始解向引导解移动的过程中，每一步应该选择哪个移动运算符，取决于邻域和评估函数。设计的原则是能够将起始解和引导解的优良属性结合起来。为此，提出了一种双邻域重链接方法（double neighbourhood relinking method，DNRM）。DNRM 综合使用两个受限邻域 N_R^R 和 N_E^R（参见第 3.2.4 节中的定义）。在每个重链接步骤中，不断选择当前路径点的两个邻域中的最佳邻居解作为路径的下一个节点。令 $S \oplus \mathrm{OP}$ 表示将移动运算符 OP 应用于 S。令 S_i 和 S_g 分别表示起始解和引导解。两个受限邻域的具体描述如下：

（1）$N_R^R(S)$

$$N_R^R(S) = \{S' : S' = S \oplus \mathrm{REALLOCATE}(u,k), S_i(u) \neq S_g(u), S_g(u) = k\} \tag{3.19}$$

与当前解 S 相比，$N_R^R(S)$ 包含一组更接近引导解的解。这些解将物品 u 从其当前背包 $S_i(u)$ 移动到另一个背包 $S_g(u)$（即物品 u 在引导解中所在的背包）。

（2）$N_E^R(S)$

$$N_E^R(S) = \{S' : S' = S \oplus \mathrm{EXCHANGE}(u,v), S_i(v) = S_g(u), S_i(v) \neq S_g(v)\} \tag{3.20}$$

与当前解 S 相比，$N_E^R(S)$ 包含一组更接近引导解的邻居解，它们跟 S 均只有一到两个元素的差别。这些解将物体 u 从其当前背包 $S_i(u)$ 移动到另一个背包 $S_g(u)$，并且将物体 v 从其当前的背包 $S_i(v)$ 移动到另一个背包 $S_i(u)$，要求 $S_i(v) \neq S_g(v)$。如果 $S_i(u) = S_g(v)$，则该邻居解与当前解相比向引导解前进了两步，否则它只前进了一步。

众所周知，对不可行解进行可控搜索可以提高基于邻域的搜索算法性能，促进结构不同的解之间相互转移。因此，允许 DNRM 穿过解空间的不可行区域。给定一个解 $S = \{I_0, I_1, \cdots, I_m\}$，它对背包容量的违反程度为 $V(S) = \sum_{k=1}^{m} \max\{0, \sum_{i \in I_k} w_i - C_k\}$，已分配物品的总质量为

$W(S) = \sum_{k=1}^{m} \sum_{i \in I_k} w_i$。综合容量约束量和总收益以评估解 S 如下：

$$\phi(S) = f(S) - \alpha \times V(S) \tag{3.21}$$

式中，α 为一个惩罚参数，用于平衡总利润和容量违反量。$\phi(S)$ 的值越大表示解的质量越好。在搜索的过程中可以动态调整 α 的值。然而，根据实验结果，可观察到在整个重链接过程中 α 取一个固定值（即 $\alpha = f(S_i)/W(S_i)$，S_i 为起始解）时，算法整体的表现较好。

算法 3.5 是双邻域重链接方法（DNRM）的伪代码。首先，DNRM 对起始解 S_i 和引导解 S_g 进行背包匹配（详细内容参见第 3.4.3 节），然后根据匹配结果调整引导解 S_g 的背包编号。当两个解的背包完成匹配后，通过计算两个解中相同物品的数量，可以快速计算出距离 $\omega_{\mathrm{dist}}(S_i, S_g)$。在进入路径构建循环之前，首先初始化惩罚参数和计数器，设 ψ_{Seq} 为空集，并设当前解为起始解 S_i。在向引导解前进的每一步中，DNRM 根据评估函数（公式（3.21）），从 $N_{\mathrm{R}}^{\mathrm{R}}(S)$ 和 $N_{\mathrm{E}}^{\mathrm{R}}(S)$ 的并集中选择一个最佳解。如果与当前解相比，被选中的邻居解接近引导解两个单位，则计数器计数增加 2，否则增加 1。然后更新当前解，并将其作为路径的一个节点加入 ψ_{Seq} 中。DNRM 完成从起始解到引导解的路径构建过程所需的最大步数为 $\omega_{\mathrm{dist}}(S_i, S_g)$。

算法 3.5　双领域重链接方法的伪代码

输入：S_i（起始解）

　　　S_g（引导解）

输出：ψ_{Seq}（一个中间解集合）

1. 将 S_i 和 S_g 中的背包进行匹配，并根据匹配结果调整 S_g 中背包的编号
2. 计算两个解之间的距离 $\omega_{\mathrm{dist}}(S_i, S_g)$
3. $\alpha \leftarrow f(S_i)/W(S_i)$
4. $X_{\mathrm{count}} \leftarrow 0$
5. $\psi_{\mathrm{Seq}} \leftarrow \phi$
6. $S \leftarrow S_i$
7. **while** $X_{\mathrm{count}} < \omega_{\mathrm{dist}}(S_i, S_g)$ **do**
8. 　选择一个解 $S' \in N_{\mathrm{R}}^{\mathrm{R}}(S) \cup N_{\mathrm{E}}^{\mathrm{R}}(S)$ 使得 $\phi(S')$ 最大化

续

9. **if** $\omega_{\text{dist}}(S, S_g) - \omega_{\text{dist}}(S', S_g) = 2$ **then**
10. $X_{\text{count}} \leftarrow X_{\text{count}} + 2$
11. **else**
12. $X_{\text{count}} \leftarrow X_{\text{count}} + 1$
13. **end if**
14. $S \leftarrow S'$
15. $\psi_{\text{Seq}} \cup S'$
16. **end while**
17. **return** ψ_{Seq}

3.4.4 路径解的选择

一旦建立从起始解 S_i 到引导解 S_g 的路径，则需要决定选择路径中的哪些解进行局部改进。因为路径上的两个连续解仅有一个变量取值不同，所以对接近 S_i 或 S_g 的解应用局部优化得到的局部最优解很可能与直接在 S_i 或 S_g 上做局部优化所得到的局部最优解完全相同。因此，根据以下两条规则，综合考虑解的质量以及它们与 S_i 或 S_g 的距离来选择路径解：

规则 1 首先尝试从路径的中间五分之四处选择最佳可行解。为此，首先在 ψ_{Seq} 中识别出一个子集 $\psi_{\text{Seq}}^{\text{sub}}(\psi_{\text{Seq}}^{\text{sub}} \subset \psi_{\text{Seq}})$，$\forall S \in \psi_{\text{Seq}}^{\text{sub}}$，$\omega_{\text{dist}}(S_i, S) \geqslant \omega_{\text{dist}}(S_i, S_g)/5$ 和 $\omega_{\text{dist}}(S_g, S) \geqslant \omega_{\text{dist}}(S_i, S_g)/5$；然后从 $\psi_{\text{Seq}}^{\text{sub}}$ 中选择最佳可行解 S。

规则 2 如果 $\psi_{\text{Seq}}^{\text{sub}}$ 中没有可行解，则首先在路径的中点处选择一个不可行解 S（即 $\omega_{\text{dist}}(S_i, S) = \omega_{\text{dist}}(S_i, S_g)/2$ 或 $\omega_{\text{dist}}(S_i, S) = \omega_{\text{dist}}(S_i, S_g)/2+1$）；然后应用修复方法（详细内容参见第 3.4.5 节）将不可行解带回到可行域，再对其进行局部优化。

3.4.5　解修复方法

如果路径中选中的解不可行，则利用一个激进邻域搜索方法（aggressive neighbourhood search method，ANSM）来修复该解。ANSM联合应用 REALLOCATE 和 EXCHANGE 运算符并执行最好改进局部搜索。在每次迭代中，利用基于惩罚的评估函数（公式（3.18））检查这两个运算符从当前解出发可到达的所有解，最好的解（即评估值最大的解）将被选作本阶段的输出解。如果输出解优于当前解，则用输出解更新当前解。ANSM 在两个邻域内深入搜索，确保整个修复过程的输出为局部最优。因此，修复后的可行解有可能改进历史最佳解。

为了将搜索朝着可行区域迈进，用一个相对较大的值来初始化惩罚参数：$\alpha=10^{i}*f(S)/W(S)$，其中 S 是当前解，i 的初始值为 1。在搜索期间，惩罚值保持不变。如果一轮邻域搜索不足以修复输入解，则 i 增加 1，然后 ANSM 重新开始新一轮的搜索。重复此过程，直到 ANSM 连续执行三次。如果得到的解仍然不可行（这种情况很少发生），则会触发贪婪修复程序。贪婪修复过程从违反容量约束的背包中不断移除密度最小的物品，直到满足容量约束。激进邻域搜索修复方法的伪代码见算法 3.6。

算法 3.6　修复方法的伪代码

输入：S_f^{in}（一个不可行解）

输出：S_f（一个可行解）

1. $S \leftarrow S_f^{\text{in}}$
2. $i \leftarrow 1$
3. **while** $i \leqslant 3$ **do**
4. 　$\alpha \leftarrow 10^{i} * f(S)/W(S)$
5. 　$S \leftarrow$ agressiveNeighSearch（S，α）
6. 　**if** S 是可行的 **then**

续

```
7.        break
8.    else
9.        i←i+1
10.   end if
11. end while
12. if S 是不可行的 then
13.    S←greedyRepair (S)
14. end if
15. return S
```

3.4.6 群体更新策略

对于每个新的解 S_0，它可能是重链接路径中最好的可行解、通过修复方法获得的最佳可行解或局部优化产生的最佳解，需要决定是否将 S_0 插入 ψ_{Ref} 中。为此，采用基于适应度的替换策略（fitness-based replacement strategy，FBRS）来更新 ψ_{Ref} 和 ψ_{Pair}。

如果以下两个条件同时满足，则 FBRS 用 S_0 替换起始解 S_{i_0}（S_{i_0} 总是比引导解 S_{g_0} 差）：

（1）S_0 优于起始解 S_{i_0}；

（2）S_0 不在 ψ_{Ref} 中。

一旦将 S_0 插入 ψ_{Ref}，就将 S_0 与已移除解构成的索引对插入 ψ_{Pair}。对于每个插入的索引对（i，g），将确保 S_i 的目标值小于 S_g 的目标值。然后，ψ_{Pair} 中的索引对按引导解 S_g 的目标值 $f(S_g)$ 的降序排列，当引导解的目标值 $f(S_g)$ 相同时，它们按起始解目标值的升序排列。群体更新过程见算法 3.7。

算法 3.7　群体更新过程的伪代码

输入：ψ_{Ref}

ψ_{Pair}

S_0（子代解）

S_{i_0}（初始解）

S_{g_0}（引导解）

输出：ψ_{Ref}

ψ_{Pair}

1. **if** $f(S_0) > f(S_i)$ 且 S_0 不在 ψ_{Ref} 中 **then**
2. $\psi_{Ref} \leftarrow (\psi_{Ref} \cup \{S_0\}) \setminus S_i$
3. 更新 ψ_{Pair}
4. 对 ψ_{Pair} 中的索引对进行排序
5. **else**
6. $\psi_{Pair} \leftarrow \psi_{Pair} \setminus (i_0, g_0)$
7. **end if**
8. **return** ψ_{Ref}，ψ_{Pair}

3.5　计算实验研究

本节对 IRTS 算法和 EPRQMKP 算法进行计算机编码实现，并在 90 个测试算例上进行了大量实验。通过与文献中最先进的方法的计算结果对比，以及与已知最佳结果（best known result，BKR）对比，来评估 IRTS 算法和 EPRQMKP 算法的性能。

将实验中使用的 90 个标准测试算例分成以下两组：

QMKPSet Ⅰ：由 60 个著名的标准测试算例组成，这些标准测试算例在 QMKP 的文献中被广泛引用。

QMKPSet Ⅱ：由 30 个大规模的算例组成，每个算例包含 300 个物品（即 $n=300$），这些算例在本书中首次被提出。

这些算例在第 1.7.1 节作了详细介绍，这里不再赘述。

3.5.1 实验准备

本书采用 C++ 语言编程实现了 IRTS 算法和 EPRQMKP 算法，并在 Intel 至强 E5440 处理器（2.83 GHz 和 2 GB RAM）上用 GNU g++ 编译（带“-O3”优化选项）。在不使用编译器优化选项的情况下，在我们使用的机器上运行 DIMACS 标准测试图 r300.5、r400.5 和 r500.5，分别需要 0.44 s、2.63 s 和 9.85 s。

与其他 QMKP 算法一样，本章提出的 IRTS 算法和 EPRQMKP 算法具有多个需要校准的参数。

IRTS 有三个需要校准的参数：L（搜索强度）、W（局部最优解连续无改进的次数）和 ρ（扰动强度系数）。针对每个 IRTS 参数，测试了该参数的一组取值，其他参数固定为表 3.1 中的缺省值。在每个算例上运行 IRTS 10 次，对于小规模算例（$n=100$），时间限制为 5 s；对于大规模算例（$n=200$），时间限制为 30 s。上述算法的停止准则来源于文献 [48]。对于每个算例和每个参数，计算 10 次运行所得最好解的均值。L 的测试范围为 {10，20，30，40，50}；W 的测试范围为 {5，10，15，20，25}；ρ 的测试范围为 {0.05，0.1，0.15，0.2，0.25}。

表 3.1 IRTS 参数配置

参数代号	参数描述	参数值	章节号
L	多样化搜索强度	30	3.2.6
ρ	扰动强度系数	0.1	3.3
W	局部最优解连续无改进的次数	20	3.2.1

下文应用 Friedman 检验来检测单个参数值的改变是否对算法的稳定性（即多次运行所得最优解目标值的均值）有显著影响。当 L 和 W

在给定范围内变化时，Friedman 检验的 P 值分别为 0.685 6 和 0.830 6，这意味着 IRTS 算法对这两个参数不敏感。相反，当 ρ 在给定范围内变化时，观察到了明显的统计差异，P 值为 0.000 346 1，表明 ρ 是敏感参数。因此，还需进行一个事后检验以检查每对参数取值之间的统计差异，结果见表 3.2。

表 3.2　不同 ρ 的事后检验结果

ρ	0.05	0.1	0.15	0.2
0.1	0.885 3			
0.15	0.936 4	0.427 6		
0.2	0.012 8	0.000 4	0.115 2	
0.25	0.249 7	0.000 9	0.183 3	0.999 6

从表 3.2 可以看出有三对参数取值呈现显著差异（即 P 值 $<$ 0.05），其中两个与 $\rho=0.1$ 相关，即（0.1，0.2）和（0.1，0.25）。表 3.3 显示当 $\rho=0.1$ 时，算法的稳定性和峰值表现均为最佳。

表 3.3　不同 ρ 的统计结果

ρ	0.05	0.1	0.15	0.2	0.25
总平均目标值	5 018 320	**5 018 630**	5 018 220	5 017 340	5 017 090
最好解数量	36	**52**	49	40	44

注：第一行结果表示 60 个算例的平均目标值之和；第二行结果表示每个参数配置下算法获得最好解的数量；加粗的值表示最佳结果。

根据上述分析，采用 $\rho=0.1$、$L=30$、$W=20$ 作为 IRTS 算法的参数配置。

EPRQMKP 的子过程 RTS 的参数取与 IRTS 相同的参数值。EPRQMKP 中一个额外的参数是参考集的大小，采用文献［53］中的建议将其设置为 10。

在 QMKP 文献中通常使用算法运行时间作为停止条件。我们对 100 个物品、200 个物品和 300 个物品的算例分别给予 15 s、90 s 和 180 s 的时间限制。以时间作为停止条件，重点比较算法多次运行结果的平均值、最好值和偏差。

3.5.2　算法在 QMKPSet Ⅰ算例上的计算结果分析

本节由两部分组成：第一部分重点是将 IRTS 算法与两个文献中最先进的算法进行比较，以说明 IRTS 算法的优越性；第二部分将 ERPQMKP 算法纳入比较范围，目的是说明 ERPQMKP 算法进一步改进了 IRTS 算法。

在第一部分中，将 IRTS 算法与文献中两个最先进的算法（TIG-QMKP 和 SO-QMKP）进行比较，将 100 个物品的算例运行时间限制为 15 s，200 个物品的算例运行时间限制为 90 s。在本次实验中，在与 IRTS 完全相同的计算环境下运行了 TIG-QMKP 和 SO-QMKP 算法源代码。此外，将先进的整数规划求解器 CPLEX 12.4 作为参考算法。每个算例在 CPLEX 上运行一次，时间限制为 1 h（相当于其他对比算法运行 40 次的累积时间）。

表 3.4 ~ 表 3.7 显示了各算法的求解结果。针对 CPLEX，记录了下界 k_{LB}、上界 k_{UB} 和差距 Δ_{GAP}，其中差距为 $(k_{UB} - k_{LB}) / k_{LB} \times 100$。针对启发式算法，报道最佳目标值 f_b 和 40 次运行结果的平均值 f_{avg}。f_{bk} 表示文献中已知的最好结果，这些结果来源于文献［48］。

表 3.4　IRTS 与 TIG-QMKP、SO-QMKP 以及 CPLEX 12.4 计算结果对比 1

算例				f_{bk}	CPLEX 12.4		
n	d	K	I		k_{LB}	k_{UB}	$\Delta_{GAP}/\%$
100	25	3	1	29 234	28 077	53 963. 23	92. 2
100	25	3	2	28 491	28 169	52 942. 22	87. 94
100	25	3	3	27 179	26 492	51 010. 72	92. 55
100	25	3	4	28 593	27 793	53 382. 6	92. 07
100	25	3	5	27 892	27 058	53 083. 61	96. 18
100	25	5	1	22 509	21 194	55 784. 57	163. 21
100	25	5	2	21 678	20 725	54 647. 80	163. 68
100	25	5	3	21 188	19 674	52 614. 27	167. 43
100	25	5	4	22 181	20 644	55 098. 88	166. 9
100	25	5	5	21 669	20 054	54 887. 58	173. 7
100	25	10	1	16 118	14 804	57 710. 44	289. 83
100	25	10	2	15 525	14 191	56 294	296. 69
100	25	10	3	14 773	13 560	54 274. 15	300. 25
100	25	10	4	16 181	14 630	56 871. 67	288. 73
100	25	10	5	15 150	14 142	56 609. 11	300. 29
200	25	3	1	101 100	94 992	222 051. 26	133. 76
200	25	3	2	107 958	105 978	222 937. 93	110. 36
200	25	3	3	104 538	98 214	219 794. 08	123. 79
200	25	3	4	99 559	93 693	219 675. 07	134. 46
200	25	3	5	102 049	94 818	217 794. 9	129. 7
200	25	5	1	74 922	67 464	226 198. 3	235. 29
200	25	5	2	79 506	71 876	226 791. 3	215. 53
200	25	5	3	77 700	70 259	223 882. 05	218. 65
200	25	5	4	73 327	65 940	223 859. 76	239. 49
200	25	5	5	76 022	69 523	222 056. 15	219. 4

续表

算例				f_{bk}	CPLEX 12.4		
n	d	K	I		k_{LB}	k_{UB}	$\Delta_{GAP}/\%$
200	25	10	1	51 413	43 054	230 387. 32	435. 11
200	25	10	2	54 116	45 774	231 059. 61	404. 78
200	25	10	3	52 841	44 187	227 911. 74	415. 79
200	25	10	4	50 221	41 608	228 108. 72	448. 23
200	25	10	5	52 651	43 847	226 045. 81	415. 53
100	75	3	1	69 977	69 010	157 543. 51	128. 29
100	75	3	2	69 504	68 157	158 390. 17	132. 39
100	75	3	3	68 832	67 681	157 395. 07	132. 55
100	75	3	4	70 028	69 717	154 667. 08	121. 85
100	75	3	5	69 692	68 638	160 393. 28	133. 68
100	75	5	1	49 363	48 270	161 306. 19	234. 17
100	75	5	2	49 316	48 643	162 654. 44	234. 38
100	75	5	3	48 495	44 474	161 403. 85	262. 92
100	75	5	4	50 246	48 756	159 342. 88	226. 82
100	75	5	5	48 752	47 286	164 701. 44	248. 31
100	75	10	1	29 931	28 124	165 782. 37	489. 47
100	75	10	2	30 980	29 436	167 227. 44	468. 11
100	75	10	3	29 730	27 340	165 637. 23	505. 84
100	75	10	4	31 663	27 916	163 759. 49	486. 62
100	75	10	5	30 229	27 003	168 992. 47	525. 83
200	75	3	1	270 718	258 740	644 499. 87	149. 09
200	75	3	2	257 090	248 139	645 348. 35	160. 08
200	75	3	3	270 069	262 806	649 880. 92	147. 29
200	75	3	4	246 882	227 193	633 617. 3	178. 89
200	75	3	5	279 598	270 979	655 098. 56	141. 75

续表

算例				f_{bk}	CPLEX 12.4		
n	d	K	I		k_{LB}	k_{UB}	Δ_{GAP}/%
200	75	5	1	184 909	164 519	654 784.78	298
200	75	5	2	174 682	160 577	656 046.05	308.56
200	75	5	3	186 526	175 943	661 330.18	275.88
200	75	5	4	166 584	158 807	643 762.33	305.37
200	75	5	5	193 084	173 698	665 834	283.33
200	75	10	1	112 354	95 514	665 339.06	596.59
200	75	10	2	105 151	88 469	667 546.03	654.55
200	75	10	3	113 869	94 768	672 239.84	609.35
200	75	10	4	98 252	88 580	653 941.84	638.25
200	75	10	5	116 513	98 288	676 442.05	588.22

表 3.5　IRTS 与 TIG-QMKP、SO-QMKP 以及 CPLEX 12.4 计算结果对比 2

算例				f_{bk}	TIG-QMKP	
n	d	K	I		f_b	f_{avg}
100	25	3	1	29 234	**29 286**	29 027.9
100	25	3	2	28 491	**28 491**	28 470.7
100	25	3	3	27 179	27 095	27 015.9
100	25	3	4	28 593	**28 593**	**28 593**
100	25	3	5	27 892	**27 892**	27 885.33
100	25	5	1	22 509	22 413	22 273.98
100	25	5	2	21 678	21 678	21 648
100	25	5	3	21 188	21 181	21 099.3
100	25	5	4	22 181	**22 181**	22 180.42
100	25	5	5	21 669	**21 669**	**21 663.85**

续表

算例				f_{bk}	TIG-QMKP	
n	d	K	I		f_b	f_{avg}
100	25	10	1	16 118	16 157	16 057. 6
100	25	10	2	15 525	**15 700**	15 557. 68
100	25	10	3	14 773	14 832	14 736. 23
100	25	10	4	16 181	**16 181**	16 168. 5
100	25	10	5	15 150	15 289	15 189. 45
200	25	3	1	101 100	100 372	100 207
200	25	3	2	107 958	107 927	107 814
200	25	3	3	104 538	104 532	104 445
200	25	3	4	99 559	99 000	98 836. 8
200	25	3	5	102 049	101 999	101 877
200	25	5	1	74 922	74 682	74 361. 52
200	25	5	2	79 506	79 604	79 459. 33
200	25	5	3	77 700	77 795	77 720. 58
200	25	5	4	73 327	73 189	72 984. 4
200	25	5	5	76 022	76 137	75 905. 14
200	25	10	1	51 413	51 592	51 298. 4
200	25	10	2	54 116	54 290	54 077. 3
200	25	10	3	52 841	52 985	52 791. 49
200	25	10	4	50 221	50 577	50 282. 5
200	25	10	5	52 651	53 337	52 856. 38
100	75	3	1	69 977	69 935	69 935
100	75	3	2	69 504	**69 504**	**69 504**
100	75	3	3	68 832	**68 832**	68 816. 2
100	75	3	4	70 028	**70 028**	**70 028**
100	75	3	5	69 692	**69 692**	69 681. 3

续表

算例				f_{bk}	TIG-QMKP	
n	d	K	I		f_b	f_{avg}
100	75	5	1	49 363	**49 421**	49 295.6
100	75	5	2	49 316	49 360	49 266.8
100	75	5	3	48 495	**48 495**	48 474.2
100	75	5	4	50 246	**50 246**	49 966.6
100	75	5	5	48 752	48 752	48 735.2
100	75	10	1	29 931	30 138	29 900.84
100	75	10	2	30 980	31 092	30 969.15
100	75	10	3	29 730	29 812	29 662
100	75	10	4	31 663	31 672	31 491.82
100	75	10	5	30 229	30 188	30 046.1
200	75	3	1	270 718	**270 718**	**270 718**
200	75	3	2	257 090	**257 288**	257 099
200	75	3	3	270 069	**270 069**	**270 069**
200	75	3	4	246 882	246 882	246 684
200	75	3	5	279 598	**279 598**	**279 598**
200	75	5	1	184 909	184 984	184 774
200	75	5	2	174 682	174 776	174 642
200	75	5	3	186 526	186 674	186 507
200	75	5	4	166 584	166 832	166 487
200	75	5	5	193 084	193 255	193 002
200	75	10	1	112 354	112 591	112 330
200	75	10	2	105 151	105 297	105 064
200	75	10	3	113 869	114 237	113 930
200	75	10	4	98 252	98 556	98 219.93
200	75	10	5	116 513	116 725	116 266

表 3.6 IRTS 与 TIG-QMKP、SO-QMKP 以及 CPLEX 12.4 计算结果对比 3

算例				f_{bk}	SO-QMKP	
n	d	K	I		f_b	f_{avg}
100	25	3	1	29 234	**29 286**	29 201. 7
100	25	3	2	28 491	**28 491**	28 488. 32
100	25	3	3	27 179	**27 179**	27 175. 2
100	25	3	4	28 593	**28 593**	28 580. 75
100	25	3	5	27 892	**27 892**	27 821. 98
100	25	5	1	22 509	22 509	22 403. 5
100	25	5	2	21 678	21 678	21 622. 43
100	25	5	3	21 188	21 188	21 153
100	25	5	4	22 181	**22 181**	22 164. 32
100	25	5	5	21 669	**21 669**	21 567
100	25	10	1	16 118	16 162	15 996. 83
100	25	10	2	15 525	15 617	15 446. 4
100	25	10	3	14 773	14 760	14 648. 43
100	25	10	4	16 181	16 159	16 082. 68
100	25	10	5	15 150	15 196	15 094. 89
200	25	3	1	101 100	101 218	100 776
200	25	3	2	107 958	**107 958**	107 663
200	25	3	3	104 538	104 538	104 365
200	25	3	4	99 559	99 559	99 170. 5
200	25	3	5	102 049	102 084	101 792
200	25	5	1	74 922	74 665	74 389. 82
200	25	5	2	79 506	79 473	79 244. 4
200	25	5	3	77 700	77 695	77 570. 82
200	25	5	4	73 327	73 405	73 005
200	25	5	5	76 022	76 037	75 829. 9

续表

算例				f_{bk}	SO-QMKP	
n	d	K	I		f_b	f_{avg}
200	25	10	1	51 413	51 389	51 043.93
200	25	10	2	54 116	54 102	53 831.2
200	25	10	3	52 841	52 841	52 483.48
200	25	10	4	50 221	50 371	50 002.82
200	25	10	5	52 651	52 596	52 395.1
100	75	3	1	69 977	69 935	69 935
100	75	3	2	69 504	**69 504**	**69 497.4**
100	75	3	3	68 832	**68 832**	68 813
100	75	3	4	70 028	**70 028**	**70 028**
100	75	3	5	69 692	**69 692**	69 652.22
100	75	5	1	49 363	49 363	49 238.83
100	75	5	2	49 316	49 320	49 226.6
100	75	5	3	48 495	**48 495**	48 360.85
100	75	5	4	50 246	**50 246**	50 124.2
100	75	5	5	48 752	48 752	48 718.38
100	75	10	1	29 931	30 018	29 897.8
100	75	10	2	30 980	30 973	30 914
100	75	10	3	29 730	29 765	29 638.8
100	75	10	4	31 663	31 634	31 481.3
100	75	10	5	30 229	30 348	30 055.42
200	75	3	1	270 718	**270 718**	270 697
200	75	3	2	257 090	257 277	256 931
200	75	3	3	270 069	**270 069**	270 028
200	75	3	4	246 882	246 882	246 555
200	75	3	5	279 598	**279 598**	**279 598**

续表

算例				f_{bk}	SO-QMKP	
n	d	K	I		f_b	f_{avg}
200	75	5	1	184 909	184 882	184 641
200	75	5	2	174 682	174 682	174 445
200	75	5	3	186 526	186 619	186 352
200	75	5	4	166 584	166 584	166 246
200	75	5	5	193 084	193 138	192 836
200	75	10	1	112 354	112 457	112 258
200	75	10	2	105 151	105 260	104 947
200	75	10	3	113 869	114 007	113 717
200	75	10	4	98 252	98 285	97 885. 95
200	75	10	5	116 513	116 298	116 031

表 3.7　IRTS 与 TIG-QMKP、SO-QMKP 以及 CPLEX 12. 4 计算结果对比 4

算例				f_{bk}	IRTS	
n	d	K	I		f_b	f_{avg}
100	25	3	1	29 234	**29 286**	**29 286**
100	25	3	2	28 491	**28 491**	**28 491**
100	25	3	3	27 179	**27 179**	**27 179**
100	25	3	4	28 593	**28 593**	**28 593**
100	25	3	5	27 892	**27 892**	**27 892**
100	25	5	1	22 509	**22 581**	**22 530. 68**
100	25	5	2	21 678	**21 704**	**21 667**
100	25	5	3	21 188	**21 239**	**21 235. 95**
100	25	5	4	22 181	**22 181**	**22 180. 9**
100	25	5	5	21 669	**21 669**	**21 656. 42**

续表

算例				f_{bk}	IRTS	
n	d	K	I		f_b	f_{avg}
100	25	10	1	16 118	**16 221**	**16 200. 53**
100	25	10	2	15 525	**15 700**	**15 665. 65**
100	25	10	3	14 773	**14 927**	**14 852**
100	25	10	4	16 181	**16 181**	**16 181**
100	25	10	5	15 150	**15 326**	**15 293**
200	25	3	1	101 100	**101 471**	**101 441**
200	25	3	2	107 958	**107 958**	**107 958**
200	25	3	3	104 538	**104 589**	**104 559**
200	25	3	4	99 559	**100 098**	**100 098**
200	25	3	5	102 049	**102 311**	**102 310**
200	25	5	1	74 922	**75 623**	**75 554. 1**
200	25	5	2	79 506	**80 033**	**80 023. 4**
200	25	5	3	77 700	**78 043**	**78 028. 95**
200	25	5	4	73 327	**74 140**	**74 061. 29**
200	25	5	5	76 022	**76 610**	**76 597. 62**
200	25	10	1	51 413	**52 293**	**52 158. 5**
200	25	10	2	54 116	**54 830**	**54 666. 25**
200	25	10	3	52 841	**53 661**	**53 588. 28**
200	25	10	4	50 221	**51 297**	**51 078. 2**
200	25	10	5	52 651	**53 621**	**53 532. 24**
100	75	3	1	69 977	**69 977**	69 977
100	75	3	2	69 504	**69 504**	**69 499. 6**
100	75	3	3	68 832	**68 832**	**68 832**
100	75	3	4	70 028	**70 028**	**70 028**
100	75	3	5	69 692	**69 692**	**69 692**

续表

算例				f_{bk}	IRTS	
n	d	K	I		f_b	f_{avg}
100	75	5	1	49 363	**49 421**	**49 365. 98**
100	75	5	2	49 316	**49 365**	**49 350. 6**
100	75	5	3	48 495	**48 495**	**48 495**
100	75	5	4	50 246	**50 246**	**50 141. 5**
100	75	5	5	48 752	**48 753**	**48 749. 1**
100	75	10	1	29 931	**30 296**	**30 240. 2**
100	75	10	2	30 980	**31 207**	**31 095. 8**
100	75	10	3	29 730	**29 908**	**29 894. 75**
100	75	10	4	31 663	**31 762**	**31 706. 5**
100	75	10	5	30 229	**30 507**	**30 458. 5**
200	75	3	1	270 718	**270 718**	**270 685**
200	75	3	2	257 090	**257 288**	**257 273**
200	75	3	3	270 069	**270 069**	**269 926**
200	75	3	4	246 882	**246 993**	**246 877**
200	75	3	5	279 598	**279 598**	**279 570**
200	75	5	1	184 909	**185 493**	**184 904**
200	75	5	2	174 682	**174 836**	**174 688**
200	75	5	3	186 526	**186 774**	**186 674**
200	75	5	4	166 584	**166 990**	**166 747**
200	75	5	5	193 084	**193 310**	**193 217**
200	75	10	1	112 354	**113 139**	**112 809**
200	75	10	2	105 151	**105 807**	**105 437**
200	75	10	3	113 869	**114 596**	**114 367**
200	75	10	4	98 252	**99 106**	**98 851. 55**
200	75	10	5	116 513	**117 309**	**116 947**

从表 3.4 ~ 表 3.7 可以看出，CPLEX 12.4 在给定的时间内，没能求得任何一个算例的最优解。在整个算例集中，CPLEX 找到的下界值总是比文献中已知的最好结果差。经 Wilcoxon 检验后，P 值为 1.67×10^{-11}，进一步说明了 CPLEX 与文献中已知的最好结果之间存在显著的统计学差异（见表 3.8）。同时，CPLEX 12.4 得到的上下界之间差距很大，最小的为 87.94%，最大的为 654.55%。不难发现，当问题规模增大，背包数量增加或密度增加时，该差距值随之增加。与当前性能最佳的 QMKP 启发式算法相比，CPLEX 处于下风。我们还做了一个进一步的测试，将 CPLEX 12.4 的运行时间限制取消。结果表明，在计算机内存耗尽时，CPLEX 12.4 没有找到任何一个算例的最优解。从上述结果可以看出，CPLEX 12.4 解决 QMKP 标准测试算例的效果令人失望。

表 3.8　IRTS 与参考算法所输出结果的 Wilcoxon 检验数据

算法对	R^+	R^-	P	Diff
BKR vs CPLEX	1 830	0	1.67×10^{-11}	Yes
IRTS vs CPLEX	1 830	0	1.67×10^{-11}	Yes
IRTS vs TIG	861	0	2.52×10^{-8}	Yes
IRTS vs SO	946	0	1.16×10^{-8}	Yes

与 TIG-QMKP 相比，IRTS 在 41 个算例中获得了更好的结果，而在剩余的 19 个算例中获得了相同的结果。与 SO-QMKP 相比，IRTS 在 43 个算例中获得了更好的结果，并且在剩余算例中获得了相同的结果。就平均结果而言，与 TIG-QMKP 相比，IRTS 在 53 个算例中表现更好，2 个算例中表现相同，5 个算例中表现稍差。当与 SO-QMKP 比较时，IRTS 在 58 个算例中表现更好，1 个算例中表现相同，1 个算例表现稍差。表 3.9 记录了针对算法平均结果的六个统计数据及 Wilcoxon 检验结果，其中 Wilcoxon 测试结果是针对（TIG_ Long vs IRTS_ Long）和（SO_ Long vs IRTS_ Long）两对算法得到的。检验结果表明，IRTS 与两

个对比算法的结果具有显著差异。从六个统计值可以看出，IRTS 显著优于 TIG-QMKP 和 SO-QMKP。

表 3.9　IRTS 和参考算法计算结果平均值的统计数据和 Wilcoxon 检验数据

算法	最小值	1st Qu.	中间值	平均值	3st Qu.	最大值	R^+	R^-	P	Diff
IRTS	**14 850**	**29 740**	**61 750**	**83 680**	**104 800**	279 600				
TIG	14 740	29 500	61 450	83 390	104 600	279 600	57	1 654	6.48×10^{-10}	Yes
SO	14 650	29 530	61 320	83 330	104 500	279 600	32	1 738	1.24×10^{-10}	Yes

第二部分比较分析了 EPRQMKP、IRTS、TIG-QMKP 和 SO-QMKP 在 QMKPSet Ⅰ的 60 个算例中的表现。每个算法在每个算例上运行 40 次，对于具有 100 个物品的算例，程序终止时间设置为 15 s，对于具有 200 个物品的算例，程序终止时间设置为 90 s。

将 QMKPSet Ⅰ的 60 个算例分为 12 个类，每个类包含 5 个实例，以 $n-d-m$ 表示，其中 n 是物品的数量，d 是密度，m 是背包的数量。表 3.10 总结了本章的算法以及对比算法的统计结果。对于每个算法，我们记录了每个类的 5 个算例中获得最好解的数量。这些最好解综合了表 3.4 中记录的最好解和 EPRQMKP 算法获得的最好解。表 3.10 ~ 表 3.11 记录了每个类的 5 个算例中平均结果的平均值和标准差 Δ_{SD} 的平均值。由于所有结果都是在完全相同的停止标准和计算环境下获得的，因此这是相当公平的比较。

表 3.10　EPRQMKP 和 IRTS 与文献中最好的算法在 QMKPSet Ⅰ上计算结果对比 1

算例	TIG		SO	
	最优解数量	f_{avg}	最优解数量	f_{avg}
100 - 25 - 3	4	28 198.56	5	28 253.59
100 - 25 - 5	2	21 773.08	2	21 782.05
100 - 25 - 10	2	15 541.86	0	15 453.85
200 - 25 - 3	0	102 635.96	1	102 753.3
200 - 25 - 5	0	76 086.16	0	76 007.99
200 - 25 - 10	0	52 261.18	0	51 951.31
100 - 75 - 3	4	69 592.9	4	69 585.12
100 - 75 - 5	3	49 147.68	2	49 133.77
100 - 75 - 10	0	30 413.96	0	30 397.46
200 - 75 - 3	4	264 833.6	3	264 761.8
200 - 75 - 5	0	181 082.4	0	180 904
200 - 75 - 10	0	109 161.98	0	108 967.79

表 3.11　EPRQMKP 和 IRTS 与文献中最好的算法在 QMKPSet Ⅰ上计算结果对比 2

算例	IRTS			EPRQMKP		
	最优解数量	f_{avg}	Δ_{SD}	最优解数量	f_{avg}	Δ_{SD}
100 - 25 - 3	5	**28 288.2**	**0**	**5**	**28 288.2**	**0**
100 - 25 - 5	5	21 854.16	15.93	**5**	**21 864.26**	**9.78**
100 - 25 - 10	5	15 638.42	24.53	**5**	**15 646.83**	**21.37**
200 - 25 - 3	4	103 273.2	5.45	**5**	**103 290.29**	**3.27**
200 - 25 - 5	5	76 853.04	28.84	**5**	**76 862.77**	**28.34**
200 - 25 - 10	3	53 004.66	**57.09**	**5**	**53 022.49**	**69.15**

续表

算例	IRTS			EPRQMKP		
	最优解数量	f_{avg}	Δ_{SD}	最优解数量	f_{avg}	Δ_{SD}
100 - 75 - 3	5	69 605.72	2.07	**5**	**69 606.6**	**0**
100 - 75 - 5	4	49 220.42	50.42	**5**	**49 253.62**	**6.94**
100 - 75 - 10	5	30 679.14	41.47	**5**	**30 687.12**	**39.31**
200 - 75 - 3	5	264 866.2	111.56	**5**	**264 927.19**	**7.29**
200 - 75 - 5	3	181 246	130.11	**5**	**181 443.21**	**44.14**
200 - 75 - 10	1	109 682.3	**130.96**	**5**	**109 733.58**	143.27

从表3.10～表3.11中可以观察到，与IRTS和文献中最先进的2个算法对比，EPRQMKP算法在所有指标上均有很强的竞争力。与TIG和SO对比，EPRQMKP优势突出。它不仅能够找到更多数量的最佳解，而且能够在12大类中的绝大多数类中获得比TIG和SO更高的平均值。与IRTS相比，EPRQMKP也更胜一筹：首先，它获得的最佳解比IRTS更多（EPRQMKP获得60个，而IRTS只有50个）；其次，与IRTS相比，EPRQMKP总能获得更好的平均结果，并且通常获得更小的标准偏差，这表明EPRQMKP表现更稳定。上述结果说明了，在QMKP问题上，路径重链接算法比基于单一解的局部搜索算法表现更佳。

为了验证这个结论，本书进一步应用Wilcoxon检验（显著性因子为0.05）对算法结果（包括最好结果和平均结果）进行成对的比较。统计结果见表3.12，表中左半部分用于最好结果的对比，右半部分用于平均结果的对比。对于每个比较项和每个算法对，表中给出了正秩和R^+、负秩和R^-、P值以及它们是否有显著差异Diff。从表3.12中可以看出，EPRQMKP与IRTS以及与两个参考算法之间都具有统计意义上的差异。此外，无论在最佳结果还是平均结果上，正秩和总是大于负秩和，说明EPRQMKP算法优于IRTS以及文献中最先进的算法。

表 3.12　算法在 QMKPSet Ⅰ上获得的计算结果的 Wilcoxon 测试数据

算法对	最好结果				平均结果			
	R^+	R^-	P	Diff	R^+	R^-	P	Diff
EPRQMKP vs TIG	861	0	2.52×10^{-8}	Yes	1 483	2	1.87×10^{-20}	Yes
EPRQMKP vs SO	946	0	1.16×10^{-8}	Yes	1 711	0	3.60×10^{-11}	Yes
EPRQMKP vs IRTS	55	0	5.92×10^{-3}	Yes	1 082	94	4.16×10^{-7}	Yes

3.5.3　算法在 QMKPSet Ⅱ算例上的计算结果分析

第 3.5.2 节的分析结果表明，IRTS 和 EPRQMKP 算法均轻松超越了文献中两个最先进的算法。同时，在 QMKPSet Ⅰ这个物品数不超过 200 的算例集合中，EPRQMKP 比 IRTS 表现更优秀。为进一步观察 EPRQMKP 和 IRTS 在更大算例上的表现，我们做了第二个实验，测试了 30 个具有 300 个物品的大算例。每个算例单次运行时间限制为 180 s。算法在每个算例上运行 40 次。为了比较的公平性，在完全相同的环境和结束条件下运行了 TIG 和 SO 的源代码，并公布本次实验的运行结果。

EPRQMKP、IRTS 以及 2 个参考算法的计算结果见表 3.13 ~ 表 3.14。表中列出了每个算例的最好解 f_b 和每个算法 40 次运行的平均结果 f_{avg}（在最好结果中，如果某个算法获得了一个新的最好结果，则加粗显示；在平均结果中，所有算法中获得最好的那个平均值加粗）。从表 3.13 ~ 表 3.14 中可看出，EPRQMKP 和 IRTS 算法明显优于 2 个参考算法。其中，EPRQMKP 在四种算法中表现最佳，在所有 QMKPSet Ⅱ算例中都求得了最好解。此外，EPRQMKP 在 30 个算例中获得了 27 个算例的最佳平均结果，比例高达 90%。EPRQMKP 的算法稳定性也优于其余 3 个算法。而且，在大多数情况下，EPRQMKP 的平均结果甚至优于 TIG 和 SO 的最好结果。

表 3.13　EPRQMKP、IRTS 以及 2 个参考算法在 QMKPSet Ⅱ 中的计算结果对比 1

算例				C	TIG-QMKP		SO-QMKP	
n	d	m	I		f_b	f_{avg}	f_b	f_{avg}
300	25	3	1	2 048	223 243	221 842.77	223 291	222 986.12
300	25	3	2	2 058	209 202	207 786.02	209 940	209 320.7
300	25	3	3	2 090	209 296	208 036.48	209 621	208 962.3
300	25	3	4	2 104	214 624	212 620.15	214 773	214 348.1
300	25	3	5	2 045	211 378	209 392.75	211 567	211 216.77
300	25	5	1	1 229	162 924	160 672.77	162 952	162 529.55
300	25	5	2	1 234	151 825	149 890.2	151 533	150 989.67
300	25	5	3	1 254	152 233	149 855.35	152 043	151 572.08
300	25	5	4	1 262	153 289	149 752.7	155 179	153 822.45
300	25	5	5	1 227	153 642	150 678.05	153 592	153 022.08
300	25	10	1	614	107 929	103 716.35	107 525	107 083.35
300	25	10	2	617	100 931	97 292.02	100 699	100 196.7
300	25	10	3	627	102 395	98 351.38	102 338	101 711.6
300	25	10	4	631	103 284	98 986.73	103 177	102 482.77
300	25	10	5	613	103 034	99 035.18	102 649	102 073.38
300	75	3	1	2 073	589 453	587 619.35	589 453	589 277.88
300	75	3	2	1 892	641 192	640 637.22	641 085	641 082.75
300	75	3	3	2 065	598 000	596 776.55	597 965	597 568.53
300	75	3	4	2 170	581 227	580 539.1	581 227	581 054.4
300	75	3	5	1 931	612 383	610 555.22	612 369	612 206.5
300	75	5	1	1 244	404 902	403 472.9	404 909	404 110.95
300	75	5	2	1 135	445 497	444 288.58	445 195	444 656.8
300	75	5	3	1 239	405 800	405 167.9	405 863	405 123.08
300	75	5	4	1 302	395 648	394 453.8	395 422	394 707.42
300	75	5	5	1 159	415 057	412 957.67	414 447	414 085.5

续表

算例				C	TIG-QMKP		SO-QMKP	
n	d	m	I		f_b	f_{avg}	f_b	f_{avg}
300	75	10	1	622	247 429	246 408. 15	247 481	246 749. 67
300	75	10	2	567	266 922	265 934. 88	266 877	266 523. 1
300	75	10	3	619	239 088	237 844. 67	238 587	238 139. 98
300	75	10	4	651	230 355	228 457. 08	229 855	229 378. 48
300	75	10	5	579	248 488	247 048. 98	248 114	247 681. 9

表 3. 14　EPRQMKP、IRTS 以及 2 个参考算法在 QMKPSet Ⅱ 中的计算结果对比 2

算例				C	IRTS		EPRQMKP	
n	d	m	I		f_b	f_{avg}	f_b	f_{avg}
300	25	3	1	2 048	**223 661**	223 514. 08	**223 661**	**223 609. 52**
300	25	3	2	2 058	**210 981**	210 812. 08	**210 981**	**210 958. 7**
300	25	3	3	2 090	**210 910**	210 732. 25	**210 910**	**210 886. 02**
300	25	3	4	2 104	215 639	215 564. 62	**215 732**	**215 608. 4**
300	25	3	5	2 045	**212 432**	212 429. 25	**212 432**	**212 432**
300	25	5	1	1 229	163 668	163 539. 35	**163 746**	**163 654. 27**
300	25	5	2	1 234	152 860	152 728. 83	**152 951**	**152 770. 45**
300	25	5	3	1 254	153 347	153 183. 75	**153 489**	**153 313. 5**
300	25	5	4	1 262	**156 340**	156 235. 95	**156 340**	**156 256. 2**
300	25	5	5	1 227	**154 936**	154 724. 73	**154 936**	**154 836. 83**
300	25	10	1	614	**109 400**	109 275. 38	**109 400**	**109 319. 45**
300	25	10	2	617	102 306	102 049. 9	**102 383**	**102 078. 3**
300	25	10	3	627	103 707	**103 510. 95**	**103 794**	103 508. 18
300	25	10	4	631	105 290	105 035. 38	**105 294**	**105 049. 98**
300	25	10	5	613	104 120	103 927. 52	**104 218**	**104 019. 32**

续表

算例				C	IRTS		EPRQMKP	
n	d	m	I		f_b	f_{avg}	f_b	f_{avg}
300	75	3	1	2 073	589 453	589 139	**589 739**	**589 559. 28**
300	75	3	2	1 892	641 085	640 829. 32	**641 610**	**641 600. 75**
300	75	3	3	2 065	**598 124**	597 239. 7	**598 124**	**598 012. 3**
300	75	3	4	2 170	**581 227**	580 796. 68	**581 227**	**581 121. 3**
300	75	3	5	1 931	612 373	611 860. 4	**612 383**	612 164. 12
300	75	5	1	1 244	405 050	404 716. 35	**405 191**	**404 909. 03**
300	75	5	2	1 135	**445 655**	445 306. 38	**445 655**	**445 557. 3**
300	75	5	3	1 239	406 556	405 820. 47	**406 800**	**406 172. 22**
300	75	5	4	1 302	395 760	395 345. 1	**396 021**	**395 514. 78**
300	75	5	5	1 159	415 400	415 032. 12	**415 804**	**415 179. 58**
300	75	10	1	622	248 006	247 650. 23	**248 136**	**247 765. 67**
300	75	10	2	567	267 728	267 399. 05	**268 003**	**267 491. 38**
300	75	10	3	619	239 661	239 358. 02	**239 875**	**239 407. 88**
300	75	10	4	651	231 744	231 043. 75	**231 812**	**231 412. 27**
300	75	10	5	579	249 476	249 113. 02	**249 668**	**249 171. 75**

为了从统计意义上说明本章所提算法显著优于参考算法，故应用 Wicoxon 检验，设置其显著性因子为 0. 05。将实验结果与参考算法的结果进行成对比较。表 3. 15 总结了测试结果，表中左侧部分提供了以最好结果作为输入的统计数据，右侧部分显示了以平均结果作为输入的统计数据。从表 3. 15 可以看出，每个算法对得到的结果均具有统计差异，因为它们的 P 值均小于 0. 05。同时可以看到，正秩和总是显著大于负秩和，这说明 EPRQMKP 算法明显优于另外三种算法。

表 3.15　在 QMKPSet Ⅱ 上的计算结果的 Wicoxon 测试数据

算法对	最好结果				平均结果			
	R^+	R^-	P	Diff	R^+	R^-	P	Diff
EPRQMKP vs TIG-QMKP	460	0	4.00×10^{-6}	Yes	465	0	1.86×10^{-9}	Yes
EPRQMKP vs SO-QMKP	435	0	2.70×10^{-6}	Yes	464	1	3.73×10^{-9}	Yes
EPRQMKP vs IRTS	210	0	9.57×10^{-5}	Yes	463	2	5.59×10^{-9}	Yes

3.6　算法组成与效能分析

本节主要介绍 EPRQMKP、IRTS 算法的重要组成部分：邻域；IRTS 算法的扰动策略；EPRQMKP 算法的修复方法、允许搜索不可行解策略、群体更新策略，并就各组成部分对算法的效能进行分析。

3.6.1　邻域效能分析

如第 3.2.4 节所述，RTS 过程采用了三个专用的邻域结构，其对应的邻域构造算子为 DROP、REALLOCATE 和 EXCHANGE。本小节将研究这些邻域对算法性能的影响。为此，提出了三个弱化版本的 IRTS，得到三个 IRTS 变体。对于每个 IRTS 变体，禁用一个特定的邻域，同时保持其他组件不变。例如，IRTS_ NoReallocate 是禁用了 N_R^C 邻域的 IRTS 算法。在整个算例集上测试四个 IRTS 版本（包括标准 IRTS 算法），为算法设置一个较短的停止时间（即对于 $n=100$ 的算例，停止时间为 5 s；对于 $n=200$ 的算例，停止时间为 30 s）。针对每个算例，每个算法运行 10 次。我们计算每个变体算法获得的平均结果，并计算该结果与 IRTS 获得的最好结果之间的绝对差，其中停止时间：对于 $n=100$ 的算例，计算时间为 15 s；对于 $n=200$ 的算例，计算时间为 90 s。实验结果见图 3.1。

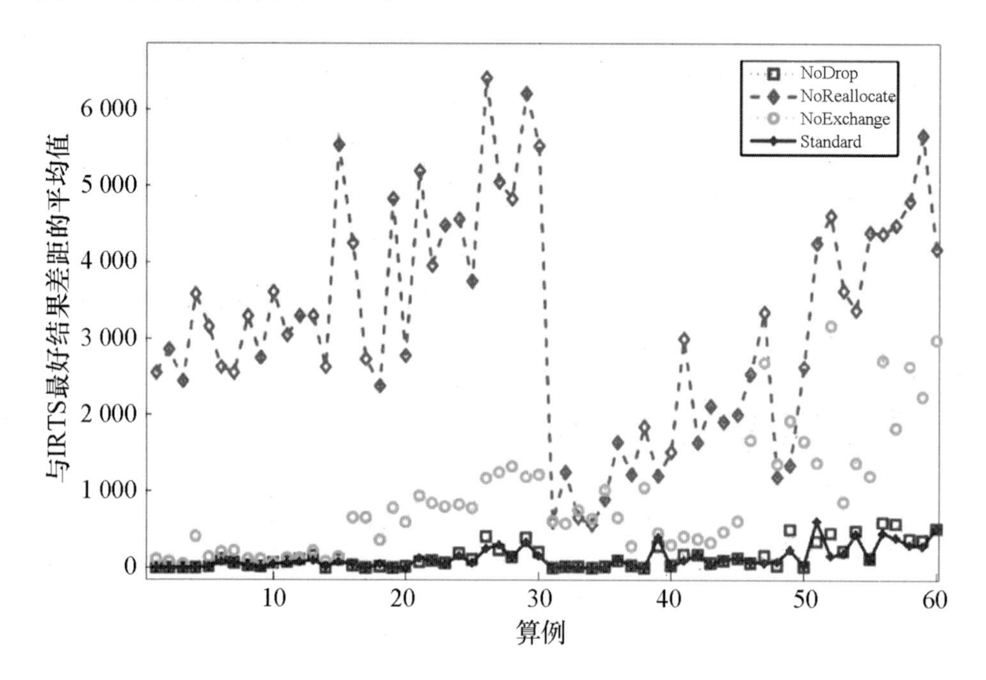

图 3.1　参考算法计算结果与 IRTS 最好结果的差距

如图 3.1 所示，移除任意一个邻域均会牺牲 IRTS 的搜索能力。在各变体中，IRTS_ NoReallocate 的表现最差，其平均结果与最佳结果之间存在巨大差距。此外，在所有 60 个算例上，IRTS_ NoReallocate 获得的平均结果均比标准 IRTS 算法获得的平均结果差。IRTS_ NoExchange 表现优于 IRTS_ NoReallocate，尽管它的结果还无法与 IRTS 算法相比。在大多数情况下，与 IRTS_ NoReallocate 相比，IRTS_ NoExchange 减小了平均结果与最好结果之间的差距。在 60 个算例中，IRTS_ NoExchange 有 54 个结果优于 IRTS_ NoReallocate。对于 IRTS_ NoDrop，由于图中纵坐标跨度较大（从 0 到接近 7 000），很难看出它的性能与 IRTS 的性能之间存在差异。然而，统计数据表明，IRTS_ NoDrop 的平均结果明显比 IRTS 差。其中，IRTS_ NoDrop 有 45 个结果比 IRTS 差，而且 IRTS_ NoDrop 的 60 个差距值 Δ_{GAP} 的平均值远大于 IRTS（8 477.10

比7 136.70)，详细结果见表3.16。

表3.16　4个IRTS变种算法计算结果与最好结果之间差距的平均值

算法	IRTS_ NoDrop	IRTS_ NoReallocate	IRTS_ NoExchange	IRTS
f_{avg}	8 477.1	190 716.8	53 537.2	7 136.7

该实验结果表明，所有三个邻域均对IRTS算法的性能有贡献。在三个邻域中，贡献最大的是REALLOCATE邻域，排名第二的是EXCHANGE邻域，贡献相对较小的是DROP邻域。

3.6.2　IRTS扰动策略效能分析

IRTS算法结合了一个定制的扰动策略以确保搜索的多样化。依据物品密度对背包中的物品进行排序，扰动策略迫使前 L_P 个密度最小的物品改变其状态。为了评估这种策略的有效性，本书将其与传统的重启策略和一个扰动策略变体（去除了排序操作，用NoSort表示）进行比较。IRTS中使用的扰动策略用Sort表示。在每个算例上运行上述三种变体算法10次，并使用Wilcoxon检验来检查Sort和其他两个版本算法之间在最好结果和平均结果方面的统计差异（见表3.17）。该表从最好结果以及平均结果两个角度显示了Sort和其他两个策略所得结果的统计差异。从秩和可以看出，Sort优于其他两个算法变体，因为Sort获得了更高的正秩和。该实验结果说明了本章所提出的扰动策略是有效的。

表3.17　不同扰动策略的Wilcoxon测试数据

算法对	最好结果				平均结果			
	R^+	R^-	P	Diff	R^+	R^-	P	Diff
Sort vs NoSort	365	70	1.48×10^{-3}	Yes	1 254	231	1.08×10^{-5}	Yes
Sort vs Restart	292	114	4.39×10^{-2}	Yes	1047	384	3.39×10^{-3}	Yes

3.6.3 EPRQMKP 修复方法效能分析

当重链接路径中选中的解为不可行解时，EPRQMKP 采用一个激进的邻域搜索方法（ANSM）来修复该解。当 ANSM 无法成功修复解时，会触发一个贪婪算法作为补充。贪婪算法从违反约束的背包中移除密度最低的物品，直到满足背包容量约束为止。本实验的目的是检验只用贪婪算法是否能够使 EPRQMKP 达到其最佳性能。为了测试这一点，这里比较了 EPRQMKP 与其变体 EPRQMKPGR 的性能，EPRQMKPGR 使用单一的贪婪算法修复不可行解。每个算法在 QMKPSet I 的算例上运行 40 次。表 3.18 按照 12 个算例类的形式总结了计算结果。这个实验将每个算例的最优目标值设置为 EPRQMKP 算法获得的下界。对于每个算例类，统计算法能够实现或改进已知最优（或改进）解数量的算例数、5 个平均结果的平均值 f_{avg}、5 个标准差的平均值 Δ_{SD} 和 5 次命中的平均值 H_{avg}。从表 3.18 可以看出，EPRQMKP 总是能够获得比 EPRQMKPGR 更多的最好解和更好的平均结果。此外，即便 EPRQMKP 和 EPRQMKPGR 标准差偏差不大，EPRQMKP 在命中值上也比 EPRQMKPGR 更高。应用显著性因子为 0.05 的 Wilcoxon 检验来比较两个算法获得的最优结果和平均结果，得到的 P 值为 2.48×10^{-2} 和 8.68×10^{-4}。这个结果说明这两组数据之间存在统计差异。从正秩和高于负秩和这一结果可以看出，EPRQMKP 优于 EPRQMKPGR。该实验结果证实了 EPRQMKP 的修复方法优于单一的贪婪算法。

表 3.18　修复过程不同策略的计算结果

算例	策略	最优解数量	f_{avg}	Δ_{SD}	Hit
100 - 25 - 3	EPRQMKP	5	28 288.2	0	40
	EPRQMKPGR	5	28 288.2	0	40
100 - 25 - 5	EPRQMKP	5	21 864.26	9.78	27.6
	EPRQMKPGR	5	21 862.51	10.84	26.8
100 - 25 - 10	EPRQMKP	5	15 646.83	21.37	20
	EPRQMKPGR	5	15 644.08	22.73	19.6
200 - 25 - 3	EPRQMKP	5	103 290.29	3.27	28.4
	EPRQMKPGR	4	103 273.96	6.39	15.6
200 - 25 - 5	EPRQMKP	5	76 862.77	28.34	26.8
	EPRQMKPGR	5	76 860.14	23.18	23.2
200 - 25 - 10	EPRQMKP	5	53 022.49	69.15	3.6
	EPRQMKPGR	2	53 008.23	69.01	4.4
100 - 75 - 3	EPRQMKP	5	69 606.6	0	40
	EPRQMKPGR	5	69 606.6	0	40
100 - 75 - 5	EPRQMKP	5	49 253.62	6.94	27
	EPRQMKPGR	5	49 253.45	6	28.8
100 - 75 - 10	EPRQMKP	5	30 687.12	39.31	12.8
	EPRQMKPGR	5	30 681.94	39.05	12.2
200 - 75 - 3	EPRQMKP	5	264 927.19	7.29	33.2
	EPRQMKPGR	5	264 921.86	22.93	32.2
200 - 75 - 5	EPRQMKP	5	181 443.21	44.14	12.6
	EPRQMKPGR	4	181 391.65	90.6	10.2
200 - 75 - 10	EPRQMKP	5	109 733.58	143.27	1
	EPRQMKPGR	1	109 709.86	112.5	1

3.6.4 EPRQMKP 允许搜索不可行解策略效能分析

EPRQMKP 允许在其路径重链接过程中生成不可行解。为了处理这种情况，修复方法采用不可行解作为输入，并深度探索可行边界周围的不可行区域。实际上，利用公式（3.18）中定义的评估函数，即使当前处于可行区域，搜索也始终保留重新进入不可行区域的可能性。在仅接受改进解的情况下，当不可行解具有高目标值 $f(S')$ 和低约束违反时，可能会产生从一个可行解（例如 S）到不可行解（例如 S'）的移动。本节将讨论这些功能如何有助于提高 EPRQMKP 算法的整体性能。实际上，在约束优化的文献中学者们早就认识到，允许对不可行解空间进行探索有利于结构上不同的可行解之间的高效移动，文献[49]总结了该方法的发展历程并用案例说明了该方法的有效性。在 EPRQMKP 中引入该方法，搜索在可行区域和不可行区域之间来回交叉，目的是使 EPRQMKP 能够找到高质量的解。

为了证实以上猜想，表 3.19 给出一些统计数据，即从每个算例类中选择了一个具有代表性的算例，并记录重链接方法找到该最好解 RMHit 所消耗的运行次数，以及在运行的过程中修复方法找到该最好解所消耗的次数 RPMHit。从表 3.19 中可以看出，对于算例 100－25－10－2，重链接方法在 40 次运行中有 5 次找到了算法的最好解，而对于算例 200－25－3－4，修复方法在 40 次运行中有 25 次找到了最好解。除识别改进的解之外，重链接方法和修复方法的另一个任务是为局部搜索算法（即 RTS 方法，参见第 3.2 节）提供一个良好的起点。在第 3.5 节中，EPRQMKP 优异的表现从侧面上说明了这两个方法发挥了它们应有的作用。

表 3.19　重链接方法和修复方法计算结果统计数据

算例				RMHit	RPMHit
n	d	m	I		
100	25	3	5	0/40	2/40
100	25	5	1	1/40	3/40
100	25	10	2	5/40	1/40
200	25	3	4	2/40	25/40
200	25	5	1	2/40	6/40
200	25	10	2	3/40	0/40
100	75	3	4	1/40	1/40
100	75	5	4	0/40	3/40
100	75	10	2	4/40	1/40
200	75	3	3	0/40	6/40
200	75	5	1	2/40	2/40
200	75	10	3	3/40	2/40

3.6.5　EPRQMKP 群体更新策略效能分析

EPRQMKP 始终维护一个存储精英解的参考集 ψ_{Ref} 和一个用于路径重链接的配对集 ψ_{Pair}。在每一次路径重链接和局部搜索时，如果后代解比起始解更好，则使用后代解更新 ψ_{Ref}。然后根据第 3.4.6 节中的规则立即更新 ψ_{Pair}。本章采用的 ψ_{Pair} 更新规则（由 PUS1 表示）与文献［53］提出的传统更新策略（由 PUS2 表示）不同。PUS1 在每次路径重链接后更新 ψ_{Pair}，而 PUS2 则是在完成了当前 ψ_{Pair} 中的所有解对检查时才更新 ψ_{Pair}。这两个策略相同之处是它们总是用改进的后代解替换 ψ_{Ref} 中的最差解。

除了群体更新策略，EPRQMKP 算法中还引入了重启机制。当完成 ψ_{Pair}中的所有解对的检查并且未达到停止条件时，EPRQMKP通过重新初始化 ψ_{Ref}和 ψ_{Pair}来启动新一轮的进化路径重链接过程。到目前为止找到的最佳解成为新的 ψ_{Ref}的成员，其余解的生成采用初始解生成方法。为了研究 EPRQMKP 算法的群体更新策略和重启机制的效能，下面比较四种算法变体EPRQMKP$_{1R}$（带重启的 PUS1）、EPRQMKP$_{1NR}$（无重启的 PUS1）、EPRQMKP$_{2R}$（带重启的 PUS2）、EPRQMKP$_{2NR}$（无重启的 PUS2）。这四种变体算法在除群体更新部分之外的部分完全相同。EPRQMKP$_{1R}$与 EPRQMKP 算法对比的计算结果如表 3.20 所示。从表中可以看出，具有重启机制的算法总是比没有重启机制的算法表现更好。EPRQMKP$_{1R}$（即 EPRQMKP）和EPRQMKP$_{2R}$唯一的差别是群体更新策略，可以观察到EPRQMKP$_{1R}$的表现优于EPRQMKP$_{2R}$，因为EPRQMKP$_{1R}$获得了更多已知最优解以及更优的平均结果。上述结果说明本章采用的群体更新策略和重启机制有助于提升 EPRQMKP 的性能。

表 3.20　群体更新不同策略的计算结果

策略		Restart	NoRestart
PUS1	最优解数量	60	55
	$\Delta_{GAP}^{avg}/\%$	0.00	-0.52
PUS2	最优解数量	51	51
	$\Delta_{GAP}^{avg}/\%$	-1.02	-1.14

3.7　结论

本章提出了两种高效的混合智能二次多背包算法，即 IRTS 和 EPRQMKP。这两种算法都依赖于一个高效的响应阈值搜索（RTS）过程。RTS 基于三种移动运算符（即 DROP、REALLOCATE 和

EXCHANGE）构造的三个互补邻域。RTS 的关键创新是一个指导阈值动态变化的策略，本书将其称为响应阈值。在 RTS 中，探索阶段和改进阶段交替进行。探索阶段，RTS 不断搜索三个邻域，只要邻居解的质量高于阈值，则接受该邻居解。改进阶段，只依赖两个邻域，并且只接受改进解。

由于 IRTS 算法是将 RTS 嵌入迭代局部搜索框架，因此提出了一个专用的扰动策略。EPRQMKP 算法将 RTS 与进化路径重链接相结合。除将 RTS 作为局部优化过程之外，EPRQMKP 还有三个确保算法高效的重要组件：用于创建初始精英解的参考集构造方法、用于生成从起始解到引导解的路径重链接方法、用于维护参考集的群体更新策略。鉴于 QMKP 的高度约束特征，设计了一种在路径重链接过程中探索不可行区域的方法；实验结果表明这是保证算法高性能的关键策略。

对包含 90 个基准测试算例的两个测试集进行的综合实验研究结果表明，IRTS 和 EPRQMKP 算法性能优于文献中最先进的算法。IRTS 的特点是设计简单，它刷新了 41 个算例的最优解记录，并在剩余的 19 个算例中找到了文献记录的最优解。在第一组著名的 QMKP 基准算例上，IRTS 全面超越文献中最先进的算法。EPRQMKP 进一步改进了 IRTS，它求得的最佳结果和平均结果均优于 IRTS。另外，在 30 个大规模的算例上，EPRQMKP 的优势更加明显，全面超越 IRTS 和其他参考算法。这些结果表明 EPRQMKP 是当前性能最佳的算法。此外，还对算法的各个组成部分进行了详细实验分析，结果表明算法的关键组成部分对算法性能均有重要贡献。

下一章将考虑广义二次多背包问题，该问题与 QMKP 有许多相同的约束，但比 QMKP 更加复杂。为了解决这个问题，开发了一种高效的模因算法。

第 4 章　基于模因搜索的广义二次多背包算法

广义二次多背包问题（GQMKP）是传统二次多背包问题（QMKP）的一个拓展。拓展的方面包括增加了启动成本以及物品对背包的偏好。GQMKP 是一个困难的组合优化问题。首先，提出了一种高效的模因搜索算法（memetic algorithm for GQMKP，MAGQMK），目的是说明模因搜索方法能够有效求得 GQMKP 的近似最优解。该算法结合了一个基于脊梁骨的交叉逆算符（用于产生后代解）和一个多邻域模拟退火过程（用于找到高质量局部最优解）。其次，为了防止搜索过早收敛，MAGQMK 运用了一种“质量和距离”群体更新策略。在 96 个标准测试算例上进行大量的实验，结果表明本书提出的 MAGQMK 算法表现突出，它改进了 53 个已知最好解，并且与其余 39 个已知最好解持平。再次，对一个实际应用案例做了计算实验，实验结果优于文献中前沿的算法计算所得结果，表明本章所提的方法在实际应用中也同样有效。最后，提供了深入的实验分析结果以说明本章提出的交换邻域、基于脊梁骨的交叉算符以及“质量和距离”群体更新规则对于算法的整体表现有着重要的贡献。

4.1　引言

给定一组包含 n 个物品的集合 $N = \{1, 2, \cdots, n\}$，这些物品可分为 r 个不相交的类 $C = \{C_1, C_2, \cdots, C_r\}$，其中 $C_i \cap C_j = \varnothing$，对于每个

i 和 j, $1 \leqslant i \neq j \leqslant r$。给定一组包含 m 个背包的集合 $M = \{1, 2, \cdots, m\}$，每个背包 k（$k \in M$）都有一个容量 B_k。令 $R = \{1, 2, \cdots, r\}$ 为类的索引集合，$n_i = |C_i|$ 为第 i 个类中物品的数量（$C_i \in C$, $\sum_{i=1}^{r} n_i = n$）。σ_i 是 M 的一个子集，它表示 C_i 中的物品能够选择的背包集合；$\forall (i, j)$，$1 \leqslant i \neq j \leqslant r$，$\sigma_i$ 和 σ_j 可以有交叠。β_i（$1 \leqslant \beta_i \leqslant m$）表示 C_i 中的物品可以选择的背包数量的最大值。$C_{ij} \in N$（$i \in R$, $j \in \{1, 2, \cdots, n_i\}$）表示第 i 类的第 j 个物品的索引。C_i 中每个物品都与一个启动成本 s_i 相关联，当 C_i 中的物品被分配给背包 k 时，触发 s_i 的产生；当 C_i 的多个物品被分配给背包 k 时，只会产生一个 s_i。每个物品 i（$i \in N$）都有一个权值 w_i，以及一个与背包 k（$k \in M$）相关的利润 p_{ik}（用于表示物品 i 对背包 k 的偏好）。每一对物品 i 和 j（$1 \leqslant i \neq j \leqslant n$），产生一个利润 q_{ij}。当这两个物品被分配到同一个背包时，产生 q_{ij} 并被计入优化目标值中。GQMKP 的数学模型已在第 1 章中介绍，此处不再赘述。注意，第 1 章的 GQMKP 模型是在 0－1 二次规划模型的基础上修改完善得到的，模型包含的数学符号更少、更加简洁。

在首篇研究 GQMKP 的文献［102］中，作者提出了解决该问题的三种方法。第一种方法是基于通用的 Gams/Dicopt 框架，通过集成在 Gams 系统下运行的非线性规划（nonlinear programming，NLP）或混合整数规划（mixed integer programming，MIP）求解器来求解混合整数非线性规划（mixed integer nonlinear programming，MINP）模型。第二种方法是针对 GQMKP 设计一个遗传算法（GA）。该遗传算法随机初始化一个种群，并使用二元锦标赛方法进行选择。它采用一个专门的基于单值的交叉算子和两个变异算子（基于局部交换的变异算子和基于贪婪构造的变异算子）。该算法生成的解满足除约束（1.3e）之外的所有约束。为了评估不可行解，遗传算法使用一个惩罚适应度函数，其定义为原始目标函数（公式（1.3））与每个类违反背包数量约束值的加权和。最后一种方法是将基于可行值的改进子梯度算法（modified subgradient algorithm operating on feasible values，F-MSG）和遗传算法相结合的混合算法。该方法在拉格朗日函数中加入约束（1.3e），构造F-MSG算法的子问题，然后用遗传算法求解。

本章介绍一种基于种群的遗传算法——MAGQMK，可以从以下两个方面描述该算法的贡献：

从算法的角度来看，MAGQMK 包含几项原始创新。首先，设计了一个基于脊梁骨的交叉算子来产生后代解。该运算符专门为 GQMKP 设计，能够最大限度地保留两个父代解的公共部分。其次，为了有效探索由交叉算子产生的子代解周围的搜索空间，提出了一种基于三个互补邻域的多邻域模拟退火算法。在这三个邻域中，通用交换邻域（general-exchange neighborhood）中每一个邻居解与当前解差别较大，这有助于算法更有效地探索解空间。最后，应用“质量和距离”群体更新规则，以保持群体的健康和搜索的多样性。

从计算效果的角度来看，MAGQMK 方法在 96 个基准算例上的计算结果证明了该算法性能超越了文献中前沿的算法。对于 48 个小规模的算例集，与对比算法比较，MAGQMK 获得了 6 个改进解，并找到了其他 39 个算例的已知最好解。更重要的是，对于 48 个大规模基准测试集，MAGQMK 获得了 47 个改进解。最后，用实验证明了 MAGQMK 有能力成功解决真实案例，说明了该算法处理大规模真实案例的有效性。

4.2 求解 GQMKP 的模因算法

模因算法是一个强大的搜索框架，它将进化计算和局部优化相结合。模因算法具备高效搜索局部最优解空间的能力，目的是在众多的局部最优解中寻找全局最优解。该算法框架已成功应用于解决许多困难的组合优化问题，在线性和二次背包问题中也有不少成功的应用案例。

算法 4.1 给出了针对 GQMKP 的模因算法（MAGQMK）的总体框架。首先，产生一群初始解，每个初始解利用第 4.2.3 节中介绍的多邻域模拟退火过程进行局部改进。然后，算法进入一个反复迭代的进化过程，目的是改进整个群体解的质量，直到满足一个预先设定的停止条件（通常是固定数量的迭代次数）。在每一次迭代中，该算法从群体中随机选择两个父代解，使用基于脊梁骨的交叉运算符对它们进行重新组合，生成一个子代解（参见第 4.2.4 节）；并利用多邻域模拟退火算法进一步改进子代解的质量。最后，应用基于质量和距离的规则（参见第 4.2.5 节）决定是否可以将改进的后代解插入种群中。下面详细介绍 MAGQMK 算法的每一个组件。

算法 4.1　MAGQMK **算法的伪代码**

输入：P（GQMKP 算例）
　　　p（群体大小）
　　　N_{try}^{max}（产生一个非克隆解的最大尝试次数）
输出：S^*（最好解）

/* 群体初始化，详见第 4.2.2 节 */
1. P_{PO}←Pool_ Initlialization（p，N_{try}^{max}）
2. p←|P_{PO}|　/* p 被赋值为最终获得的互补相同的个体数量 */
3. S^*←Best（P_{PO}）　/* S^* 记录当前最好解 */
/* 主要索流程 */
4. **while** 未达到停止条件 **do**
5. 　从 P_{PO} 中随机选择两个解 S_i 和 S_j
6. 　S_c←Crossver（S_i，S_j）　/* 应用基于脊梁骨的交叉算子产生一个子代解 S_c，详见第 4.2.4 节 */
7. 　S_c←MNSA（S_c）　/* 利用多领域模拟退火算法改进 S_c，详见第 4.2.3 节 */
8. 　**if** f（S_c）>f（S^*）**then**
9. 　　S^*←S_c
10. 　**end if**
11. 　P_{PO}←Pool_ Updating（S_c，P_{PO}）　/* 利用“质量和距离”策略更新 P_{PO}，详见第 4.2.5 节 */
12. **end while**

4.2.1 搜索空间、解表示和评价函数

给定一个 GQMKP 实例，MAGQMK 算法只访问可行解空间。采用一个整数向量 $\boldsymbol{S} \in \{0, 1, \cdots, m\}^n$ 对可行解进行编码，其中 n 为物品的数量，m 为背包的数量。$\boldsymbol{S}(i) = k$ ($k \in M$) 表示物品 i 分配给背包 k，而 $\boldsymbol{S}(i) = 0$ 表示物品 i 没有分配给任何背包。这种解表达也可以看作是将 n 个物品集合划分为 $m+1$ 组 $\{I_0, I_1, \cdots, I_m\}$，其中每个 $I_k(k \in M)$ 是分配给背包 k 的物品集合，而 I_0 包含所有未分配的物品。

采用 GQMKP 的目标函数 f 来评估候选解的质量。给定一个解 $S = \{I_0, I_1, \cdots, I_m\}$ 的目标值 f (S) 按下式计算：

$$f(S) = \sum_{k \in M} \Big(\sum_{i = I_k} p_{ik} + \sum_{i,j \in I_k, i \neq j} q_{ij} \Big) \tag{4.1}$$

这个函数定义了解空间中所有解的一个全序关系。给定两个解 S^1 和 S^2，如果 f (S^2) $>f$ (S^1)，则 S^2 优于 S^1。

4.2.2 种群初始化

MAGQMK 算法使用随机贪婪构造方法（randomized greedy construction method，RGCM）来产生初始种群。RGCM 继承了 GRASP 方法的精神，利用算法的随机特性，尽可能保证每次运行产生一个不同的解。RGCM 依赖于一个基于物品的密度和贡献的贪婪启发式：

（1）贡献

给定一个解 $S = \{I_0, I_1, \cdots, I_m\}$，物品 i ($i \in N$) 对背包 k ($k \in M$) 的贡献采用下式进行计算：

$$V_{\mathrm{C}}(S, i, k) = p_{ik} + \sum_{i \neq j \in I_k} q_{ij} \tag{4.2}$$

（2）密度

令 $c_{\mathrm{i}}(i)$ 表示物品 i 所在的类的索引。如果物品 i 所在类 $C_{c_{\mathrm{i}(i)}}$ 中的

另外一个物品已经包含在背包 k 中，物品 i（$i \in N$）的密度定义为其贡献 V_C（S，i，k）除以其质量，如果物品 i 是其所在的类中第一个加入背包 k 的物品，则其密度是其贡献的总和除以质量和启动成本之和。该定义的形式化描述如下：

$$D(S,i,k)=\begin{cases} V_{\mathrm{C}}(S,i,k)/w_i, & \exists j \neq i \in C_{c_i} \text{且 } j \in I_k \\ V_{\mathrm{C}}(S,i,k)/(w_i+s_{c_{i(i)}}), & \text{其他} \end{cases} \tag{4.3}$$

从一个空解 S 以及第一个背包（即 $k=1$）开始，RGCM 进入反复迭代的过程，每次随机从候选列表 L_{RC}（S，k）中选择一个未分配的物品 i（$i \in I_0$）并将其分配给背包 k。令 R（S，k）表示未选择且可以放入背包 k 的物品集合。为了构建 L_{RC}（S，k），首先将 R（S，k）的所有物品按照其密度值降序排列，然后把前 min $\{l_{rc}, |R(S,k)|\}$（其中 l_{rc} 是一个参数）个物品放入 R（S，k）中。当 R（S，k）为空时，算法检查下一个背包。直到完成最后一个背包的检查后，构造过程终止。

利用模拟退火过程对 RGCM 构造的解进一步改进（更多内容参见第 4.2.3 节）。如果改进的解尚未出现在种群中，则将其插入种群；如果它已经出现在种群中，则将其丢弃。种群的初始化过程反复迭代，直到种群中有 p（种群大小）个互不相同的个体，或者迭代次数到达最大值后仍没有出现 p 个互不相同的个体。

构建一个解的时间复杂度为 O（$n^2 \log n$），在最坏的情况下，整个种群初始化过程的时间复杂度为 O（$p * N_{try}^{max} * n^2 \log n$）。但是对于本书中使用的大多数算例，算法很容易获得 p 个不同的解，这使得初始化过程的时间复杂度接近 O（$p * n^2 \log n$）。

4.2.3 多邻域模拟退火算法

模因算法中的局部搜索十分重要。MAGQMK 的局部优化算法采用了模拟退火（SA）算法框架。多邻域模拟退火算法（multi-neighbourhood simulated annealing，MNSA）的特点是其综合使用三个不同且互补的邻域（N_R，N_{SW}，N_{GE}），MNSA 的伪代码见算法 4.2。MNSA 执行 l_n 次降温，在每个温度上，算法执行 l_{ns} 次迭代，针对每次迭代，算法综合探索三个邻域。每个解按概率 $P_r\{S \to S'\}$ 接受邻居解：

$$P_r\{S \to S'\} = \begin{cases} 1, & f(S') > f(S) \\ e^{f(S')-f(S)/T}, & f(S') \leqslant f(S) \end{cases} \tag{4.4}$$

公式（4.4）中的 T 是一个温度值。如果一个随机生成的值 x_{rd}（$x_{rd} \in [0, 1]$）小于或等于 $P_r\{S \to S'\}$（即 $x_{rd} \leqslant P_r\{S \to S'\}$），则邻居解 S' 被接受。

算法 4.2　MNSA 算法的伪代码

输入：P（GQMKP 算例）
　　　S_0（初始解）
　　　T_0（初始温度）
　　　ξ_{cr}（降温系数）
　　　l_n（内循环次数）
　　　l_{ns}（子循环次数）
输出：S^*（最好解）

1. $S \leftarrow S_0$
2. $S^* \leftarrow S_0$　/* S^* 记录历史最好解 */
3. $T \leftarrow T_0$　/* 初始化温度 */
4. **for** $i = 1$ to l_n **do**
5. 　　$T \leftarrow T * \xi_{cr}$　/* 降温 */

续

```
6.   for j = 1 to l_ns do
7.     for each N ∈ {N_R, N_SW} do
8.       for k = 1 to n do
9.         根据概率函数公式（4.3）在 N(S, k) 中搜索可行的移动解并用
           以替代 S
10.        更新最好解 S*
11.      end for
12.    end for
13.    for k = 1 to m do
14.      for each 类 c 在背包 k 中 do
15.      根据概率函数公式（4.3）在 N_GE(S, c, k) 中搜索可行的移动解并
         用以替代 S
16.      更新最好解 S*
17.       end for
18.    end for
19.  end for
20. end for
```

下面将详细介绍这三个邻域。

（1）两个传统的邻域：前两个传统的小邻域（用 N_R 和 N_{SW} 表示）由两个基本的移动运算符定义：REALLOCATE（后文简称为 REAL）和 SWAP。这两个邻域在 QMKP 问题上得到了成功的应用。这两个邻域的定义已在第 3.2.4 节介绍过，此处不再赘述；与前文的区别是，由于处在两个不同的问题背景中，因此邻域操作需要满足的问题约束不同。

（2）通用交换邻域：我们称上述两个邻域为小邻域，因为它们产生的邻居解与当前解最多只有两个变量取值上有差异。然而，通过初步实验发现，仅仅利用这些小邻域的 MNSA 在具有高维约束的 GQMKP 中表现不够理想。为了增强 MNSA 的搜索能力，引入了一种基于通用

交换算子（general-exchange operator，GENEXC）的新型大邻域，该邻域是专门为 GQMKP 设计的。与 REAL 和 SWAP 不同，GENEXC 所产生的邻居解与当前解在多个变量上取值不同。

GENEXC（k_i，c_i，k_j，c_j）移动运算符是将背包 k_i 中的 c_i 类物品与背包 k_j（$k_j \neq k_i$）中的 c_j（$c_j \neq c_i$）进行交换，但是简单地交换这些物品可能会出现不可行的解。GENEXC 运算符使用了一种“移除 - 构造”方法来保证交换后邻居解的可行性。准确地说，GENEXC（k_i，c_i，k_j，c_j）首先删除所有分配给背包 k_i 的 C_{c_i} 物品，并删除所有分配给背包 k_j 的 C_{c_j} 物品。然后将尚未分配的且密度值高的 C_{c_j} 物品填充到背包 k_i；类似地，将尚未分配的且密度值高的 C_{c_i} 物品填充到背包 k_j。将未分配的物品插入目标背包之前检查所有约束。如果插入操作导致不可行解，则跳过此物品并测试下一个密度值最高的物品。GENEXC 运算符使得结构不同的可行解在邻域结构中相互邻接。在很多情况下，凭借 SWAP 和 REAL 运算符中任意一个无法建立这种邻接关系。为了说明这一点，考虑一个简单的 GQMKP 实例，见图 4.1。左边显示实例的输入数据，右边显示两个可行解。在这个例子中，从解决方案 1 到解决方案 2 的转

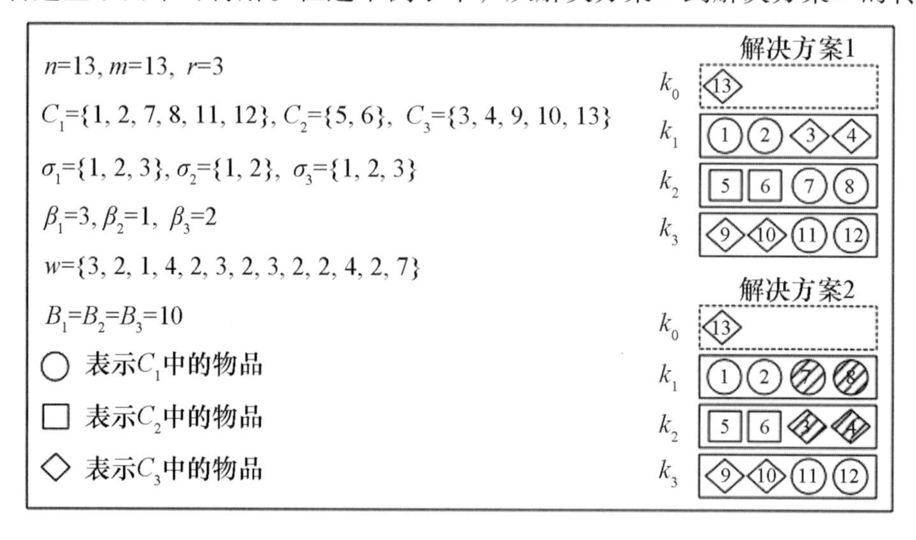

图 4.1　GENEXC 邻域的一个具体示例

换是不可能通过应用 SWAP 或 REAL 运算符来实现的，但是可以通过 GENEXC（$k_i=1$，$c_i=3$，$k_j=2$，$c_j=1$）来实现；也就是说，将背包 1 中的第 3 类物品与背包 2 中的第 1 类物品交换。在某些情况下，从一个解转换到另一个解需要大量的 SWAP 运算符和 REAL 运算符的组合，GENEXC 可以轻易地实现这种转换，使邻域搜索更加直接和高效。GENEXC 的高性能表现还有一个重要原因：从两个不同的背包交换两个不同类别的物品不会违反约束（1. 3e）（一个类别的物品只能分配给一组背包）。

给定一个背包 k_{i_0} 和一个类 c_{i_0}，GENEXC 算子产生的邻居解集合可用下式确定：

$$N_{GE}(S,\ k_{i_0},\ c_{i_0}) = \{S':\ S'=S\oplus \mathrm{GENEXC}(k_{i_0},\ c_{i_0},k_j,\ c_j),\ k_j\neq k_{i_0}\in M,\ c_j\neq c_{i_0}\in R\} \quad (4.5)$$

关于这三个邻域对算法效能的贡献，将在第 4. 4. 2 节论述。

4. 2. 4　基于脊梁骨的交叉运算符

除了局部优化过程，交叉运算符是 MAGQMK 算法的另一个关键组件。一个成功的交叉操作通常应该结合具有问题特征的启发式，并且应该能够将有意义的特征从父代解传递给子代解。为了设计一个针对问题特征的特殊交叉算子，可以把 GQMKP 看作一个约束分组问题。如第 4. 2. 1 节所述，GQMKP 的一个解可以看作是 n 个物品被划分成 $m+1$ 组。对于分组问题，操作一组物品比操作单个物品更自然、更直接。这种设计交叉算子的思想在解决图像着色、装箱、图划分等分组问题上取得了很好的效果。与上述问题不同的是，在GQMKP问题中，设计这样的一个交叉运算符还必须考虑与问题相关的各种约束。

初步实验表明，高质量的局部最优解共享多个分组物品。因此，总是分在同一组的物品很可能是全局最优或高质量解的一部分。根据这一观察结果，提出的交叉算子的总体思想是将来自父代解的贡献最大的物品相同分组保留给子代解，并从两个父代解中按照相等的概率为其余物品选择分组。

定义1 给定两个父解 $S^1=\{I_0^1, I_1^1, \cdots, I_m^1\}$，$S^2=\{I_0^2, I_1^2, \cdots, I_m^2\}$，令 H 为 S^1 和 S^2 中具有相同分组的物品集合，即 $H=\cup_{k=0}^{m}(I_k^1\cap I_k^2)$，$S^1$ 和 S^2 的脊梁骨 H^b 是 H 的一个子集，使得 H 的每个物品都是对两个父代解均有贡献的物品，即 $H^b=H\backslash(I_0^1\cap I_0^2)$。

定义1排除了没有贡献的物品，因为它们的密度通常很小，不太可能是最优解的一部分。基于脊梁骨的概念，对于每个父代解，我们从 $m+1$组物品中取出 m 组已分配的物品进行交叉。基于脊梁骨的交叉过程包括三个主要步骤，见算法4.3。

算法4.3 基于脊梁骨的交叉操作伪代码

输入：$S^1=\{I_0^1, I_1^1, \cdots, I_m^1\}$ 和 $S^2=\{I_0^2, I_1^2, \cdots, I_m^2\}$（两个父代解）

输出：$S^0=\{I_0^0, I_1^0, \cdots, I_m^0\}$（子代解）

/* 步骤1：组匹配 */

1. 令 $E=\{(g_i^1, g_j^2)\mid i\in M, j\in M\}$ 表示 S^1 和 S^0 两个解组成的 $m\times m$ 背包组；针对每个组合 $(g_i^1, g_j^2)\in E$，计算相同物品的数量 $w_{g_i^1g_j^2}$
2. $J\leftarrow\varnothing$
3. **repeat**
4. 从 E 中选择 $w_{g_i^1g_j^2}$最大的组合 (g^1, g^2)
5. $J\leftarrow J\cup\{(g_i^1, g_j^2)\}$
6. 从 E 中移除所有与 g_i^1 和 g_j^2 相关的组合
7. **until** $E=\varnothing$

/* 调整背包的编号 */

8. $x_{rd}\leftarrow$random $\{0, 1\}$
9. **for** each $(g_i^1, g_j^2)\in J$ **do**
10.   **if** $x_{rd}=0$ **then**

续

11. 　　给 S^2 中的组 g_j^2 赋予标签 g_i^1
12. 　**else**
13. 　　给 S^1 中的组 g_i^1 赋予标签 g_j^2
14. 　**end if**
15. **end for**

　/* 步骤 2：创建一个基于脊梁骨 H^b 的部分解 */

16. **for** i：$=1$ to m **do**
17. 　$I^0=\varnothing$
18. 　$H_i^b \leftarrow I_i^1 \cap I_i^2$；$H_i^{N1} \leftarrow I_i^1 \setminus H_i^b$；$H_i^{N1} \leftarrow I_i^2 \setminus H_i^b$
19. 　$I_i^0 \leftarrow I_i^0 \cup H_i^b$
20. 　$R^1(S^0, i) \subseteq H_i^{N1}$ 表示 H_i^{N1} 中的一个子集，这些物品能够加入 I_i^0
　　$R^2(S^0, i) \subseteq H_i^{N2}$ 表示 H_i^{N2} 中的一个子集，这些物品能够加入 I_i^0
21. 　$l \leftarrow 1$
22. 　**while** $R^1(S^0, i) \neq \varnothing$ or $R^2(S^0, i) \neq \varnothing$ **do**
23. 　　**if** l 是奇数或 $R^2(S^0, i) \neq \varnothing$, **then**
24. 　　　$A \leftarrow 1$
25. 　　**else**
26. 　　　$A \leftarrow 2$
27. 　　**end if**
28. 　从 $R^A(S^0, i)$ 选择一个密度最高的物品 o
29. 　$I_i^0 \leftarrow I_i^0 \cup \{o\}$；$H_i^{NA} \leftarrow H_i^{NA} \setminus \{o\}$
30. 　更新 $R^1(S^0, i)$ 和 $R^2(S^0, i)$
31. 　$l \leftarrow l+1$
32. 　**end while**
33. **end for**

　/* 步骤 3：形成一个完整的解 */

34. 背包随机排序并存放在 S^G 中，$R(S^0, i)$ 存放所有能够放入 I^0 但是未被选中的物品

续

```
35. for i ∈ S^G do
36.   while R(S^0, i) ≠ ∅ do
37.     从 R(S^0, i) 选择一个密度最高的物品 o
38.     I_i^0 ← I_i^0 ∪ {o}
39.     更新 R(S^0, i)
40.   end while
41. end for
```

下面将详细描述这三个步骤的细节。

步骤 1：组匹配

在 GQMKP 问题中，给定两个父代解，第一个解中的第一组（即第一个背包）与第二个解中的第二组（即第二个背包）匹配是因为这两个组拥有最大数量的相同物品。因此，交叉的第一步是找到两个解组与组之间的完美匹配，以找出两个父代解的最大数量的公共物品。这相当于在一个完全二分图 G（V，E）中找到一个最大权值匹配，其中 V 由 m 个左顶点和 m 个右顶点组成，它们分别对应于第一个解和第二个解的所有分组；每条边（g_i^1，g_j^2）$\in E$ 都与一个权值 $w_{g_i^1 g_j^2}$ 相关联，权值 $w_{g_i^1 g_j^2}$ 定义为第一个解的 g_i^1 组和第二个解的 g_j^2 组相同物品的个数。采用经典的匈牙利算法求解最大权值匹配问题。由于在 GQMKP 问题中，为每次交叉操作调用这个算法计算代价太高（计算复杂度为 $O(n+m^3)$）；因此采用一个快速贪婪算法寻找近似最优的权值匹配。贪婪算法反复从边集合中选择一条权值最大的边（g_i^1，g_j^2）$\in E$，然后从 E 中删除所有与顶点 g_i^1 和顶点 g_j^2 相关的边。重复这个过程，直到 E 变为空（算法 4.3 的第 3 ~ 9 行）。完成组编号的调整后，步骤 1 结束。最后，随机选择一个解，根据另一个解中相匹配的组的编号来调整该解中组的编号（算法 4.3 的第 10 ~ 17 行）。

步骤2：创建一个基于脊梁骨 H^b 的部分解

令 I_i^1 和 I_i^2 分别表示解1和解2中第 i 组的目标集合；H_i^b 表示第 i 组的公共物品的索引集，即 $H_i^b = I_i^1 \cap I_i^2$；H_i^{N1} 和 H_i^{N2} 表示解1和解2的第 i 组物品中不相同的物品索引集，即 $H_i^{N1} = I_i^1 \setminus H_i$、$H_i^{N2} = I_i^2 \setminus H_i$；令 I_i^0 表示后代解中第 i 组的物品集合（初始化时 $I_i^0 = \varnothing$）。对于每一对匹配组，首先，将脊梁骨保存至后代解中相应的组，即 $I_i^0 \leftarrow I_i^0 \cup H_i^b$。令 $R^1(S^0, i) \subseteq H_i^{N1}$ 表示 H_i^{N1} 物品的一个子集，这些物品可以分配给 I_i^0，同时满足公式（1.3）的所有约束；$R^2(S^0, i) \subseteq H_i^{N2}$ 表示 H_i^{N2} 物品的一个子集，这些物品可以分配给 I_i^0，同时满足公式（1.3）的所有约束。然后在奇数步上从 $R^1(S^0, i)$（偶数步上则从 $R^2(S^0, i)$）中选择一个密度最高的物品。一旦一个物品被选中并加入 I_i^0，它就会从相应的集合（H_i^{N1} 或 H_i^{N2}）中删除，并相应地更新 $R^1(S^0, i)$ 和 $R^2(S^0, i)$。这个过程一直持续到 $R^1(S^0, i)$ 和 $R^2(S^0, i)$ 都变为空。将这个过程应用于 m 个组，最终得到了一个部分解，其中一些组（背包）可能还有很大的剩余空间（算法4.3的第18~31行）。

步骤3：形成一个完整的解

贪婪构造策略将一些未分配的物品加入部分解中背包的空余处。具体地说，将 m 个组（背包）随机排序并将其放入集合 S^G 中。令 $R(S^0, i)$ 表示未分配且能够分配给 I_i^0 的物品集合。对于每个组 $i \in S^G$，继续从 $R(S^0, i)$ 中选择一个密度最高的物品，直到 $R(S^0, i)$ 成为空。这个过程反复进行，直到所有背包都被检验（算法4.3的第32~38行）。

为了便于读者理解，本书使用一个具体的例子（图4.2）说明基于脊梁骨的交叉运算符的主要步骤。图4.2中有19个物品和3个背包，同时给定两个父代解 S^1 和 S^2。在步骤1中，利用快速贪婪算法对 S^1 和 S^2 的背包进行匹配，得到的结果是 S^1-k_1 匹配 S^2-k_3、S^1-k_2 匹配 S^2-k_1、S^1-k_3 匹配 S^2-k_2。在步骤2中，首先保留脊梁骨物品（即图4.2中的斜纹部分），然后从父代解中反复地加入密度最高的物品（从

S^1-k_1 加入物品 7，从 S^1-k_2 加入物品 18，从 S^2-k_1 加入物品 2 以及从 S^2-k_2 中加入物品 11），得到一个部分解。在步骤 3 中，部分解通过将一些未分配的物品（子代解的虚拟背包 k_0 中的物品）分配给其他背包（将物品 15 和 16 分配给 k_1，物品 17 分配给 k_2，物品 4 和 6 分配给 k_3）。

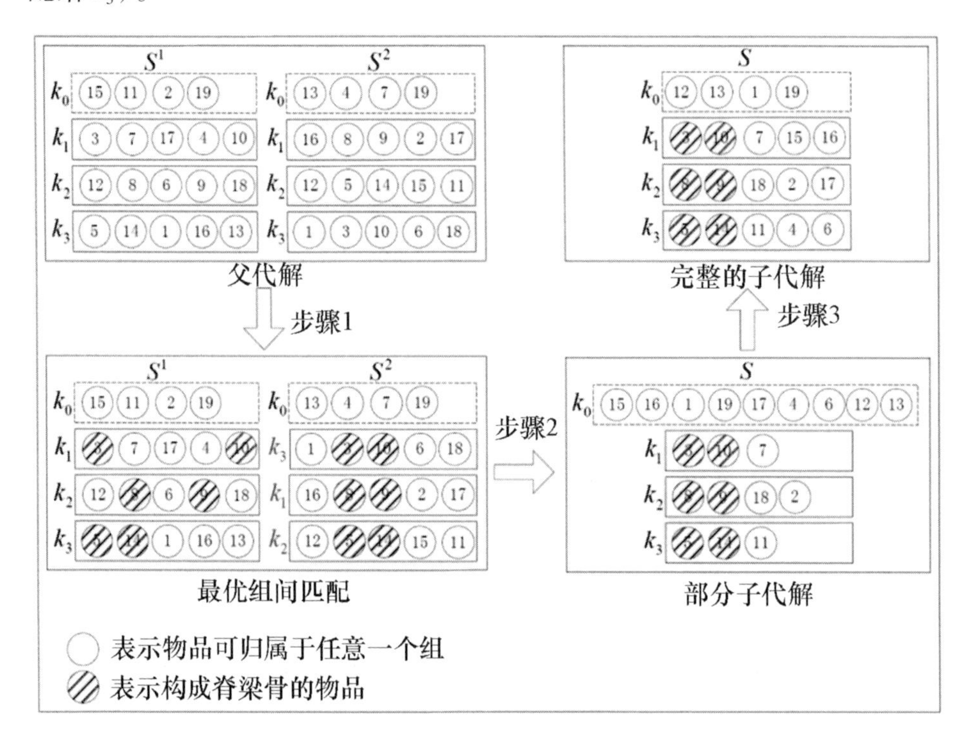

图 4.2　基于脊梁骨的交叉运算符工作步骤

计算边权值和寻找最大权值匹配的时间复杂度分别为 $O(n)$ 和 $O(m^2)$，本章提出的贪婪组匹配算法的时间复杂度为 $O(n+m^2)$。在步骤 2 和步骤 3 的最坏情况下，查找密度最高的物品时间复杂度为 $O(n)$，并且最多重复 n 次。因此，在最坏的情况下，基于脊梁骨的交叉过程的时间复杂度为 $O(m^2+n^2)$。

4.2.5 群体更新策略

避免过早收敛是群体算法的另一个关键问题。为了解决这个问题，本书提出了一个“质量-距离”更新策略，以决定是否应该将新生成的子代解 S^0 插入种群中。“质量-距离”（quality and distance，QD）策略，顾名思义，既考虑解的质量，又考虑种群中个体之间的距离，以保证种群的多样性。由于 GQMKP 可以看作一个分组问题，因此该问题适合采用著名的集合划分距离。给定两个解 S^1 和 S^2，它们之间的距离 $\omega_{\mathrm{dist}}(S^1, S^2)$ 可按下式计算：

$$\omega_{\mathrm{dist}}(S^1, S^2) = n - \varphi_{\mathrm{sim}}(S^1, S^2) \tag{4.6}$$

式中，相似度 $\varphi_{\mathrm{sim}}(S^1, S^2)$ 为一个互补的测度，表示解 S^1 和 S^2 最大数量的共同物品。应用第4.2.4节中介绍的组匹配算法来获得相似度 $\varphi_{\mathrm{sim}}(S^1, S^2)$ 的值。给定一个群体 $P_{\mathrm{PO}} = \{S^1, S^2, \cdots, S^p\}$，以及一个距离矩阵 ω_{dist}，其中 $\omega_{\mathrm{dist}\,ij}$ 表示个体 S^i 和 S^j（$i \neq j$ 且 $i, j \in \{1, 2, \cdots, p\}$）之间的距离，则 S^i 和 P_{PO} 中任意其他个体之间的平均距离可按下式计算：

$$\omega_{\mathrm{dist}\,i}^{\mathrm{avg}}, P_{\mathrm{PO}} = \Big(\sum_{S^j \in P_{\mathrm{PO}}, j \neq i} \omega_{\mathrm{dist}\,ij}\Big)/p \tag{4.7}$$

“质量-距离”群体更新过程的总体方案见算法4.4。首先，将子代解 S^0 插入种群；然后，使用以下质量与距离适应度（quality and distance fitness，QDF）函数对种群中的所有解进行评估：

$$\mathrm{QDF}(S^i) = \alpha \times \mathrm{OR}\ (f\ (S^i)) + (1-\alpha) \times \mathrm{DR}\ (\omega_{\mathrm{dist}\,i}^{\mathrm{avg}}, P_{\mathrm{PO}}) \tag{4.8}$$

式中，$\mathrm{OR}\ (f\ (S^i))$ 和 $\mathrm{DR}\ (\omega_{\mathrm{dist}\,i}^{\mathrm{avg}}, P_{\mathrm{PO}})$ 分别为解 S^i 的排序和群体的平均距离；α 为一个参数，根据初步实验将其设置为 $\alpha = 0.6$。这个参数设置以及公式（4.8）确保了目标值最好的个体不会从种群中被移除，这就是群体更新策略中包含的精英属性。最差的解 S^{w} 对应于 $\mathrm{QDF}(S^i)$ 值最大的个体。如果 S^0 与 S^{w} 不同，则用 S^0 代替 S^{w}，否则舍弃 S^0。

算法4.4　“质量-距离”群体更新过程的伪代码

输入：$P_{PO}=S^1$，S^2，$\cdots S^p$（一个群体）

S^0（一个子代解）

输出：P_{PO}（更新后的群体）

1. $P_{PO} \leftarrow P_{PO} \cup \{S^0\}$　/*将 S^0 插入群体中*/
2. **for** $S^i \in P_{PO}$ **do**
3. 　按照公式（4.6）计算 $\omega_{\text{dist } i}^{\text{avg}}$，$P_{PO}$
4. 　按照公式（4.7）计算 $\text{QDF}(S^i)$
5. **end for**
6. 确定最差解 S^w：$S^w=\text{argmax}\{\text{QDF}(S^i) \mid S^i \in P_{PO}\}$　/*找到群体中最差的解*/
7. **if** $S^0 \neq S^w$ **then**
8. 　$P_{PO} \leftarrow P_{PO} \setminus \{S^w\}$　/*从群体中移除最差的解*/
9. 　**else**
10. 　$P_{PO} \leftarrow P_{PO} \setminus \{S^0\}$　/*从群体中移除 S^0*/
11. **end if**

在整个搜索过程中维护一个距离矩阵。每当向种群中插入一个新的解 S^0 时，需要计算出 S^0 和 P_{PO} 中任何其他解之间的距离，这需要的时间复杂度为 $O(p(n+m^2))$（其中包含了贪婪组匹配过程所需的时间复杂度 $O(n+m^2)$，更多详细内容参见第4.2.4节）。其他距离从 ω_{dist} 中获取。群体更新过程的其他操作，包括计算 $\omega_{\text{dist } i}^{\text{avg}}$，$P_{PO}$ 和 $\text{QDF}(S^i)$，并确定最坏的解，这些操作的时间复杂度为 $O(p^2+2p)$。如果接受 S^0 并且移除 S^w，则 ω_{dist} 需要更新，这个过程需要 $O(p)$ 时间。因此，群体更新过程的整体时间复杂度为 $O(p(n+m^2+p))$。

4.3 计算结果分析

本节对 MAGQMK 算法进行了实验评估。实验记录了 MAGQMK 在 96 个标准测试算例上计算所得结果，并与文献中性能最佳算法的计算结果进行比较，实验结果表明 MAGQMK 全面超越了文献中最好的算法。在本节的最后，还研究了一个实际案例：使用注塑机生产塑料部件问题，该问题可建模为一个 GQMKP 问题，实验结果表明 MAGQMK 在解决该实际应用问题上同样表现优异。

4.3.1 实验配置

（1）测试算例

96 个 GQMKP 标准测试算例隶属于两个不同的集合 GQMKPSet Ⅰ和 GQMKPSet Ⅱ，算例的原始数据可以通过 http://endstri.ogu.edu.tr/personel/akademik personel/Tugba Sarac_Test_Instances/G-QMKP-instances.rar 获取。GQMKPSet Ⅰ由 48 个小规模算例组成，物品数量 $n=30$，背包数量 $m=\{1, 3\}$。GQMKPSet Ⅱ由 48 个大规模算例组成，物品数量 $n=300$，背包数量 $m\in\{10, 30\}$。

（2）参数

MAGQMK 包含多个算法参数，这些参数的取值见表 4.1，参数值采用下述方式确定。对于 p、l_n、l_{ns}、ξ_{cr} 这四个参数，我们针对每一个参数测试了几个备选值，同时将其他参数固定为一个默认值，然后选择一个使算法性能达到最佳的值。第 4.4.1 节已经解释了为什么选择 200 作为 MNSA 内循环 l_n 的取值，此处不再赘述。对于初始温度 T_0，使用表 4.1 给出的公式确定它的取值。实验结果表明初始解的目标值 f_0 与初始温度 T_0 满足一个二次关系，其具体公式为 $T_0=\alpha\times(f_0+b)^2/c+d$。我们选择了四个具有代表性的算例，这些算例的初始目标值 f_0

从小到大分布，并为每一个算例手工配置一个最合适的 T_0。根据四对 T_0、f_0 值，通过求解联立方程组得到了 f_0 与 T_0 之间的关系。本节所述的所有实验均使用了表 4.1 的参数值。需要注意的是，在不同的实验中，对参数进行微调可以得到更好的结果。

表 4.1　MAGQMK 算法参数配置

参数	参数描述	参数值	章节号
p	群体大小	10	4.2.2
N_{try}^{max}	为产生一个非克隆的解，允许算法尝试的最大次数	20	4.2.2
l_n	内循环次数	200	4.2.3
l_{ns}	子循环次数	2	4.2.3
T_0	初始温度	$\frac{5.0\times(f_0+5\,000)^2}{100\,000\,000}+2.0$	4.2.3
ξ_{cr}	降温系数	0.99	4.2.3

本实验采用 C++ 编码实现 MAGQMK 算法，在 GNU gcc 4.1.2 上使用“-O3”编译优化选项编译。计算机处理器为 AMD 皓龙 4184（2.8 GHz和 2 GB 内存），操作系统为 Ubuntu 12.04。在不使用编译优化选项时，求解 DIMACS 机器标准测试算例 r300.5、r400.5 和 r500.5，在实验机器上的运行时间分别是 0.40 s、2.50 s 和 9.55 s。

4.3.2　MAGQMK 算法的计算结果

本节记录了 MAGQMK 算法在两种不同的停止条件下（短时间限制为 100 代，长时间限制为 500 代）对两组（GQMKPSet Ⅰ 和 GQMKPSet Ⅱ）共 96 个标准测试算例的计算结果。使用第二个停止条件的目的是研究 MAGQMK 算法在 48 个大规模算例集上长时间运行的表现。对于每个停止条件和每个算例，算法均运行 30 次。

MAGQMK 算法对 GQMKPSet Ⅰ和 GQMKPSet Ⅱ算例的计算结果见表 4.2 ~ 表 4.4。在这两个表中，第 1 列到第 4 列是刻画每个算例的特征参数，包括算例标识号 N_o、背包的数量 k、类的数量 r 和密度 d。第 5 列显示了每个算例在文献中的已知最好结果 f_{bk}，这些结果通过文献中三个效果最优的算法计算得到。其余列显示 MQGQMK 算法的计算结果，包括 30 次运行中获得的最佳目标值 f_b、30 个最好目标值的平均值 f_{avg}、30 个最好目标值的标准偏差 Δ_{SD}、30 次运行中第一次达到 f_b 值的 CPU 时间 t_b（以秒为单位）和每次运行中第一次遇到最佳解的时间平均值 t_{avg}。

为了给出 MAGQMK 算法与现有算法对比的总体概览，图 4.3 中展示了两组算例的最佳结果和平均结果对比图。图的横轴表示算例序号，该序号是算例在表 4.2 ~ 表 4.4 出现的顺序；纵轴表示 MAGQMK 算法的结果与已知最好结果之间的百分比差距，计算方法为（$f - f_{bk}$）* $100/f_{bk}$，式中 f 是 MAGQMK 的最佳解或平均解目标值。纵轴大于 0 意味着 MAGQMK 在相应的算例上刷新了已知最好结果。

对于 GQMKSet Ⅰ中的 48 个小规模算例，表 4.2 和图 4.3（a）显示 MAGQMK 算法能够在 45 个算例上达到最好的已知的结果（比例为 93.75%），其中在 7 个算例上刷新了已知最好解（见表 4.2 标星号的值和图 4.3（a）中绿色标注的点）。在 48 个算例中，有 37 个平均结果优于或等于文献中的已知最好结果（见图 4.3（b））。此外，对于其中 38 个算例，MAGQMK 获得了完美的标准偏差（即 $\Delta_{SD} = 0$），这意味着只要运行一次 MAGQMK 就可以获得这些算例的最佳解。最后，MAGQMK 计算效率非常高，能够在很短的计算时间内（通常不到 1 s）找到最佳解。实际上，在 GQMKPSet Ⅰ的所有算例中，最佳解获得时间 t_b 的平均值为 0.07 s，平均求解时间在 48 个算例上的平均值为 0.35 s。

对于 GQMKSet Ⅱ中的 48 个大规模算例，从表 4.3 ~ 表 4.4 和图

4.3（c）可以看出，在短时间限制（即100次迭代）内，MAGQMK算法表现卓越。除一个算例（1-2）之外，MAGQMK改进了所有已知的结果。此外，即便是其平均结果，也有45例能够达到或改善之前的最佳结果，这个比例高达93.75%，见图4.3（d）。平均标准偏差为43.37，这在多数最佳目标值超过1万的情况下是一个很小的数值。最后，可以观察到这些结果是在一个合理的计算时间内得到的：最佳解时间的平均值是601.57 s；计算时间的平均值是693.02 s。

当给定一个较长的时间限制时，MAGQMK算法能够找到更好的结果。特别是，MAGQMK（500次迭代）进一步改进了28个MAGQMK（100次迭代）获得的最好解（见图4.3（c）中的洋红色正方形点）。MAGQMK（500次迭代）的平均结果在44个算例上优于MAGQMK（100次迭代）（见图4.3（d）中的洋红色正方形点）。此外，MAGQMK（500次迭代）使得标准差Δ_{SD}的平均值从MAGQMK（100次迭代）的43.37降至36.02。最佳解时间的平均值为2 673.27 s，计算时间的平均值为3 025.82 s，仍然在可接受的范围内。

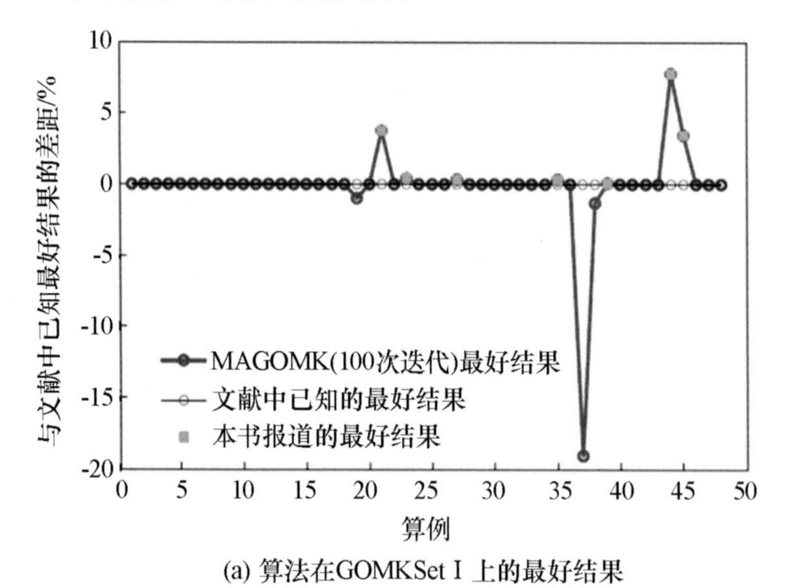

(a) 算法在GOMKSet I 上的最好结果

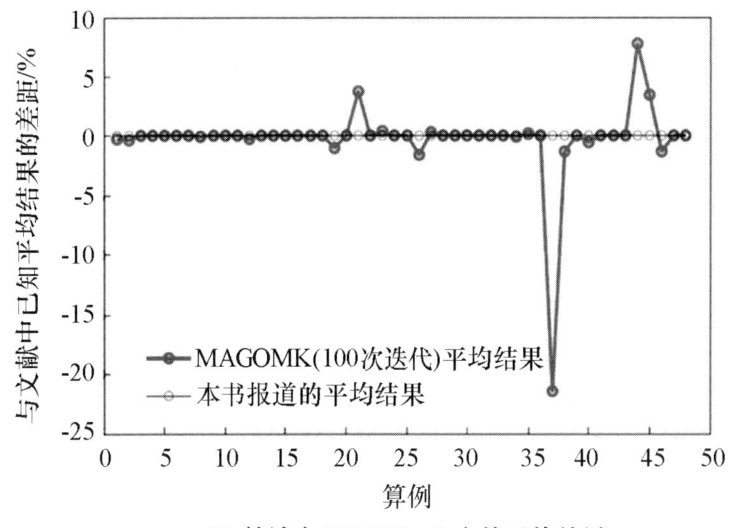

(b) 算法在GOMKSet Ⅰ 上的平均结果

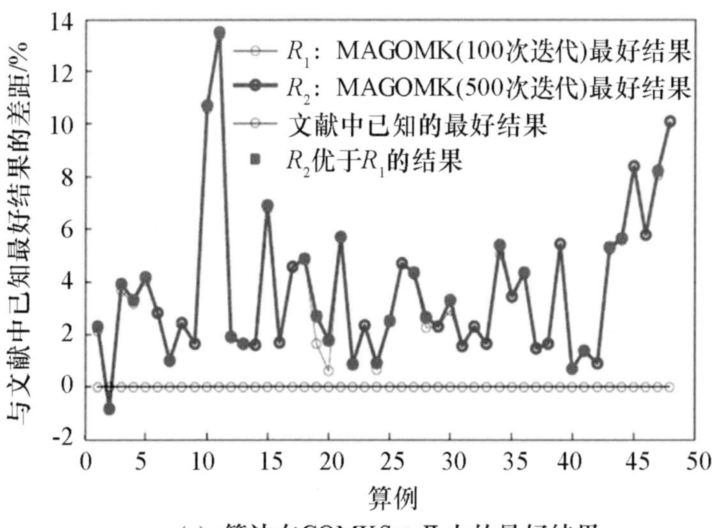

(c) 算法在GOMKSet Ⅱ 上的最好结果

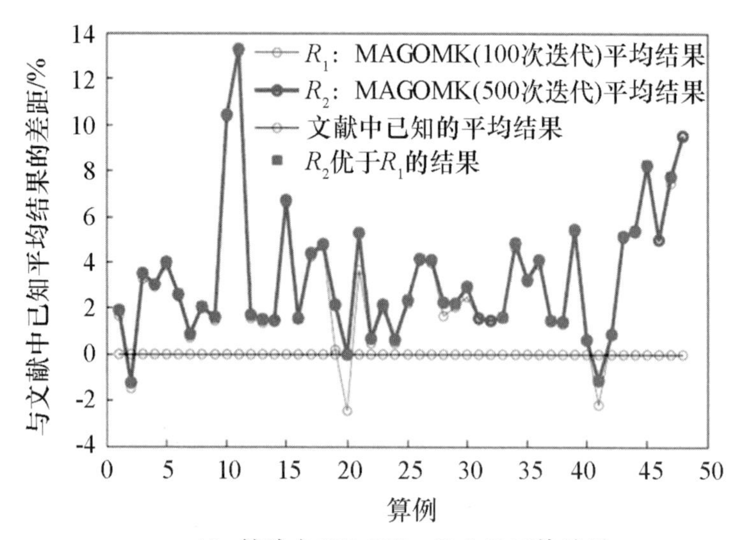

(d) 算法在GOMKSet Ⅱ上的平均结果

图 4.3　MAGQMK 在标准测试算例上的计算结果（见彩插）

表 4.2　MAGQMK 在 GQMKSet Ⅰ中 48 个小规模算例上的计算结果

算例				f_{bk}	MAGQMK				
编号	k	d	r		f_b	f_{avg}	Δ_{SD}	t_b/s	t_{avg}/s
5－1	3	15	1	2 835.3	**2 835.3**	2 828.22	21.24	0.48	1.23
5－2	3	15	1	3304.8	**3 304.8**	3 293.9	22.89	0.02	0.83
5－3	3	15	1	1 678	**1 678**	1678	0	0.01	0.01
6－1	1	3	0.25	346.4	**346.4**	346.4	0	0.01	0.01
6－2	1	3	0.25	554	**554**	554	0	0.01	0.01
6－3	1	3	0.25	428.7	**428.7**	428.7	0	0.01	0.01
8－1	3	15	0.25	309.21	**309.21**	309.21	0	0.02	0.91
8－2	3	15	0.25	353.85	**353.85**	353.69	0.47	0.02	0.11
8－3	3	15	0.25	541.57	**541.57**	541.57	0	0.03	0.03
15－1	1	3	0.25	91.54	**91.54**	91.54	0	0.01	0.32

续表

算例				f_{bk}	MAGQMK				
编号	k	d	r		f_b	f_{avg}	Δ_{SD}	t_b/s	t_{avg}/s
15－2	1	3	0.25	306.38	**306.38**	306.38	0	0.01	0.02
15－3	1	3	0.25	75.62	**75.62**	75.45	0.33	0.09	0.37
18－1	1	3	1	5 387.7	**5 387.7**	5 387.7	0	0.01	0.01
18－2	1	3	1	8 551.08	**8 551.08**	8 551.08	0	0	0
18－3	1	3	1	7 760.51	**7 760.51**	7 760.51	0	0	0
20－1	1	15	1	1 599.85	**1 599.85**	1 599.85	0	0.01	0.01
20－2	1	15	1	925.59	**925.59**	925.59	0	0.01	0.01
20－3	1	15	1	931.33	**931.33**	931.33	0	0	0.01
22－1	3	3	0.25	1 923.61	1 904.86	1 904.86	0	0.02	0.02
22－2	3	3	0.25	1 314.09	**1 314.09**	1 314.09	0	0.01	0.01
22－3	3	3	0.25	1 734.09	**1 799.09** *	1 799.09	0	0.02	0.02
23－1	3	3	1	471	**471.00**	471	0	0.02	0.02
23－2	3	3	1	955.7	**959.70** *	959.7	0	0.02	0.06
23－3	3	3	1	1 241	**1 241**	1 241	0	0.04	0.32
25－1	3	15	1	2 118.33	**2 118.33**	2 118.33	0	0.13	1.52
25－2	3	15	1	4 262.64	**4 262.64**	4 195.05	30.84	1.10	1.66
25－3	3	15	1	2 951.9	**2 962.06** *	2 962.06	0	0.03	1.03
26－1	1	15	1	1 747.6	**1 747.6**	1 747.6	0	0.01	0.01
26－2	1	15	1	2 433.6	**2 433.6**	2 433.6	0	0.01	0.01
26－3	1	15	1	2 293.2	**2 293.2**	2 293.2	0	0.01	0.01
27－1	1	15	0.25	2 247.95	**2 247.95**	2 247.95	0	0.01	0.01
27－2	1	15	0.25	1 966.52	**1 966.52**	1 966.52	0	0.01	0.01
27－3	1	15	0.25	1 383.49	**1 383.49**	1 383.49	0	0.01	0.01
28－1	1	15	0.25	978.8	**978.8**	978.07	1.04	0.01	0.12

续表

算例				f_{bk}	MAGQMK				
编号	k	d	r		f_b	f_{avg}	Δ_{SD}	t_b/s	t_{avg}/s
28 - 2	1	15	0. 25	4 024. 7	**4 036** *	4 035. 62	2. 03	0. 01	0. 04
28 - 3	1	15	0. 25	2 634	**2 634**	2 634	0	0. 01	0. 01
29 - 1	3	3	0. 25	1 935. 8	1 567. 6	1 520. 33	87. 24	0. 13	0. 19
29 - 2	3	3	0. 25	2 820	2 782	2 782	0	0. 01	0. 1
29 - 3	3	3	0. 25	3 283. 6	**3 285. 6** *	3 285. 6	0	0. 01	0. 05
30 - 1	3	3	1	721. 39	**721. 39**	717. 27	1. 84	0. 31	0. 4
30 - 2	3	3	1	612. 59	**612. 59**	612. 59	0	0. 03	0. 03
30 - 3	3	3	1	1 032. 35	**1 032. 35**	1 032. 35	0	0. 03	0. 04
31 - 1	3	15	0. 25	491. 9	**491. 9**	491. 90	0	0. 04	1. 52
31 - 2	3	15	0. 25	594	**640** *	640. 00	0	0. 06	0. 49
31 - 3	3	15	0. 25	508. 6	**526. 10** *	526. 10	0	0. 26	5. 37
32 - 1	1	3	1	11 425. 2	**11 425. 2**	11 271. 9	51. 09	0. 07	0. 02
32 - 2	1	3	1	15 914. 2	**15 914. 2**	15 914. 2	0	0	0
32 - 3	1	3	1	19 273. 5	**19 273. 5**	19 273. 5	0	0	0

注：算法的停止条件为 100 次迭代，加粗的值表示已知最好结果，加星号的值表示改进的结果。

表 4. 3　MAGQMK 在 GQMKSet Ⅱ 中 48 个大规模算例上的计算结果 1

算例				f_{bk}	MAGQMK（100 次迭代）				
编号	k	d	r		f_b	f_{avg}	Δ_{SD}	t_b/s	t_{avg}/s
1 - 1	10	30	0. 25	4 978. 47	**5 082. 97** *	5 060. 21	11. 30	218. 77	1 620. 36
1 - 2	10	30	0. 25	4 889. 58	4 845. 33	4 817. 11	8. 97	272. 15	1 636. 17
1 - 3	10	30	0. 25	5 675. 36	**5 881. 10** *	5 861. 97	8. 39	2 148. 42	1 712. 68
2 - 1	30	150	0. 25	2 524. 39	**2 604. 31** *	2 598. 32	3. 4	615. 57	900. 21

续表

算例				f_{bk}	MAGQMK（100 次迭代）				
编号	k	d	r		f_b	f_{avg}	Δ_{SD}	t_b/s	t_{avg}/s
2－2	30	150	0. 25	2 193. 87	**2 282. 24***	2 278. 67	1. 83	958. 83	870. 25
2－3	30	150	0. 25	2 507. 89	**2 578. 14***	2 570. 96	2. 8	1 228. 02	624. 71
3－1	10	150	0. 25	31 873. 8	**32 177***	32 105. 6	70. 47	881. 95	603. 21
3－2	10	150	0. 25	39 356	**40 302. 4***	40 141. 8	73. 68	65. 94	321. 64
3－3	10	150	0. 25	32 236. 4	**32 766. 7***	32 715. 8	22. 25	507. 15	518. 1
4－1	10	150	1	8 172. 4	**9 038***	9 017. 74	8. 94	1 603. 88	861. 67
4－2	10	150	1	7 457. 8	**8 455. 6***	8 438. 7	7. 26	368. 27	860. 73
4－3	10	150	1	8 333. 8	**8 488. 9***	8 465. 64	6. 68	794. 59	741. 01
7－1	10	30	1	67 020. 4	**68 087. 9***	67 947. 2	76. 96	473. 73	640. 13
7－2	10	30	1	64 591. 7	**65 616. 8***	65 493. 3	58. 76	115. 21	519. 41
7－3	10	30	1	64 905. 6	**69 302. 4***	69 172. 8	60. 31	180. 16	617. 98
9－1	30	30	0. 25	9 098. 78	**9 252. 47***	9 241. 18	3. 01	445. 36	426. 97
9－2	30	30	0. 25	12 440. 8	**13 007. 3***	12 973. 2	14. 86	1 036. 27	806. 14
9－3	30	30	0. 25	15 612. 84	**16 369***	16 347. 2	10. 6	672. 41	606. 42
10－1	30	30	1	12 849. 05	**13 060. 5***	12 872. 4	117. 68	722. 25	780. 42
10－2	30	30	1	12 776. 99	**12 853. 8***	12 461. 4	159. 61	1 066. 29	789. 26
10－3	30	30	1	12 353. 05	**13 056. 5***	12 807. 4	96. 64	720. 78	796. 05
11－1	10	30	0. 25	7 057	**7 115. 4***	7 091. 8	9. 45	167. 49	156. 58
11－2	10	30	0. 25	6 617	**6 771. 5***	6 747. 85	6. 91	33. 06	117. 18
11－3	10	30	0. 25	7 677. 3	**7 725. 4***	7 713. 59	5. 81	12. 80	154. 87
12－1	30	150	1	57 789	**59 215. 1***	59 063. 3	83. 45	1 497. 34	1 614. 41
12－2	30	150	1	58 729. 4	**61 489. 7***	61 105. 7	122. 49	697. 56	1 262. 25
12－3	30	150	1	58 352. 2	**60 841. 8***	60 661. 3	88. 64	1 841. 17	1 556. 58
13－1	30	150	0. 25	4 102. 4	**4 194. 8***	4 171. 62	12. 96	589. 8	493. 81

续表

算例				f_{bk}	MAGQMK（100 次迭代）				
编号	k	d	r		f_b	f_{avg}	Δ_{SD}	t_b/s	t_{avg}/s
13－2	30	150	0.25	4 047.5	**4 139.9***	4 130.71	6.78	299.58	495.3
13－3	30	150	0.25	4 582.9	**4 716.7***	4 698.23	10.61	638.33	510.59
14－1	10	30	1	26 456.79	**26 868.6***	26 868.6	0	0.55	2.07
14－2	10	30	1	25 345.55	**25 929.6***	25 720	270.31	240.69	142.03
14－3	10	30	1	30 947.2	**31 448.2***	31 448	1.27	4.9	79.59
16－1	30	30	0.25	13 408.1	**14 086.7***	14 024.5	22.69	67.14	400.61
16－2	30	30	0.25	16 059.7	**16 611.9***	16 560.2	13.69	314.56	426.58
16－3	30	30	0.25	13 646.5	**14 225***	14 182.9	19.69	688.46	479.29
17－1	30	30	1	4 096.9	**4 157.2***	4 156.82	0.3	52.25	240.76
17－2	30	30	1	3 837.7	**3 901.3***	3 887.88	19.32	352.16	305.53
17－3	30	30	1	3 573.8	**3 767.7***	3 764.83	1.85	234.71	314.56
19－1	10	150	1	6 824.12	**6 869.53***	6 863	3.71	33.3	192.03
19－2	10	150	1	7 920	**8 026.54***	7 743.71	106.78	489.09	323.76
19－3	10	150	1	8 082.1	**8 155.05***	8 152.37	3.38	22.26	263.73
21－1	10	150	0.25	21 101.37	**22 197.7***	22 165.4	17.14	1 131.24	2 016.2
21－2	10	150	0.25	23 905.12	**25 231.6***	25 173.8	26.39	1 415.72	1 648.97
21－3	10	150	0.25	22 673.42	**24 574.1***	24 517.1	19.91	1 635.39	1 905.71
24－1	30	150	1	49 766.25	**52 652.7***	52 253.3	120.65	77.99	91.24
24－2	30	150	1	53 386.4	**57 689.7***	57 377.6	145.22	1 158.36	740.29
24－3	30	150	1	47 810.15	**52 642.7***	52 361.6	118	83.67	76.74

表 4.4　MAGQMK 在 GQMKSet Ⅱ 中 48 个大规模算例上的计算结果 2

算例				f_{bk}	MAGQMK（500 次迭代）				
编号	k	d	r		f_b	f_{avg}	Δ_{SD}	t_b/s	t_{avg}/s
1－1	10	30	0.25	4 978.47	5 093.06	5 074.5	6.53	6 347.48	7 419.16
1－2	10	30	0.25	4 889.58	4 848.58	4 830.2	7.93	6 798.71	8 101.91
1－3	10	30	0.25	5 675.36	5 896.01	5 876.05	10.08	9 063.85	6 823.41
2－1	30	150	0.25	2 524.39	2 607.84	2 601.31	3.34	3 798.73	3 530.13
2－2	30	150	0.25	2 193.87	2 285.32	2 281.63	1.83	2 755.29	3 570.48
2－3	30	150	0.25	2 507.89	2 578.14	2 573.4	1.79	1 224.14	2 946.75
3－1	10	150	0.25	31 873.8	32 189.1	32 147.3	20.13	2 196.66	2 693.57
3－2	10	150	0.25	39 356	40 302.4	40 169.7	54.3	64.47	1 437.15
3－3	10	150	0.25	32 236.4	32 766.7	32 749.4	21.33	685.41	3 414.05
4－1	10	150	1	8 172.4	9 045.8	9 027.86	7.12	2 266.82	4 323.7
4－2	10	150	1	7 457.8	8 465	8 448	6.16	7 807.56	4 871.1
4－3	10	150	1	8 333.8	8 491.3	8 475.1	6.69	5 303.34	4 467.05
7－1	10	30	1	67 020.4	68 129	68 029.4	53.16	1 567.43	3 314.59
7－2	10	30	1	64 591.7	65 616.8	65 546.2	37.39	116.33	2 542.84
7－3	10	30	1	64 905.6	69 397.6	69 279.3	64.4	4 021.47	3 104.2
9－1	30	30	0.25	9 098.78	9 252.47	9 242.6	2.7	450.35	1 485.96
9－2	30	30	0.25	12 440.8	13 007.3	12 988.9	8.92	1 044.4	3 120.53
9－3	30	30	0.25	15 612.84	16 372	16 359.2	7.32	3 051.59	2 822.24
10－1	30	30	1	12 849.05	13 196.3	13 125.8	31.06	4 602.17	3 761.9
10－2	30	30	1	12 776.99	13 003.3	12 779.2	153.43	5 131.88	3 799.61
10－3	30	30	1	12 353.05	13 057	13 008.6	48.75	4 175.74	4 114.58
11－1	10	30	0.25	7 057	7 116.5	7 103.55	7.28	1 369.48	711.63

续表

算例				f_{bk}	MAGQMK（500 次迭代）				
编号	k	d	r		f_b	f_{avg}	Δ_{SD}	t_b/s	t_{avg}/s
11 - 2	10	30	0.25	6 617	6 771.5	6 758.19	7.65	32.97	537.44
11 - 3	10	30	0.25	7 677.3	7 745.1	7 726.96	7.61	1 161.81	911.53
12 - 1	30	150	1	57 789	59 234.1	59 137.7	51.05	9 026.28	6 140.09
12 - 2	30	150	1	58 729.4	61 489.7	61 181.7	103	695.99	4 800.17
12 - 3	30	150	1	58 352.2	60 899.3	60 749.7	70.38	6 800.38	5 156.66
13 - 1	30	150	0.25	4 102.4	4 210.1	4 194.59	7.93	2 576.37	1 901.71
13 - 2	30	150	0.25	4 047.5	4 139.9	4 136.01	5.47	688.1	1 318.51
13 - 3	30	150	0.25	4 582.9	4 734.9	4 717.27	8.58	2 214.41	2 123.22
14 - 1	10	30	1	26 456.79	26 868.6	26 868.6	0	0.55	4.61
14 - 2	10	30	1	25 345.55	25 929.6	2 572	270.31	558.06	304.66
14 - 3	10	30	1	30 947.2	31 448.2	31 448.2	0	26.16	301.21
16 - 1	30	30	0.25	13 408.1	14 129.1	14 060.9	22.68	868.35	1 932.42
16 - 2	30	30	0.25	16 059.7	16 611.9	16 577.6	13.85	313.72	1 634.65
16 - 3	30	30	0.25	13 646.5	14 240.8	14 210.1	15.79	2 365.55	2 391.58
17 - 1	30	30	1	4 096.9	4 157.2	4 157.09	0.14	51.90	1 221.69
17 - 2	30	30	1	3 837.7	3 901.3	3 891.48	17.7	681.37	1 500.73
17 - 3	30	30	1	3 573.8	3 767.7	3 767.67	0.14	236.08	1 444.65
19 - 1	10	150	1	6 824.12	6 869.8	6 866.33	2.23	1 039.1	843.08
19 - 2	10	150	1	7 920	8 028.54	7 831.85	153.91	1 558.62	1 847.38
19 - 3	10	150	1	8 082.1	8 155.05	8 154.87	0.98	47.12	1 410.02
21 - 1	10	150	0.25	21 101.37	22 221.9	22 187	14.83	10 224	7 570.7
21 - 2	10	150	0.25	23 905.12	25 254.5	25 199.7	16.64	8 451.74	5 544.17

续表

算例				f_{bk}	MAGQMK（500 次迭代）				
编号	k	d	r		f_b	f_{avg}	Δ_{SD}	t_b/s	t_{avg}/s
21 - 3	10	150	0.25	22 673.42	24 574.1	24 541.2	16.09	1 641.63	8 984.81
24 - 1	30	150	1	49 766.25	52 652.7	52 253.3	120.65	78.65	91.59
24 - 2	30	150	1	53 386.4	<u>57 771.6</u>	57 513.4	121.72	3 050.54	2 868.01
24 - 3	30	150	1	47 810.15	52 642.7	52 361.6	118	84.22	77.34

注：在表4.3 ~ 表4.4 中，算法采用两个停止条件，短的停止条件为100 次迭代，长的停止条件为500 次迭代；加粗的值表示已知最好结果，加星号的值表示改进的最好结果；添加下划线的值表示 MAGQMK（500 次迭代）的计算结果优于 MAGQMK（100 次迭代）。

4.3.3　与文献中前沿算法比较

为了进一步评估 MAGQMK 的性能，将 MAGQMK 算法与文献中提出的 3 个性能最佳的算法进行了实验对比研究：

（1）Gams/Dicopt 求解器

Gams/Dicopt 求解器是一个集成了 Gams 系统下运行的非线性规划（NLP）或混合整数规划（MIP）求解器，用于求解混合整数非线性规划（MINP）问题的程序。在求解 GQMKP 算例时，作者为 Gams/Dicopt 设置了 13 000 s 的计算时间限制。

（2）遗传算法（GA）

GA 在每个 GQMKP 算例上运行 3 次，每次运行的时间限制为 13 000 s。作者记录了最佳下界、3 个最佳目标值的平均值以及 3 个最佳解获得时间的平均值。

（3）F-MSG 和 GA 的混合算法

该混合算法的运行时间限制仍然为 13 000 s。

上述3个参考算法的运行环境均为：英特尔酷睿 i7 处理器（2.8 GHz 和 8 GB RAM）。根据标准性能评估公司（www.spec.org）提供的评估结果，这台机器的速度比我们的计算机快 1.16 倍。

这 3 个参考算法的结果都是通过运行 1 次或运行 3 次所得，而我们的结果是通过运行 MAGQMK 算法 30 次所得。由于 MAGQMK 是一种带有一定随机性的算法，将算法运行多次，观察算法的峰值表现和平均表现在文献中是一种常见的做法。将 MQGQMK 运行 30 次的最佳结果与不超过3 次的参考算法最佳结果进行比较可能被认为是不公平的。为了使比较尽可能公平，将重点放在平均结果（而不是最佳结果）的比较上。

48 个小规模算例和 48 个大规模算例的比较结果见表 4.5 ~ 表 4.8。在这两个表中，第一列（即算例列）是算例编号。首先，对于只执行一次的 Gams/Dicopt 和混合算法，本书给出最佳目标值 f 和首次遇到最佳解的 CPU 时间（以秒为单位）。对于运行多次的 GA 和 MAGQMK 算法，本书给出了最佳目标值 f_{avg} 的平均值和最佳 CPU 时间的平均值 t_{avg}。然后，还给出了由 GA 和 MAGQMK 得到的总体最佳目标值 f_b 以供参考。每行中粗体值表示在该算例上，所有参与比较的算法达到的最优值。带下划线的值表示它与粗体值匹配或优于粗体值。在最后两行中为每个算法统计粗体值及带下划线值的数量和计算时间的平均值。最后，参照 GA 算法的做法，表4.5 ~ 表4.8 的最后三列提供了 MAGQMK 算法运行三次的结果。从计算结果可以看出，即便在运行次数较少的情况下，MAGQMK 的表现仍然非常优秀。当运行次数发生变化时，MAGQMK 的平均结果变化较小。这证明使用平均结果进行比较研究的做法是合理的。

表 4.5　MAGQMK 与文献中最好的 3 个算法
在 GQMKSet Ⅰ 中 48 个小规模算例上的计算结果对比 1

算例	GAM（1 次运行）		Hybrid（1 次运行）		GA（3 次运行）		
	f	t/s	f	t/s	f_{avg}	f_b	t_{avg}/s
5 - 1	**2 835.3**	< 1	**2 835.3**	4	2 768.18	2 835.3	< 1
5 - 2	**3 304.8**	< 1	**3 304.8**	3	3 211.77	3 219.9	2
5 - 3	1 634.2	< 1	**1 678**	2	1 630.17	1 678	< 1
6 - 1	**346.4**	< 1	**346.4**	2	**346.4**	346.4	< 1
6 - 2	**554**	< 1	**554**	2	**554**	554	< 1
6 - 3	**428.7**	< 1	**428.7**	2	414.03	428.7	< 1
8 - 1	302.51	< 1	**309.21**	1	308.85	309.21	3
8 - 2	351.07	< 1	**353.85**	4	353.48	353.85	< 1
8 - 3	539.57	< 1	**541.57**	2	540.9	541.57	< 1
15 - 1	91.54	< 1	**91.54**	1	90.94	91.54	< 1
15 - 2	302.38	< 1	**306.38**	2	303.05	306.38	< 1
15 - 3	74.29	< 1	**75.62**	2	75.62	75.62	< 1
18 - 1	**5 387.7**	< 1	**5 387.7**	1	**5 387.7**	5 387.7	< 1
18 - 2	**8 551.08**	< 1	**8 551.08**	2	8 407.48	8 505.24	< 1
18 - 3	**7 760.51**	< 1	**7 760.51**	1	**7 760.51**	7 760.51	< 1
20 - 1	**1 599.85**	< 1	**1 599.85**	2	1 592.77	1 599.85	< 1
20 - 2	925.57	< 1	**925.59**	**1**	**925.59**	925.59	< 1
20 - 3	**931.33**	< 1	931	1	898.25	898.25	< 1
22 - 1	**1 923.61**	< 1	**1 923.61**	3	1 589.02	1 923.61	2
22 - 2	**1 314.09**	< 1	884.4	1	884.4	884.40	< 1
22 - 3	1 734.09	< 1	1 680.09	2	1 656.09	1 680.09	< 1

续表

算例	GAM（1 次运行）		Hybrid（1 次运行）		GA（3 次运行）		
	f	t/s	f	t/s	f_{avg}	f_b	t_{avg}/s
23 - 1	**471**	<1	**471**	2	462. 8	471	<1
23 - 2	955. 7	<1	381. 6	1	379. 03	379. 6	<1
23 - 3	**1 241**	<1	550. 5	2	504. 4	522. 6	4
25 - 1	2 111. 63	<1	**2 118. 33**	1	2 021. 7	2 118. 33	<1
25 - 2	**4 262. 64**	<1	3 253	1	3 076. 18	3 076. 18	<1
25 - 3	2 951. 9	<1	2 433	2	2 054. 6	2 189. 32	<1
26 - 1	**1 747. 6**	<1	**1 747. 6**	1	1 730. 8	1 747. 6	<1
26 - 2	**2 433. 6**	<1	1 686	1	1 596. 53	1 650. 8	2
26 - 3	**2 293. 2**	<1	1 457	2	1 375. 07	1 379. 1	2
27 - 1	2 245. 95	<1	2 247. 95	1	**2 247. 95**	2 247. 95	<1
27 - 2	**1 966. 52**	<1	1 711	2	1 711. 52	1 711. 52	<1
27 - 3	**1 383. 49**	<1	1 152	2	1 152. 49	1 152. 49	<1
28 - 1	898. 6	<1	**978. 8**	1	975. 96	978. 8	<1
28 - 2	4 024. 7	<1	3 038. 8	1	2 843. 17	2 891. 8	<1
28 - 3	**2 634**	<1	1 982. 2	2	1 867. 87	1 963. 6	<1
29 - 1	1 903. 8	<1	**1 935. 8**	2	1 563. 88	1 935. 8	2
29 - 2	**2 820**	<1	2 160	9	2 122. 2	2 122. 6	<1
29 - 3	3 283. 6	<1	2 029	12	2 436. 2	2 535	<1
30 - 1	**721. 39**	<1	**721. 39**	2	**721. 39**	721. 39	<1
30 - 2	**612. 59**	<1	453	6	416. 87	418. 71	<1
30 - 3	**1 032. 35**	<1	774. 99	7	763. 19	763. 19	<1
31 - 1	477. 9	<1	**491. 9**	2	487. 8	491. 9	<1

续表

算例	GAM（1次运行）		Hybrid（1次运行）		GA（3次运行）		
	f	t/s	f	t/s	f_{avg}	f_b	t_{avg}/s
31－2	594	<1	547	4	542.53	544	<1
31－3	508.6	<1	435.8	3	430.63	435.4	3
32－1	**11 425.2**	<1	11 254.9	1	11 254.9	11 254.9	<1
32－2	**15 914.2**	<1	10 820.8	5	10 807.33	10 820.8	<1
32－3	**19 273.5**	<1	13 087.8	3	12 990.5	13 087.8	2
最优或改进解数量	29	—	26	—	8	24	—
平均值	2 730.86	—	2 299.8	2.48	2 254.93	2 289.96	—

表4.6 MAGQMK与文献中最好的3个算法在GQMKSet Ⅰ中48个小规模算例上的计算结果对比2

INST	MAGQMK（30次运行）			MAGQMK（3次运行）		
	f_{avg}	f_b	t_{avg}/s	f_{avg}	f_b	t_{avg}/s
5－1	2 828.22	2 835.3	1.23	2 835.3	2 835.3	1.51
5－2	3 293.9	3 304.8	0.83	3 300.23	3 304.8	0.76
5－3	**1 678**	1 678	0.01	1 678	1 678	0.01
6－1	**346.4**	346.4	0.01	346.4	346.4	0.02
6－2	**554**	554	0.01	554	554	0.01
6－3	**428.7**	428.7	0.01	428.7	428.7	0.01
8－1	**309.21**	309.21	0.91	309.21	309.21	0.44
8－2	353.69	353.85	0.11	353.85	353.85	0.2
8－3	**541.57**	541.57	0.03	541.57	541.57	0.04
15－1	**91.54**	91.54	0.32	91.54	91.54	0.23

续表

INST	MAGQMK（30次运行）			MAGQMK（3次运行）		
	f_{avg}	f_b	t_{avg}/s	f_{avg}	f_b	t_{avg}/s
15－2	**306.38**	306.38	0.02	306.38	306.38	0.01
15－3	75.45	75.62	0.37	75.4	75.62	0.52
18－1	**5 387.7**	5 387.7	0.01	5 387.7	5 387.7	0.01
18－2	**8 551.08**	8 551.08	0	8 551.08	8 551.08	0
18－3	**7 760.51**	7 760.51	0	7 760.51	7 760.51	0.01
20－1	**1 599.85**	1 599.85	0.01	1 599.85	1 599.85	0.01
20－2	**925.59**	925.59	0.01	925.59	925.59	0.01
20－3	**931.33**	931.33	0.01	931.33	931.33	0.01
22－1	1 904.86	1 904.86	0.02	1 904.86	1 904.86	0.02
22－2	**1 314.09**	1 314.09	0.01	1 314.09	1 314.09	0.01
22－3	**1 799.09**	1 799.09	0.02	1 799.09	1 799.09	0.03
23－1	**471**	471	0.02	471	471	0.02
23－2	**959.7**	959.7	0.06	959.7	959.7	0.05
23－3	**1 241**	1 241	0.32	1 241	1 241	0.22
25－1	**2 118.33**	2 118.33	1.52	2 118.33	2 118.33	2.41
25－2	4 195.05	4 262.64	1.66	4 202.37	4 262.64	3.10
25－3	**2 962.06**	2 962.06	1.03	2 962.06	2 962.06	1.43
26－1	**1 747.6**	1 747.6	0.01	1 747.6	1 747.6	0.01
26－2	**2 433.6**	2 433.6	0.01	2 433.6	2 433.6	0.02
26－3	**2 293.2**	2 293.2	0.01	2 293.2	2 293.2	0.01
27－1	**2 247.95**	2 247.95	0.01	2 247.95	2 247.95	0.01
27－2	**1 966.52**	1 966.52	0.01	1 966.52	1 966.52	0.01

续表

INST	MAGQMK（30次运行）			MAGQMK（3次运行）		
	f_{avg}	f_b	t_{avg}/s	f_{avg}	f_b	t_{avg}/s
27-3	**1 383.49**	1 383.49	0.01	1 383.49	1383.49	0.01
28-1	978.07	978.8	0.12	978.07	978.8	0.25
28-2	**4 035.62**	4 036	0.04	4 036	4 036	0.04
28-3	**2 634**	2 634	0.01	2 634	2 634	0.01
29-1	1 520.33	1 567.6	0.19	1 558.27	1 567.6	0.19
29-2	2 782	2 782	0.1	2 782	2 782	0.13
29-3	**3 285.6**	3 285.6	0.05	3 285.6	3 285.6	0.06
30-1	717.27	721.39	0.4	716.45	716.45	0.17
30-2	**612.59**	612.59	0.03	612.59	612.59	0.03
30-3	**1 032.35**	1 032.35	0.04	1 032.35	1 032.35	0.03
31-1	**491.9**	491.9	1.52	491.9	491.9	2.44
31-2	**640**	640	0.49	640	640	0.2
31-3	**526.1**	526.1	5.37	526.1	526.1	7.7
32-1	11 271.9	11 425.2	0.02	11 311.7	11 425.2	0.04
32-2	**15 914.2**	15 914.2	0	15 914.2	15 914.2	0
32-3	**19 273.5**	19 273.5	0	19 273.5	19 273.5	0
最优或改进解数量	37	45	—	—	—	—
平均值	2 723.25	2 729.33	0.35	2 725.3	2 729.23	0.47

注：在表4.5~表4.6中，最好的结果加粗显示；对于GA和MAGQMK，如果其计算结果等于或者优于加粗值，则增加一条下划线；MAGQMK运行3次得到的计算结果不是本表的重点，但可以起到参考的作用。

表 4.7 MAGQMK 算法与文献中 3 个最好的算法
在 GQMKSet Ⅱ 中 48 个大规模算例上的计算结果对比 1

算例	GAM（1 次运行）		Hybrid（1 次运行）		GA（3 次运行）		
	f	t/s	f	t/s	f_{avg}	f_b	t_{avg}/s
1－1	4 509.21	436.83	4 978.47	3 023	4 900.98	4 948.45	5 960
1－2	4 492.63	56.54	**4 889.58**	2 142	4 709.98	4 889.58	3 431
1－3	5 500.44	49.05	5 675.36	4 821	5 322.02	5 653.92	7 038
2－1	2 489.75	6 058.47	2 524.39	5 780	2 487.9	2 515.16	3 780
2－2	2 098.35	5 840.23	2 193.87	9 741	2 167.5	2 181.44	3 264
2－3	2 395.16	48.25	2 507.89	5 117	2 426.05	2 494.78	3 274
3－1	27 944.9	67.19	31 873.8	7 000	31 414.5	31 854.80	2 100
3－2	37 440.4	10.28	39 356	7 333	32 688.63	39 356.00	1 976
3－3	28 050.1	38.69	32 236.4	7 274	31 804.37	31 981.5	3 212
4－1	—	13 000.11	8 172.4	2 260	7 893.26	8 126.8	1 680
4－2	—	13 000.05	7 457.8	2 265	7 135.17	7 216.5	1 765
4－3	8 333.8	117.37	7 214.2	2 082	6 952.93	7 114.7	1 347
7－1	67 020.4	7 843.08	64 415.4	3 040	62 929.7	63 792.8	1 360
7－2	64 591.7	7 669.09	61 177.4	2 684	60 574.73	61 044	1 346
7－3	-	13 000.97	64 905.6	3 879	64 313.43	64 813.5	1 413
9－1	8 954.74	130.7	9 098.78	5 880	8 561.8	8 784.74	2 320
9－2	12 299.4	1 778.74	12 440.8	6 298	12 172.31	12 393.32	2 945
9－3	15 612.84	1 515.52	14 806.02	5 559	15 255.75	15 326.97	2 941
10－1	—	13 000.08	12 002.24	1 080	8 541.28	12 849.05	825
10－2	—	9 667.52	11 192.08	1 897	8 297	12 776.99	1 928
10－3	—	13 000.03	11 920.8	1 932	12 220.5	12 353.05	3 346

续表

算例	GAM（1次运行）		Hybrid（1次运行）		GA（3次运行）		
	f	t/s	f	t/s	f_{avg}	f_b	t_{avg}/s
11－1	7 057	1.81	6 694.3	2 480	6 636.74	6 740.6	2 500
11－2	6 617	1.75	6 460.9	2 942	6 465.3	6 515.7	1 433
11－3	7 677.3	0.89	7 227.3	4 474	7 250.7	7 256.1	2 445
12－1	—	13 006.01	57 789	2 540	56 250	56 769.5	5 280
12－2	—	13 000.01	58 729.4	2 870	56 009.37	56 371.5	6 051
12－3	—	13 000.02	58 352.2	3 940	56 331.8	56 489.6	4 851
13－1	4 093.2	90.56	4 102.4	960	3 941.6	4 039.1	620
13－2	4 047.5	242.54	4 022.9	983	3 950.2	4 003.4	742
13－3	4 582.9	1 846.65	4 339.6	957	4 496.57	4 563.9	633
14－1	26 456.79	1.29	25 663.14	2 280	24 095.6	25 417.99	1 500
14－2	25 345.55	17.13	23 259.91	4 643	23 480.47	24 345.72	1 136
14－3	30 947.2	7.04	30 539.18	2 559	30 329.4	30 571.69	1 066
16－1	—	13 000.87	13 408.1	2 580	13 233.2	13 396.7	820
16－2	—	13 000.08	16 059.7	1 539	15 672.77	16 059.7	654
16－3	—	13 000.49	13 646.5	1 155	13 260.37	13 646.5	768
17－1	4 096.9	219.13	2 722.5	2 060	1 547.82	2 805.1	5 740
17－2	3 837.7	243.42	2 760.3	3 306	2 058.7	2 395.8	5 295
17－3	3 573.8	173.32	2 499.2	4 642	2 176.67	2 251.8	4 716
19－1	6 824.12	22.4	6 548.03	2 700	6 590.27	6 644.54	1 480
19－2	7 920	185.06	7 855.19	2 128	7 766.54	7 842.99	1 071
19－3	8 082.1	38.1	8 080.79	1 602	7 994.47	8 068.88	1 194
21－1	—	13 000.02	21 101.37	4 240	20 373.4	20 639.31	2 820

续表

算例	GAM（1 次运行）		Hybrid（1 次运行）		GA（3 次运行）		
	f	t/s	f	t/s	f_{avg}	f_b	t_{avg}/s
21 - 2	23 159. 36	8 025. 94	23 905. 12	4 176	23 530. 46	23 905. 12	2 629
21 - 3	22 238. 5	1 422. 14	21 601. 18	4 984	22 428. 85	22 673. 42	2 765
24 - 1	—	13 000	49 766. 25	4 960	48 373. 3	48 901. 01	3 038
24 - 2	—	13 000	53 386. 40	5 321	52 526. 9	52 927. 4	2 920
24 - 3	—	13 000. 08	47 810. 15	5 302	45 906. 3	45 992. 96	3 302
最优或改进解数量	1	—	1	-	0	1	—
平均值	10 172. 72	5 184. 91	20 611. 88	3 612. 71	19 905. 16	20 493. 83	2 598. 33

表 4. 8　MAGQMK 算法与文献中 3 个最好的算法在 GQMKSet Ⅱ 中 48 个大规模算例上的计算结果对比 2

算例	MAGQMK（30 次运行）			MAGQMK（3 次运行）		
	f_{avg}	f_b	t_{avg}/s	f_{avg}	f_b	t_{avg}/s
1 - 1	**5 060. 21**	5 082. 97	1 620. 36	5 060. 17	5 077. 13	2 678. 83
1 - 2	4 817. 11	4 845. 33	1 636. 17	4 818. 86	4 825. 23	1 687. 8
1 - 3	**5 861. 97**	5 881. 1	1 712. 68	5 861. 45	5 865. 49	1 235. 79
2 - 1	**2 598. 32**	2 604. 31	900. 21	2 600. 24	2 601. 24	1 082. 47
2 - 2	**2 278. 67**	2 282. 24	870. 25	2 279. 88	2 282. 24	648. 15
2 - 3	**2 570. 96**	2 578. 14	624. 71	2 570. 59	2 572. 31	541. 09
3 - 1	**32 105. 6**	32 177	603. 21	31 991. 2	32 147. 9	878. 28
3 - 2	**40 141. 8**	40 302. 4	321. 64	40 087. 3	40 230. 7	774. 74
3 - 3	**32 715. 8**	32 766. 7	518. 1	32 714. 4	32 728. 8	957. 48
4 - 1	**9 017. 74**	9 038	861. 67	9 015. 9	9 020. 1	1 365. 11

续表

算例	MAGQMK（30次运行）			MAGQMK（3次运行）		
	f_{avg}	f_b	t_{avg}/s	f_{avg}	f_b	t_{avg}/s
4－2	**8 438.7**	8 455.6	860.73	8 445.27	8 450.8	365.23
4－3	**8 465.64**	8 488.9	741.01	8 465.43	8 473.5	1 011.1
7－1	**67 947.2**	68 087.9	640.13	67 914.3	67 955.6	769.75
7－2	**65 493.3**	65 616.8	519.41	65 469.3	65 501.4	657.86
7－3	**69 172.8**	69 302.4	617.98	69 150	69 167.3	718.5
9－1	**9 241.18**	9 252.47	426.97	9 244.27	9 247.8	288.56
9－2	**12 973.2**	13 007.3	806.14	12 968.3	12 979.3	934.42
9－3	**16 347.2**	16 369	606.42	16 351.7	16 365.2	1 057.26
10－1	**12 872.4**	13 060.5	780.42	12 898.6	12 971	1 088.18
10－2	12 461.4	12 853.8	789.26	12 488.6	12 833.9	1 028.73
10－3	**12 807.4**	13 056.5	796.05	12 844.3	12 943.5	1 085.65
11－1	**7 091.8**	7 115.4	156.58	7 084.87	7 097.1	177.13
11－2	**6 747.85**	6 771.5	117.18	6 751.83	6 771.5	166.94
11－3	**7 713.59**	7 725.4	154.87	7 713.53	7 719	140.16
12－1	**59 063.3**	59 215.1	1 614.41	59 120.1	59 166	1 698.69
12－2	**61 105.7**	61 489.7	1 262.25	61 191.7	61 314.4	1 195.71
12－3	**60 661.3**	60 841.8	1 556.58	60 652	60 673.3	2 714.5
13－1	**4 171.62**	4 194.8	493.81	4 164.5	4 170	587.29
13－2	**4 130.71**	4 139.9	495.3	4 134.6	4 137.9	427.63
13－3	**4 698.23**	4 716.7	510.59	4 705.1	4 711	690.32
14－1	**26 868.6**	26 868.6	2.07	26 868.6	26 868.6	0.97
14－2	**25 720**	25 929.6	142.03	25 713.4	25 900.7	53.66

续表

算例	MAGQMK（30 次运行）			MAGQMK（3 次运行）		
	f_{avg}	f_b	t_{avg}/s	f_{avg}	f_b	t_{avg}/s
14 - 3	**31 448**	31 448. 2	79. 59	31 448. 2	31 448. 2	188. 75
16 - 1	**14 024. 5**	14 086. 7	400. 61	14 021. 7	14 029. 4	278. 17
16 - 2	**16 560. 2**	16 611. 9	426. 58	16 562. 3	16 579. 7	521. 21
16 - 3	**14 182. 9**	14 225	479. 29	14 198. 3	14 225	396. 59
17 - 1	**4 156. 82**	4 157. 2	240. 76	4 157	4 157. 2	125. 08
17 - 2	**3 887. 88**	3 901. 3	305. 53	3 898. 23	3 899. 8	371. 33
17 - 3	**3 764. 83**	3 767. 7	314. 56	3 765. 87	3 767. 7	517. 45
19 - 1	**6 863**	6 869. 53	192. 03	6 868. 22	6 869. 53	269. 13
19 - 2	7 743. 71	8 026. 54	323. 76	7 803. 27	8 010. 3	491. 54
19 - 3	**8 152. 37**	8 155. 05	263. 73	8 152. 11	8 154. 99	386. 39
21 - 1	**22 165. 4**	22 197. 7	2 016. 2	22 155	22 173. 1	2 734. 29
21 - 2	**25 173. 8**	25 231. 6	1 648. 97	25 187. 2	25 212. 3	2 969. 05
21 - 3	**24 517. 1**	24 574. 1	1 905. 71	24 508. 2	24 524. 7	3 751. 24
24 - 1	**52 253. 3**	52 652. 7	91. 24	52 205. 9	52 276. 4	105. 74
24 - 2	**57 377. 6**	57 689. 7	740. 29	57 216. 1	57 289. 1	1 012. 81
24 - 3	**52 361. 6**	52 642. 7	76. 74	52 348. 2	52 445. 3	77. 11
最优或改进解数量	46	47	—	—	—	—
平均值	21 791. 55	21 882. 41	693. 02	21 788. 25	21 829. 85	893. 83

注：在表4. 7 ~ 表4. 8 中，最好的结果加粗显示；对于 GA 和 MAGQMK，如果其计算结果等于或者优于加粗值，则增加一条下划线；MAGQMK 运行 3 次得到的计算结果不是本表的重点，但可以起到参考的作用。

图 4.4 给出了 MAGQMK 的平均结果与已知最好结果之间的差距，并与 GA 的平均结果、GAM 和混合算法的结果做了比较。

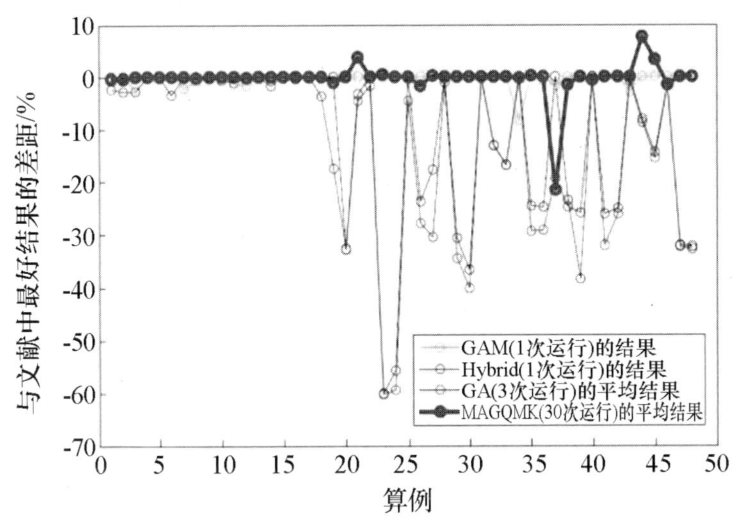

(a) 在GOMKSet Ⅰ 上的对比结果

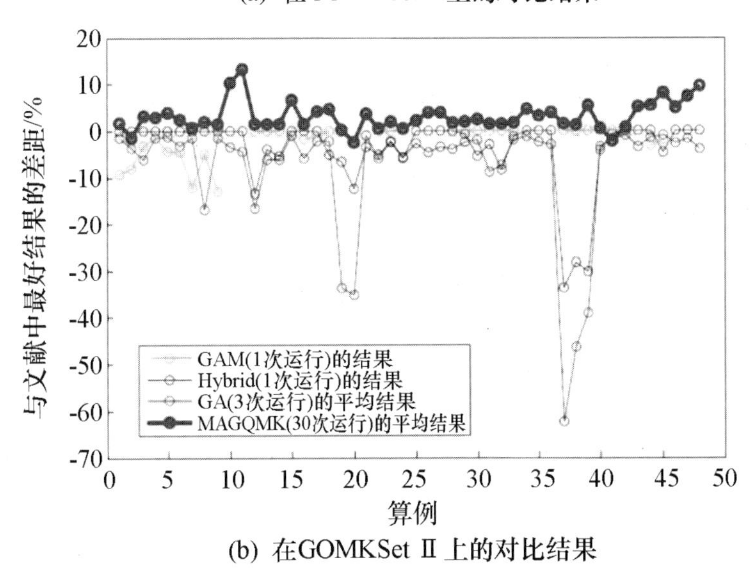

(b) 在GOMKSet Ⅱ 上的对比结果

图 4.4　MAGQMK 与文献中最好的 3 个算法结果对比（见彩插）

从表4.5～表4.6和图4.4（a）可以看出，在48个小规模算例上，MAGQMK获得了37个最佳结果（见表中粗体值），高于其他3个参与比较的算法。在这37个最佳结果中，有7个是新的最佳解，这意味着文献中的3个参考算法未能发现这7个解。在计算时间方面，MAGQMK的平均计算时间为0.35 s，比混合算法所需的2.48 s短得多，与其他两个参考算法相比同样具有很强的竞争力。此外，MAGQMK算法的稳定性远高于GA。MAGQMK在39个算例（占所有算例的81.25%）中的成功率达到了100%（即$f_{avg}=f_b$），而GA只有8例（占所有算例的16.67%）。采用Wilcoxon检验对算法进行两两比较，显著性因子为0.05，得到的MAGQMK比Hybrid的P值为1.97×10^{-4}，MAGQMK比GA的P值为1.072×10^{-7}，这表明MAGQMK明显优于Hybrid和GA。虽然MAGQMK比Gams/Dicopt的P值为0.461 3，没有揭示这两种方法所得结果之间具有显著差异，然而正秩和（205）优于负秩和（146）表明MAGQMK表现仍然优于Gams/Dicopt。

从表4.7～表4.8和图4.4（b）可以看到，MAGQMK在GQMKPSet Ⅱ的48个大规模算例上表现更佳。具体来说，MAGQMK能够在48个算例中获得46个（占所有算例的95.83%）唯一最佳结果，剩下2个算例的最佳解由Gams/Dicopt求解器和混合算法获得。此外，MAGQMK的平均计算时间为693.02 s，远远低于参考算法的时间开销（Gams/Dicopt的平均计算时间为5 184.91 s、混合算法的平均计算时间为3 612.71 s和GA的平均计算时间为2 598.33 s）。MAGQMK可以轻松超越GA。GA获得了0个最佳结果，而MAGQMK算法获得了46个。此外，在46个算例中，GA的最佳目标值f_b低于MAGQMK的平均结果f_{avg}。为了评估结论的有效性，本书使用显著性因子为0.05的Wilcoxon检验将MAGQMK与Gams/Dicopt、Hybrid和GA进行比较。P值分别为7.816×10^{-13}、6.253×10^{-13}和1.421×10^{-14}，这个结果证实了MAGQMK在GQMKPSet Ⅱ算例中显著优于三种参考算法。

4.3.4　MAGQMK 在一个实际案例中的应用

GQMKP 的一个实际应用是在塑料生产公司中使用注塑机生产塑料零件。本节将研究 MAGQMK 在一个实际 GQMKP 案例（简称 RLGQMKP）上的性能。该案例的原始数据文件可通过 http://www.info.univ-angers.fr/pub/hao/gqmkp.html 获取。

这个实际案例问题规模非常大，包含 500 个作业（对应 GQMKP 中的物品）和 40 台机器（对应 GQMKP 中的背包）。得到的数学模型有 12 840 个约束条件和 44 000 个二元决策变量。有 124 750 个成对的利润参数 q_{ij}。这样大规模的非线性案例对任何现有的 GQMKP 算法都是一个真正的挑战。针对该案例，Gams/Dicopt 求解器在给定 13 000 s 时间限制的情况下，无法找到一个可行的解决方案。为了测试 MAGQMK 算法的能力，分别在 100 次迭代、60 次迭代和 20 次迭代的三个不同的时间限制下，给出了 MAGQMK 在 RLGQMKP 案例上运行 30 次的计算结果。第一个停止条件（100 次迭代）是前序实验中使用的标准停止条件，而另外两个停止条件（60 次迭代和 20 次迭代）是在本实验中额外增加的。使用两个较小的停止迭代次数是因为实际应用中不允许计算时间过长。MAGQMK 在 RLGQMKP 上的计算结果见表 4.9。文献［103］还记录了 GA 在使用的三种不同停止条件下运行 30 次的结果。GA 的停止条件依赖于两个条件：固定的代数 n_f 和没有改进的代数 n_i。从表 4.9 可以看出，MAGQMK 算法在最长的时间限制条件下（100 次迭代）取得了最好的结果。同时，当时间缩短时，算法表现的下降幅度很小。当使用最短时间限制（20 次迭代）时，最佳解和平均解质量分别下降 0.04% 和 0.18%，但与使用 100 次迭代相比，节省了 28 min。如果将 MAGQMK 的结果与 GA 的结果进行比较，很明显，MAGQMK 轻松超越了 GA。MAGQMK 即使使用最短的时间限制（20 次迭代，901.02 s），在平均性能方面也比 GA 使用最长的时间限制条件（50 次迭代，9 133.48 s）更优。最后，从实验结果中可以看到，在三种时间限制条件下，MAGQMK 的结果比 GA 的结果更稳定。实验结果表明，MAGQMK 能够在较短的时间内有效地求解大规模的真实案例。

表 4.9　MAGQMK 在真实案例上的计算结果

GA				MAGQMK			
n_f/n_i	f_b	f_{avg}	t_{avg}/s	迭代次数	f_b	f_{avg}	t_{avg}/s
10/10	15 518.6	15 315.4	820.6	20	16 012.3	15 879.1	901.02
50/30	15 660.7	15 578.8	3 136.44	60	16 013.3	15 897	1 688.2
1 200/150	15 884.3	15 669.1	9 133.48	100	16 018.8	15 908.5	2 611.21

4.4　算法及其组件效能分析

本节将进行深度的实验分析，以进一步了解 MAGQMK 算法的运行行为及其组成部分的有效性。本节主要探讨了算法的运行过程行为、3 个邻域的有效性以及群体更新策略的有效性。

4.4.1　算法运行曲线

基于最好解目标值的算法运行曲线由函数 $i \mapsto f(i)$ 定义，其中 i 是迭代次数，$f(i)$ 是在迭代次数内当前最优目标值。基于平均解目标值的运行曲线的定义也是类似的。运行曲线是用于观察最佳目标值或平均目标值在搜索过程中演化的一种有效手段。MNSA 的内循环次数 l_n 是影响 MAGQMK 算法性能的关键参数，它代表局部优化过程的搜索深度。为了探究这个参数如何影响算法的行为，本书使用运行曲线来研究 MAGQMK 算法。我们研究了 4 个不同的 l_n 取值：50、100、200、400，同时从 GQMKPSet Ⅱ 中选择了 4 个代表性算例：3－1、9－1、11－2和 19－2。这些算例具有合理的大小和难度，它们在背包的数量 k、类的数量 r 和密度 d 这几个算例特征上取值各不相同。需要强调的是，下面对这 4 个算例的结论在其他算例上也成立。针对这 4 个代表性算例和每个 l_n 值，本实验运行 MAGQMK 算法 30 次，每次运行给 MNSA 子过程算法 22 000 次外循环迭代次数（即温度冷却次数）。图 4.5 显示了

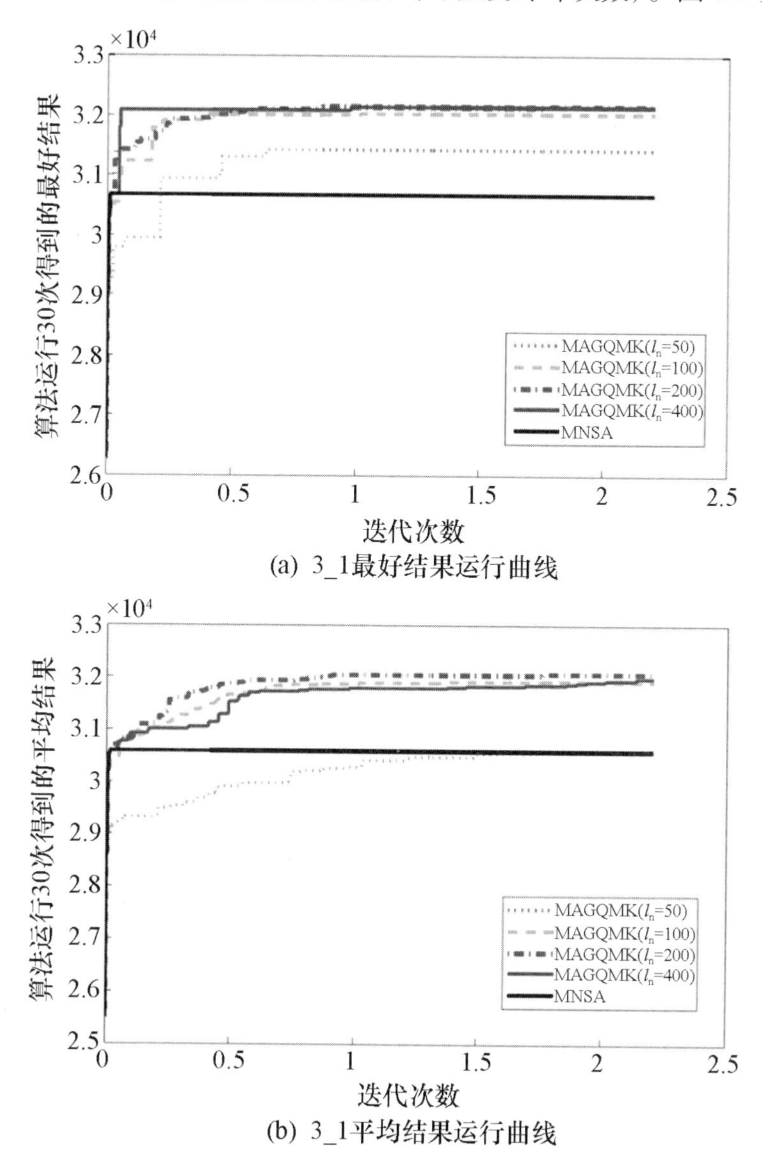

(a) 3_1最好结果运行曲线

(b) 3_1平均结果运行曲线

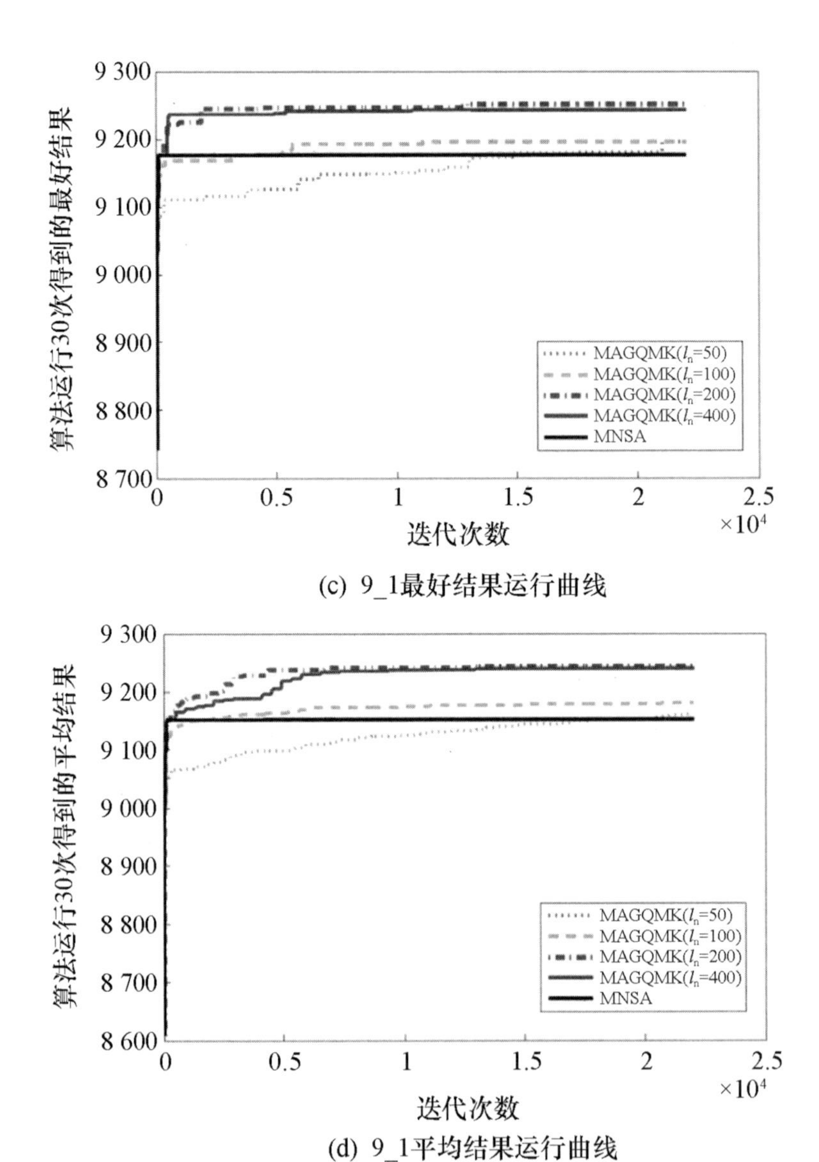

(c) 9_1最好结果运行曲线

(d) 9_1平均结果运行曲线

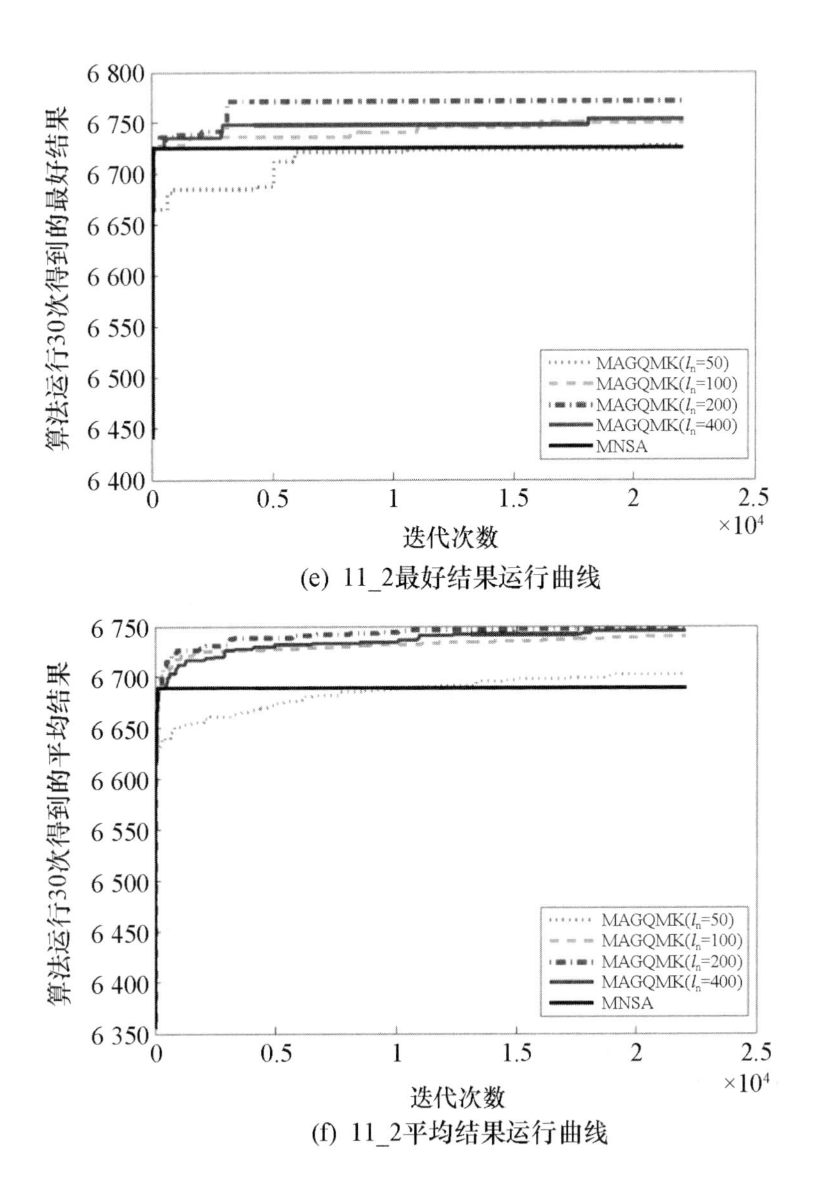

(e) 11_2最好结果运行曲线

(f) 11_2平均结果运行曲线

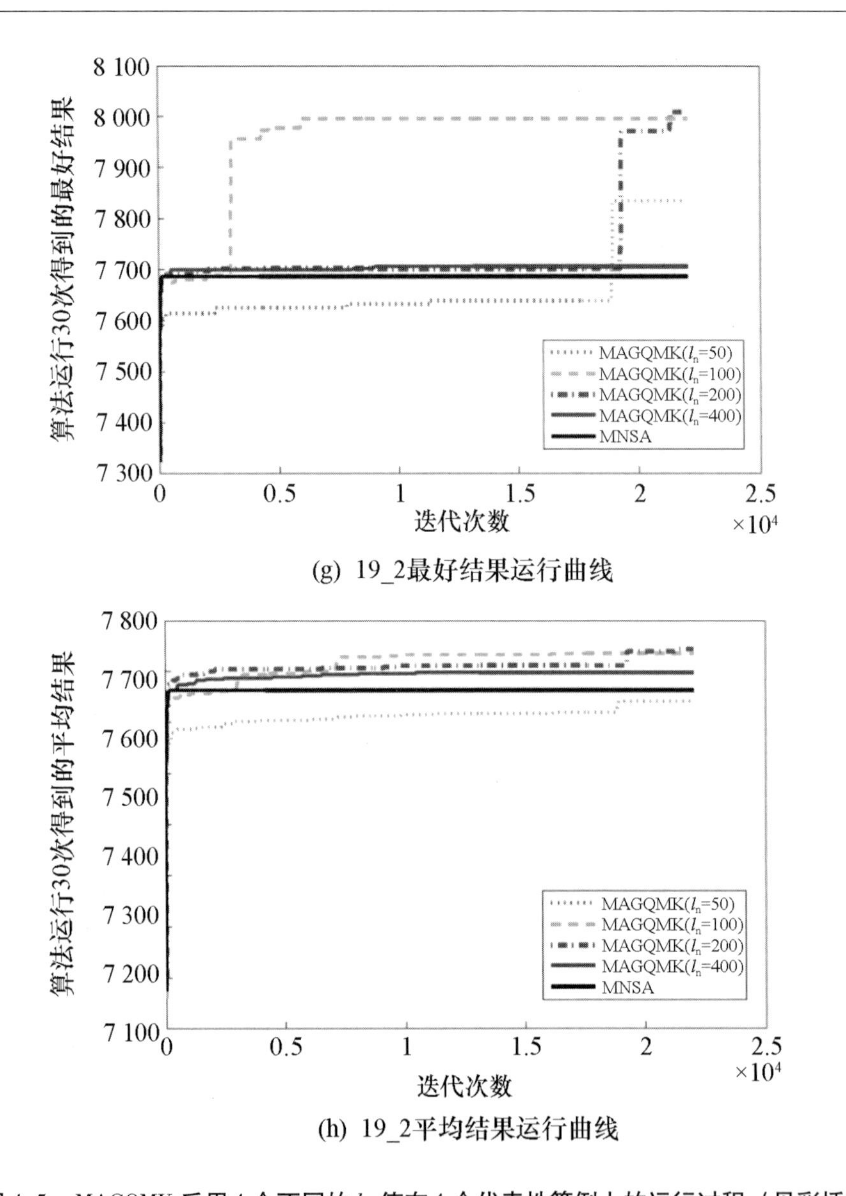

(g) 19_2最好结果运行曲线

(h) 19_2平均结果运行曲线

图 4.5　MAGQMK 采用 4 个不同的 l_n 值在 4 个代表性算例上的运行过程（见彩插）

使用 4 个不同 l_n 值时 MAGQMK 的最佳和平均运行曲线，该图还显示了 MNSA 的运行曲线。MNSA 采用 RGCM 过程生成初始解，算法参数取值与表 4.1 相同。

从图4.5中可以观察到：当 $l_n = 200$ 时，MAGQMK 在最佳和平均目标值方面都获得了最好的性能；当 $l_n = 50$ 时，MAGQMK 表现最差；当 $l_n = 100$ 和 $l_n = 400$ 时，MAGQMK 找到的最佳解的质量在不同的算例上各有千秋，这意味着这两个值互不占优。此外，还可以观察到，当 $l_n = 200$ 和 $l_n = 400$ 时，最佳目标值在开始时比其他两个值增长得更快。相比于 $l_n = 50$ 和 $l_n = 100$，$l_n = 200$ 和 $l_n = 400$ 保持了更好的种群多样性，有效地避免了算法过早收敛，使搜索过程稳步推进。上述关于最佳运行曲线的观察结果也适用于平均运行曲线。分析结果表明，200 是参数 l_n 的最佳取值。

再看 MNSA 的最佳运行曲线，可以观察到，即便最佳目标值在开始时急剧增加，搜索很快就到达一个瓶颈点，从这个点开始最好的目标值不再提升。在 MNSA 的平均运行曲线上也观察到同样的情况。即使使用最差的参数配置（即 $l_n = 50$），MAGQMK 也总能获得比 MNSA 更优的解。比较 MAGQMK 和 MNSA 的运行曲线，可以明显看出模因搜索框架和脊梁骨交叉运算符对 MAGQMK 算法性能具有突出贡献。

4.4.2　邻域的有效性分析

邻域是影响局部搜索效率的关键因素。MAGQMK 算法依赖于 3 个专用的邻域：N_R（基于 REAL 运算符）、N_{SW}（基于 SWAP 运算符）和 N_{GE}（基于 GENEXC 运算符）。这 3 个邻域在 MAGQMK 的子过程 MNSA 算法中交替使用。本节研究了每个邻域对 MAGQMK 性能的影响。为此，我们提出了 MAGQMK 算法的 6 个弱化版本，包括 3 个单邻域版本和 3 个双邻域版本。除禁用的邻域之外，这些 MAGQMK 变体与标准的 MAGQMK 算法的剩余组件完全相同。为了简单起见，将这些变体表示为 MA_R、MA_S、MA_G、MA_RnS、MA_RnG 和MA_SnG。例如，MA_R 表示只有 N_R 邻域的变体算法，MA_RnS 表示有 N_R 和 N_{SW}的变体算法。在 GQMKSet Ⅱ的 48 个大规模算例上测试了这 6 个变体算法以及标准的 MAGQMK 算法，每个算法运行 30 次，每次运行给予 100 次迭代。我们计算每个算例的 Δ_{GAP}^{b} 和 Δ_{GAP}^{avg}，这两个指标的计算方式为（$f-f^{*}$）$*100/f^{*}$，其中 f 是最佳解目标值或平均解目标值，而 f^{*} 则是标准的 MAGQMK 算法找到的最佳结果。实验结果如图 4.6 所示，其中左侧（a）~（b）和右侧（c）~（d）分别为单邻域的变体算法和双邻域变体算法，算例以在表 4.7 ~ 表 4.8 出现的顺序排列。表 4.10 为计算结果的统计数据，其中对于每个变体算法，针对 Δ_{GAP}^{b} 和 Δ_{GAP}^{avg}，列出了 48 个差距值的最小值和平均值。由于差距值是负值，因此值越小意味着差距越大。

从图 4.6 可以看出，对于每个变体算法，差距值（无论是 Δ_{GAP}^{b} 还是 Δ_{GAP}^{avg}）通常都低于零，这意味着所有 6 个变体算法的性能都低于标准的 MAGQMK 算法。此外，单邻域变体算法的平均差距值和最小差距值都大于双邻域变体算法（见表 4.10）。上述结果证实了 3 个邻域对 MAGQMK 整体性能的贡献都是显著的。在 3 个单邻域变体算法中，采用 N_{GE} 的 MA_G 在平均差距值方面表现最好，其次是 MA_S，最后是 MA_R。在三个双邻域变体算法中，带有 N_{GE} 邻域的变体算法（即 MA_RnG 和 MA_SnG）表现出比其他变体算法更好的性能。这些结果表明，专为 GQMKP 设计的邻域 N_{GE} 在 3 个邻域中贡献最大。

表 4.10 Δ_{GAP}^{b} 和 Δ_{GAP}^{avg} 的统计结果

		MA_R	MA_S	MA_G	MA_RnS	MA_SnG	MA_RnG
Δ_{GAP}^{b}/%	平均值	-12.42	-7.67	-6.05	-5.92	-3.89	-2.36
	最小值	-41.28	-46.49	-20.57	-35.76	-28.05	-8.29
Δ_{GAP}^{avg}/%	平均值	-14.57	-9.40	-8.70	-7.15	-5.05	-3.06
	最小值	-45.19	-49.22	-28.28	-38.15	-31.38	-8.98

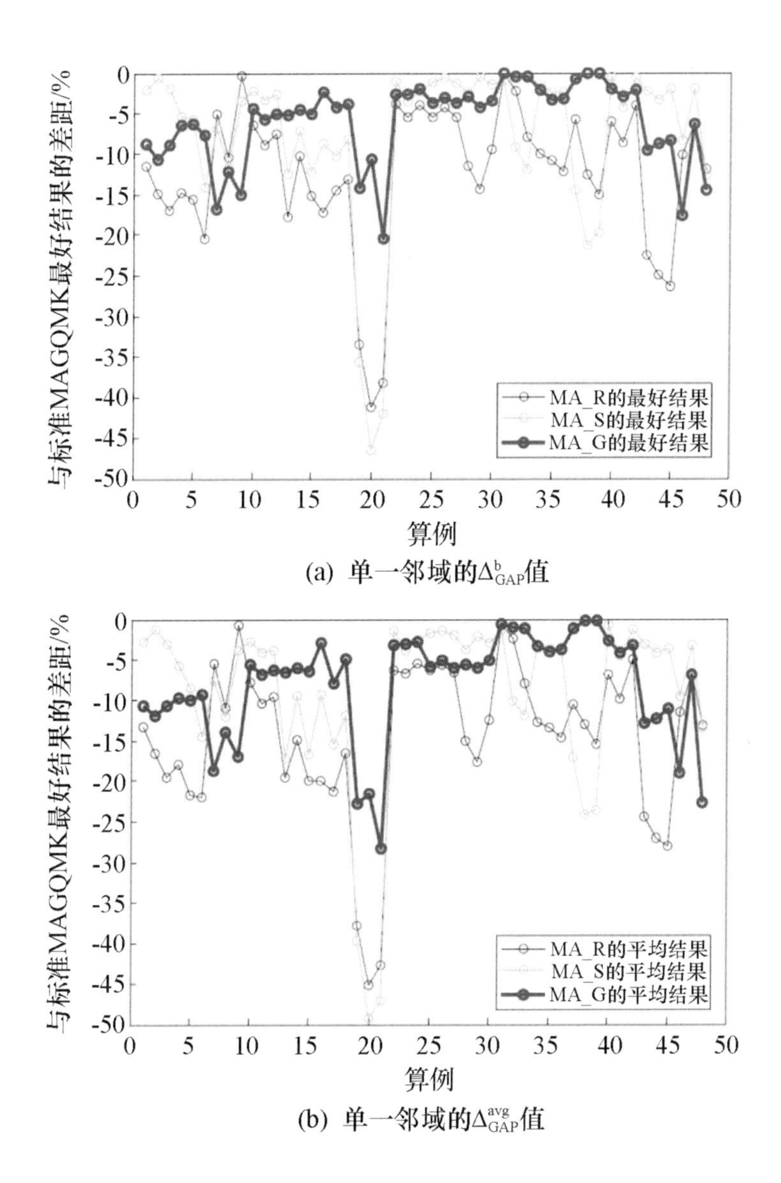

(a) 单一邻域的Δ_{GAP}^{b}值

(b) 单一邻域的Δ_{GAP}^{avg}值

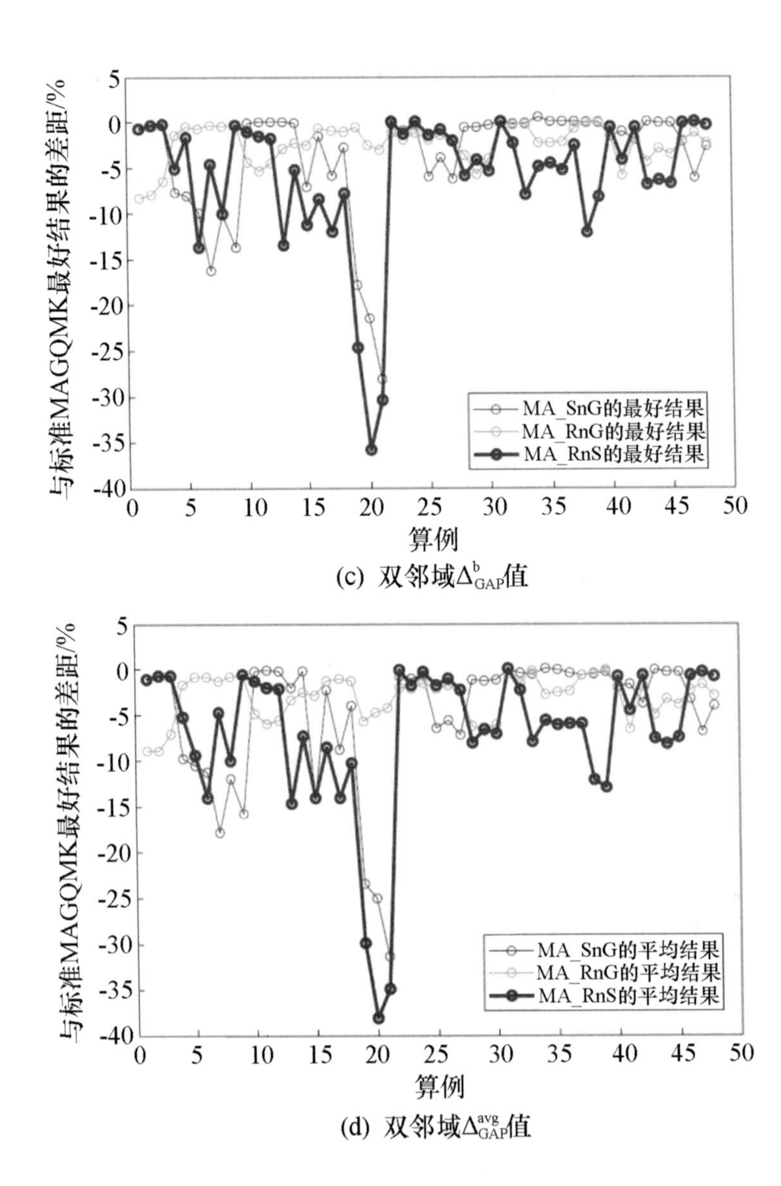

图4.6　变体算法与标准 MAGQMK 的 Δ_{GAP}^{b} 和 Δ_{GAP}^{avg} 值（见彩插）

4.4.3　群体更新策略的效能分析

本书采用“质量 - 距离”（QD）策略来更新种群，以保持种群的健康多样性。为了评估该策略的有效性，将其与传统的“群体最差解替换”（population worst，PW）策略进行比较。PW 策略就是用新的子代解替换群体中目标值最差的解。在 GQMKSet Ⅱ的 48 个大型算例上分别运行两个变体算法（即标准的 MAGQMK 和 $MAGQMK_{PW}$），每个算法运行 30 次。除群体更新策略之外，MAGQMK 和 $MAGQMK_{PW}$ 是完全相同的。表 4.11 为计算结果的统计数据。对于每个变体算法，表 4.11 列出了 48 个算例中最佳结果的平均值 f_b^{avg}，以及 48 个算例中平均结果的平均值 f_b^{avg}。表 4.11 还从最佳结果和平均结果两个角度分别列出了 MAGQMK 比 $MAGQMK_{PW}$ 表现更优的算例数量（即# >0），以及 MAGQMK 与 $MAGQMK_{PW}$ 表现相同的算例数量（即# =0）。

表 4.11　两个群体更新策略在 GQMKSet Ⅱ中 48 大规模算例上的计算结果统计值

MAGQMK		$MAGQMK_{PW}$		$f_b - f_b^{PW}$		$f_{avg} - f_{avg}^{PW}$	
f_b^{avg}	f_{avg}	f_b^{avg}	f_{avg}	# >0	# =0	# >0	# =0
21 882.41	21 791.55	21 849.57	21 781.08	36	7	30	2

从表 4.11 可以看出，在 48 个算例中，MAGQMK 比 $MAGQMK_{PW}$ 获得了更好的最佳结果（21 882.41 比 21 849.57）和平均结果（21 791.55比 21 781.08）。此外，MAGQMK 在 43 个算例上的最好解优于或等于 $MAGQMK_{PW}$，在 32 个算例上的平均解目标值优于或等于 $MAGQMK_{PW}$。上述结果表明，MAGQMK 的性能优于 $MAGQMK_{PW}$，这也证实了“质量 - 距离”群体更新策略的有效性。

为了进一步分析关于“质量 - 距离”群体更新策略的内部工作机理，图 4.7 提供了第 4.4.1 节使用的 4 个代表性算例上种群多样性随着迭代次数的演化过程。群体多样性定义为群体中所有个体之间的平均距离，其中距离的度量方式为集合分割距离。为了方便比较，本节还提供了基于 PW 策略的群体多样性演变过程。从图 4.7 中可以观察到两个现象：

（1）两种群体更新策略的多样性都有规律地减少；

（2）与 PW 策略相比，QD 更新策略较好地保留了多样性。

的确，对于所有 4 个测试算例，品红线代表的 QD 更新策略总是位于蓝线代表的 PW 策略之上。

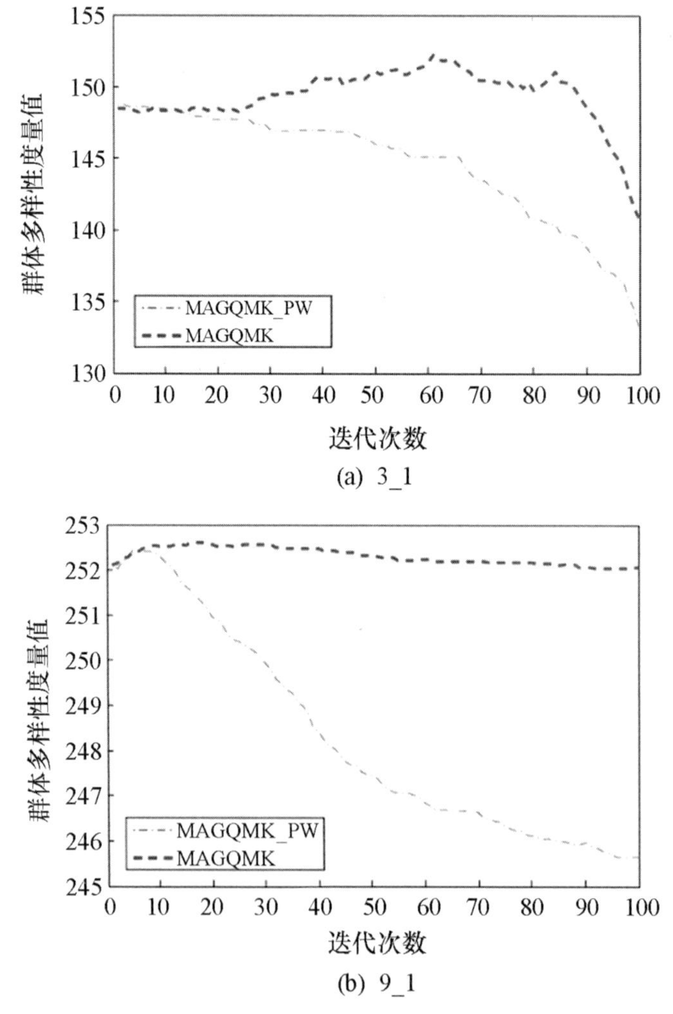

(a) 3_1

(b) 9_1

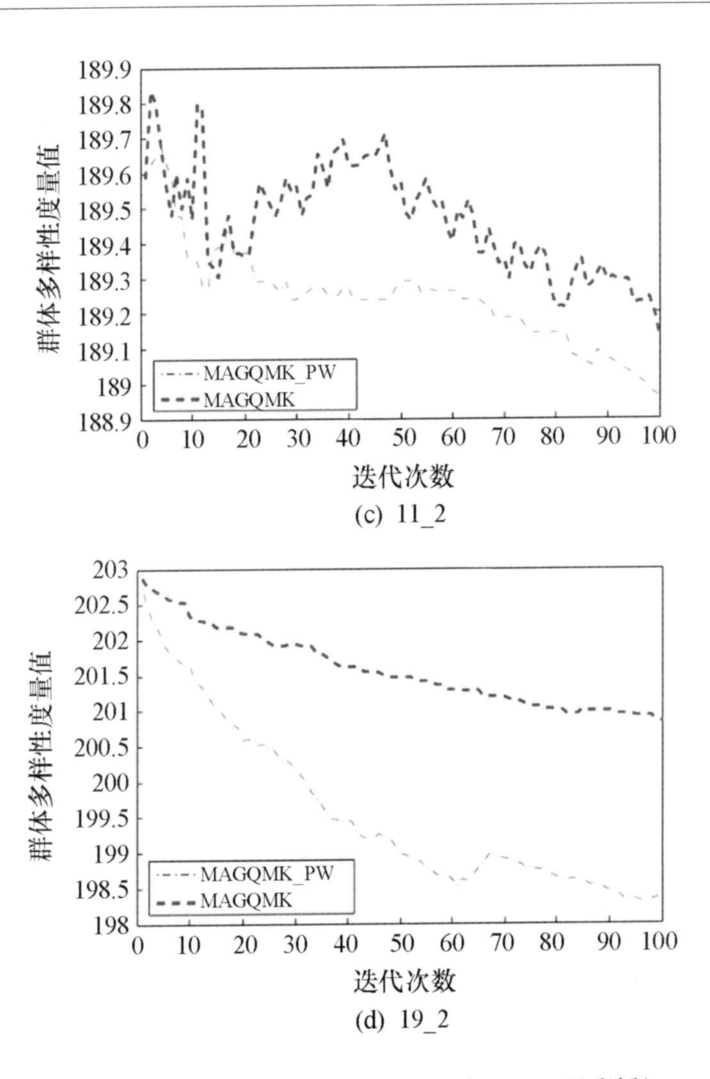

图 4.7　群体多样性随着迭代次数的变化图（见彩插）

4.5 结论

本章提出了一种高效求解广义二次多背包问题的模因算法(MAGQMK)。虽然 GQMKP 是一个实用的模型，但是计算复杂度高。MAGQMK 算法结合了一个专用的基于脊梁骨的交叉算子进行解的重组和一个多邻域模拟退火算法进行局部优化。基于“质量 - 距离”的群体更新策略确保了种群的健康和多样性。两组共 96 个基准算例的计算结果表明，与文献中最前沿的方法相比，该方法表现更加突出。对于 48 个小规模算例，MAGQMK 获得了 45 个最佳结果，其中 7 个结果为本书首次发现。对于 48 个大规模算例，MAGQMK 算法能够改进几乎所有算例的最佳解。本章还将 MAGQMK 和文献中 3 个最前沿的算法进行了比较，结果表明 MAGQMK 在解的质量和计算效率方面都优于这些参考算法。MAGQMK 方法在一个真实案例中的优秀表现进一步证明了该算法具有很强的实际应用能力。

此外，本章还比较了 MAGQMK 和它的模拟退火子过程算法，以说明基于群体的模因框架和基于脊梁骨的交叉算子对算法效能的贡献；并通过实验结果说明了 3 个邻域的有效性，以及“质量 - 距离”群体更新策略对算法效能的贡献。

下一章将研究双目标二次背包问题，在继承前序研究结果的基础上给出一个高效的混合智能求解算法。

第5章　基于两阶段混合的多目标二次多背包算法

单目标二次多背包问题（QMKP）是一个具有广泛应用价值的模型。然而，它不适用于描述需要考虑多个目标的情况。本章将单目标QMKP扩展到双目标的情形，使得背包中的物品总利润最大化的同时“利润的最小背包的收益”也最大化。由于该问题计算复杂度高，因此提出了一种两阶段混合（hybrid two-stage，HTS）算法来近似求解双目标QMKP的帕累托最优。HTS算法结合了两种互补的搜索方法——标量化模因搜索和帕累托局部搜索，分别应用于算法的第一阶段和第二阶段。对一组包含60个问题实例的集合进行实验评估，结果表明，HTS算法优于标准的多目标进化算法（NSGA－Ⅱ）和两个HTS的简化算法。本章末尾还将HTS算法与两种最先进的单目标QMKP算法进行比较，以评估HTS所求的近似帕累托最优中两个极值解的质量。

5.1　引言

QMKP是一个具有广泛应用价值的模型，可以用来描述许多实际问题。但它并不适用于需要同时考虑多个目标的情况。以人员分配问题为例，公司管理者在对不同的产品进行分组时，不仅要考虑各组人员的整体实力，还要考虑各组之间的平衡，以达到公平和可持续发展的目的。例如，当几个小组分别负责设计研发针对不同类型顾客的产品时，为了追求长期利润，公司经理可能在分配小组人员的时候会平衡各小组之间的能力，这样每个小组都有足够的能力确保其产品的高质量，从而长期吸引客户。另外一个例子是在有价证券投资中，投资者不仅要使所投资的资产组合的总收益最大化，而且要保证利润最低的资产有一个相对较高的预期收益。上述两个例子本质上都是双目标 QMKP 问题。

为了扩展 QMKP 模型的适用范围，本章将单目标 QMKP 扩展为双目标 QMKP（BO-QMKP）。注意到一些著名的背包问题以及众多典型的运筹优化问题已经有它们的多目标版本，如双目标 0－1 背包问题、多目标多维背包问题、双目标无约束二元二次规划问题、双目标流水车间调度问题、双目标旅行推销员问题、多目标集合覆盖问题以及双目标容量规划问题等。本章介绍的 BO-QMKP 丰富了这些多目标建模工具，使得越来越多的实际问题能够找到其理论模型。

BO-QMKP 模型的计算复杂度很高，因为它扩展了 NP 困难的单目标 QMKP 模型。为此，我们设计了一种启发式算法来近似求解 BO-QMKP 的帕累托最优。本书提出的两阶段混合算法是在两阶段算法框架的基础上，结合了两种原理上截然不同但又互补的搜索策略，即标量化模因搜索算法（第一阶段）和帕累托局部搜索算法（第二阶段）。这种混合框架已成功地解决了一系列具有挑战性的多目标问题，如双目标流水车间调度问题、多目标旅行商问题和双目标无约束二进制二次规划问题。本章首先对两阶段方法做了适应性改造，用于解决本书提出的 BO-QMKP 模型，并为所提出的算法的每个阶段开发了专用的搜索过程；然后设计了一种基于群体的标量模因搜索方法用于解决第一个阶段的标量化子问题；最后设计了一个双邻域帕累托局部搜索算法进一步改善第一阶段得到的近似帕累托最优。通过结合两个互补搜索策略，HTS 算法一方面将近似集推向帕累托最优，另一方面保证近似集具有良好的分布。实验结果表明，本章所提出的 HTS 算法能够获得高质量的近似解（更多详细内容参见第 5.4 节）。

本章的第 5.2 节介绍 BO-QMKP 的数学模型，为后续的算法设计提供问题输入。第 5.3 节详细介绍本书提出的两阶段混合算法，其目的是为 BO-QMKP 提供高质量的近似帕累托最优。本书详细介绍了 HTS 是如何将一个精英进化多目标优化算法与响应式阈值搜索算法相结合以作为第一阶段的优化算法，并在第二阶段采用高效的帕累托局部搜索算法进一步改善第一阶段的搜索结果。第 5.4 节介绍实验研究。采用一组包含 60 个算例的标准测试集测试本章提出的 HTS 算法的有效性。实验结果表明，HTS 全面超越传统的非占优排序遗传算法（NSGA-Ⅱ）和两个 HTS 的简化版本。

5.2　双目标二次型多背包问题

给定一组物品 $N=\{1, 2, \cdots, n\}$ 和一组容量受限的背包 $M=\{1, 2, \cdots, m\}$。每个物品 i（$i \in N$）都与一个利润 p_i 和一个权值 w_i 相关联。每一对物品 i 和 j（$1 \leqslant i \neq j \leqslant n$）与一个成对的利润 p_{ij} 相关联。每个背包 k（$k \in M$）都有一个容量 C_k。BO-QMKP 的目标是将 n 个物品分配给 m 个背包（有些物品可能因容量不足而无法装入背包）使已分配物品的总利润和利润最小的背包的收益同时最大化，并满足以下两个约束条件：

（1）每个物品 i（$i \in N$）最多可以分配给一个背包；

（2）分配给每个背包 k（$k \in M$）的物品总质量不能超过其容量 C_k。

BO-QMKP 解可以表示为 $S=\{I_0, I_1, \cdots, I_m\}$。$I_k \subseteq N$（$k \in M$）代表分配给背包 k 的物品集合，I_0 包含所有未分配的物品。BO-QMKP 的数学表述如下：

$$\max f_1(S) = \sum_{k \in M} \sum_{i \in I_k} p_i + \sum_{k \in M} \sum_{i \neq j \in I_k} p_{ij} \tag{5.1.1}$$

$$\max f_2(S) = \min_{k \in M} \Big\{ \sum_{i \in I_k} p_i + \sum_{i \neq j \in I_k} p_{ij} \Big\} \tag{5.1.2}$$

其约束为：

$$\sum_{i \in I_k} w_i \leqslant C_k, \forall k \in M \tag{5.1a}$$

$$S \in \{0, 1, \cdots, m\}^n \tag{5.1b}$$

公式（5.1.1）的目标是使所有分配物品的总利润最大化，而（5.1.2）的目标是使利润最小的背包的利润最大化。约束（5.1a）保证了分配给每个背包的物品总质量不超过其容量。约束（5.1b）要求每个物品最多分配给一个背包。BO-QMKP 也可以很直观地表示为一个双目标 0－1 二次规划（参见公式（1.4）），由于该模型在本章中并未使用，因此不再赘述。

5.3 求解 BO-QMKP 的两阶段混合算法

考虑到 BO-QMKP 模型的计算复杂度，本章设计了一个两阶段混合搜索算法，旨在为给定的 BO-QMKP 实例高效地计算出一个高质量的帕累托最优近似解集。

5.3.1 算法总体框架

算法 5.1 给出了两阶段搜索算法的总体框架。第一阶段采用基于群体的模因搜索方法，第二阶段采用帕累托局部搜索方法。下面首先介绍 HTS 方法两个阶段的基本原理；然后，第 5.3.2 节和第 5.3.3 节将分别详细介绍第一阶段和第二阶段的具体组成部分和设计要点。

算法 5.1　HTS 算法的伪代码

输入：P（BO-QMKP 算例）
　　　p_s（子种群的大小）
输出：一个近似的帕累托集合

/* 阶段 1：标量模因搜索 */
1. Initialize the archive A　/* 群体初始化，详见第 5.3.2 节 */
2. $N_{NS} \leftarrow |A|$　/* 记录非支配解的数量 */

续

```
3. imp←true
4. cnt←1
5.  while (imp = true) ∨ (N_NS > 1) do
6.      imp←false
7.      step←1/N_NS
8.    for i: 0→N_NS - 1 do
9.      if cnt 是奇数 then
10.         start←i * step; end← (N_NS - 1) * step
11.     else
12.         start← (N_NS - i + 1) * step; end← (N_NS - i) * step
13.     end if
14.     λ1←rand (start, end); λ2←1 - λ1; λ← (λ1, λ2)
15.     SP←construct_subpopulation (λ, p_s)
16.     (S_1, S_2) ←从 SP 中随机选择两个解
17.     S_0←crossover (S_1, S_2)   /* 解重组，详见第5.3.2节 */
18.     S_0←RTS (S_0, λ)   /* 改进 S_0，详见第5.3.2节 */
19.     A′←nondominate_filter (A ∪ {S_0})
20.     if A′≠A then
21.         imp←ture; A←A′
22.     break
23.     end if
24.   end for
25.   cnt→cnt + 1
26. end while
    /* 阶段2：帕累托局部搜索 */
27. A←DNPLS (A)   /* 详见第5.3.3节 */
28. return A
```

5.3.1.1 第一阶段——标量模因搜索

第一阶段的标量模因搜索（scalarizing memetic search，SMS）方法是 HTS 算法的重要组成部分。SMS 遵循基于种群的模因搜索框架，结合了进化算法和局部优化。为了简化对 SMS 原理的阐释，搜索过程和一些重要概念的说明见图 5.1。

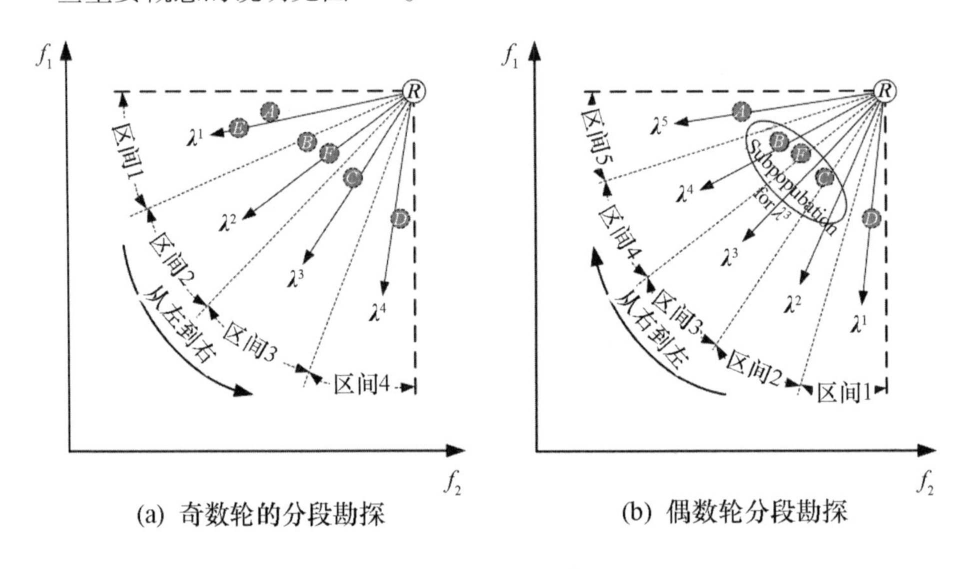

图 5.1 标量模因搜索说明

为了获得一个 BO-QMKP 的近似帕累托最优，SMS 将 BO-QMKP 进行拆分，利用不同的权重向量，产生出一系列单目标的标量子问题。具体地说，给定一个目标向量 $\boldsymbol{F}(S)=\{f_1(S), f_2(S)\}$ 和一个权重向量 $\boldsymbol{\lambda}=\{\boldsymbol{\lambda}^1, \boldsymbol{\lambda}^2\}$，经过标量处理的子问题目标函数可表示为：

$$h(S)=\boldsymbol{\lambda}^1\times f_1(S)+\boldsymbol{\lambda}^2\times f_2(S) \tag{5.2}$$

解决一个标量子问题相当于解决一个单目标 QMKP，其目标函数为 $h(S)$。例如，在图 5.1（a）中，4 个权重向量 $\boldsymbol{\lambda}^1$、$\boldsymbol{\lambda}^2$、$\boldsymbol{\lambda}^3$、$\boldsymbol{\lambda}^4$ 将产生 4 个不同的标量子问题。

SMS 使用一个（无大小限制的）非支配群体存储非支配解。非支配群体最初由一组高质量的非支配解组成，这些初始解是采用二分标量局部搜索方法（更多详细内容参见第 5.3.2 节）产生的。在后续的进化过程中，非支配群体按照以下三个步骤不断更新。

第一步：首先，BO-QMKP 的整个目标空间被均匀划分为 N_{NS} 区间，N_{NS} 表示当前非支配群体中非支配解的数量。在图 5.1（a）中，$N_{NS}=4$（点 $A \sim D$）分 4 个区间，而在图 5.1（b）中，$N_{NS}=5$（点 A ~ D 和点 F）分 5 个区间。然后，SMS 开始一轮区间搜索，按照当前这一轮区间搜索开始时确定的搜索方向，一个接一个地搜索这个 N_{NS} 区间。每个区间对应原问题的一个子问题。区间搜索的方向在每一轮都发生变化。在奇数轮，SMS 从左到右搜索区间（见图 5.1（a）），标量化目标函数的重要性在 f_1 上逐步降低，在 f_2 上逐步增加；在偶数轮，SMS 从右到左搜索区间（见图 5.1（b）），标量化目标函数的重要性在 f_2 上降低，在 f_1 上增加。

第二步：为每个搜索过的区间生成一个新的解。给定一个区间，SMS 首先随机生成一个权重向量（图 5.1 中的所有权重向量是在相应的区间内随机生成的）。根据该权重向量，SMS 可以为当前非支配群体中的每一个个体分配一个适合度，并将最好的 p_s 个个体复制到子种群 SP 中。例如，图 5.1（b）中种群大小为 3 的子种群 SP 包含 3 个解（即 B、C、F），这 3 个解最接近向量 $\boldsymbol{\lambda}^3$。从 SP 中随机选择 2 个父代解，然后将基于背包的交叉算子应用于这 2 个父代解并生成 1 个子代解，通过响应阈值搜索（RTS）算法进一步改进该子代解。（更多详细介绍参见第 5.3.2 节）

第三步：如果改进的子代解不在非支配群体中，或不受非支配群体中任何解支配，则将其插入非支配群体。如果将解插入非支配群体，SMS 将打破当前一轮的区间搜索，并从相反的方向开始新一轮搜索；否则 SMS 将遵循相同的方向搜索下一个区间。在图 5.1（a）中，SMS 在区间 1 中产生了一个被解 A 支配的子代解 E，因此它继续搜索下一个区间。在区间 2 中，SMS 成功地生成了一个不受任何现有解支配的解 F，因此 SMS 将 F 插入非支配群体中，打破当前一轮从左到右的区间搜索，并开始一轮新的从右到左的搜索，见图 5.1（b）。

上述过程重复进行，直至在一轮完整的区间搜索中没有找到1个可以插入库中的解，或者非支配解的数量少于2个（该情况很少发生）。

总之，第一阶段的SMS有以下三个特点：

（1）SMS使用一种粒度增加（granularity-increasing,GI）策略，动态地改变要搜索的区间。GI逐步缩小了区间并增加了它们的粒度。基于这些不断缩小的区间，定义出多样化且分布良好的权重向量，这有助于SMS有效地逼近整个帕累托最优。这一特性使得SMS不同于一般的标量化方法（一般的标量化方法是通过考虑决策者的偏好信息而确定的）。

（2）SMS使用搜索方向动态变化（direction altering,DA）策略，在奇数轮和偶数轮之间切换其搜索方向，以避免搜索过程对这两个目标中的任何一个有"偏袒"，从而保证搜索过程发现的非支配解的多样性和在整个帕累托最优的均匀分布。

（3）SMS使用与权重向量相关的非支配解组成的子种群来解决每个子问题，有利于加速近似解的收敛。

GI和DA策略非常简单，易于实现。它们可以被集成到任何双目标优化的标量化方法中。这两种策略可以被认为是解决双目标优化问题的通用策略。此外，构造子种群的思想适用于任何基于种群的标量化方法，通过利用邻近的非支配解信息，加速搜索过程的收敛。

为了让读者进一步了解基于种群的SMS算法的策略和技术，本书在第5.3.2节中详细介绍了它的组成部分。

5.3.1.2 第二阶段——双邻域帕累托局部搜索

在第一阶段由SMS获得的非支配解集的基础上，HTS在第二阶段采用双邻域帕累托局部搜索（double-neighbourhood pareto local search, DNPLS），进一步逼近真实的帕累托最优。与标量化方法不同，DNPLS中解的选择过程是由帕累托支配关系指导的。这一阶段不仅有助于将近似解集推进到真实的帕累托最优，而且增强了HTS算法得到的最终近似解集的分布形态和分布范围。DNPLS将在第5.3.3节中详细描述。

如算法 5.1 所示，经过以上两个搜索阶段后，HTS 算法返回一个非支配解群体（用集合 A 表示），代表一个近似的帕累托最优。下面将分阶段详细介绍 HTS 算法的主要组成部分。

5.3.2　第一个阶段标量模因搜索的组成部分

5.3.2.1　非支配解群体初始化

在 HTS 的第一阶段，基于种群的标量模因搜索算法首先使用二分标量局部搜索（dichotomic scalarizing local search, DSLS）方法产生一组解，形成初始种群。DSLS 方法的灵感来自二分搜索思想。DSLS 将该思想与局部搜索相结合。虽然本书提出的 DSLS 算法与文献［35］中研究的二分搜索方法有相似之处，但它具有下述独有的特征。

DSLS 的算法框架见算法 5.2。DSLS 首先为每个目标函数确定一个高质量的初始解（算法 5.2 的第 5 ~ 9 行），它们构成了帕累托最优中的“极端解”。初步实验表明，这些极端解对整个算法的性能有重要影响。因此，采用高效的算法以保证极端解的质量。对于 BO-QMKP 的两个目标，我们运行迭代版本的 RTS 算法（即 IRTS 算法）以获得高质量的解。IRTS 的最大扰动次数设定为 10 次。IRTS 算法利用贪婪构造方法（greedy construction method, GCM）生成初始解。在构造过程的每次迭代中，GCM 将一个未分配的物品插入其中一个背包中，在保持解可行性的同时，实现对当前标量目标函数的最大改进。得到的两个极端解（分别对应 BO-QMKP 的两个目标）包含在一个集合 U_1 中。在 DSLS 的每次迭代中，U_1 中的解按照第一个目标值降序排列，然后选择 U_1 的前两个解形成一对，即（S^1，S^2）。新的权重向量垂直于 S^1 和 S^2 定义的空间 $\boldsymbol{\lambda} = (norm^2/(norm^1 + norm^2),\ norm^1(norm^1 + norm^2))$，$norm^i = |f_i(S^1) - f_i(S^2)|/f_i^{\max}(i=1,\ 2)$。$f_1^{\max}$ 和 $f_2^{\max}$ 分别对应 BO-QMKP 两个目标的上界值，其计算方式为：

$$f_1^{\max} = \sum_{i=1}^{n} \sum_{j=i}^{n} p_{ij} \tag{5.3}$$

$$f_2^{max} = f_1^{max}/m \tag{5.4}$$

然后，针对由 λ 定义的标量化子问题，运行 RTS 算法得到解 S^0。如果 S^0 满足：$f_1(S^1) > f_1(S^0) > f_1(S^2)$ 且 $f_2(S^2) > f_2(S^0) > f_2(S^1)$，则把解 S^0 插入 U_I 中。运行 RTS 两次，两次的初始解分别为 S^1 和 S^2。

算法 5.2　DSLS 算法的伪代码

输入：P（BO-QMKP 算例）
输出：A（非支配解集合）

1. $\lambda^1 = (1, 0)$，$\lambda^2 = (0, 1)$
2. $U_I \leftarrow \varnothing$，$U_E \leftarrow \varnothing$
3. **for** i：1 to 2 **do**
4. 　$S \leftarrow$ Greedy Construct (λ^i)
5. 　$S' \leftarrow$ IRTS (S, λ^i)
6. 　$U_I \leftarrow U_I \cup \{S'\}$
7. **end for**
8. **while** $|U_I| \leqslant 2$ **do**
9. 　按照 f_1 值的降序对 U_I 中的解进行排序
10. 　$(S^1, S^2) \leftarrow$ 从 U_I 中选择前两个解
11. 　**for** i：1 to 2 **do**
12. 　　$norm^i = |f_i(S^1) - f_i(S^2)| / f_i^{max}$
13. 　**end for**
14. 　$\lambda \leftarrow (norm^2/(norm^1 + norm^2), norm^1 (norm^1 + norm^2))$
15. 　$imp \leftarrow$ false
16. 　**for** i：1 to 2 **do**
17. 　　$S^0 = \text{RTS}(S, \lambda^i)$　/* 改进 S^i，详见第 5.3.2 节 */
18. 　　**if** $f_1(S^1) > f_1(S^0) > f_1(S^2) \wedge f_2(S^2) > f_2(S^0) > f_2(S^1)$ **then**

续

```
19.         U_I ← U_I ∪ {S^0}
20.         imp ← true
21.         break
22.       end if
23.     end for
24.     if imp = false then
25.       U_I ← U_I \ {S^1}; U_E ← U_E ∪ {S^1}
26.     end if
27.   end while
28.   A ← U_I ∪ U_E 中的非支配解
29.   return A
```

一旦 S^0 成功插入 U_I，当前迭代结束；否则，在开始下一次算法迭代之前，S^1 将从 U_I 中删除并放入一个外部集合 U_E 中。重复上述过程（算法 5.2 的第 10～29 行），直到 U_I 中的解的数量小于 2，并将 $U_I \cup U_E$ 中的非支配解放入 A 中形成初始非支配解群体。

5.3.2.2　子种群构造

在 SMS 的每一个迭代中，该算法处理一个由权重向量 $\boldsymbol{\lambda}=(\boldsymbol{\lambda}^1, \boldsymbol{\lambda}^2)$ 定义的子问题。构造一个子种群，从该子种群中选择两个父代个体参与后续的交叉。给定 $\boldsymbol{\lambda}=(\boldsymbol{\lambda}^1, \boldsymbol{\lambda}^2)$，$\boldsymbol{\lambda}^1$ 是一个在［*start*，*end*］区间内随机产生的实数值（关于如何获取 *start* 和 *end* 这两个值，参照算法 5.1 的第 11～15 行），$\boldsymbol{\lambda}^2=1-\boldsymbol{\lambda}^1$。利用 $\boldsymbol{\lambda}$ 为非支配解群体 A 中的每个个体赋予一个适应度值。然后按适应度值的降序对 A 中的个体进行排序，子种群由适应度值最高的 p_s 个个体组成。由于子种群中的解都是前序求解子问题得到的解，因此每个子问题由一个权重向量定义，但该权重向量与 $\boldsymbol{\lambda}$ 不同。当前子种群中的解可以视为 p_s 个与 $\boldsymbol{\lambda}$ 最邻近的前序子问题的解。根据文献［120］给出的结论，当 $\boldsymbol{\lambda}^i$ 接近 $\boldsymbol{\lambda}^j$ 时，$\boldsymbol{\lambda}^i$ 的关联子问题的最优解应该接近 $\boldsymbol{\lambda}^j$ 的关联子问题。因此，我们认为一个与当前权重向量相近的子问题的信息对于求解当前子问题是有帮助的。

5.3.2.3 基于背包的交叉算子

在构建子种群之后，从子种群中随机选择两个不同的个体，然后使用基于背包的交叉（knapsack-based crossover, KBX）运算符对它们进行重组，产生一个后代解。KBX 的工作原理如下。给定两个父代解 $S^1=\{I_0^1, I_1^1, \cdots, I_m^1\}$，$S^2=\{I_0^2, I_1^2, \cdots, I_m^2\}$（针对当前的子问题，$S^1$ 的适应度总优于 S^2），KBX 从其中随机选择了两个背包以及背包中包含的物品 I_i^1（$i\neq0$）和 I_j^2（$j\neq0$）。将 S^1 中 I_i 由 I_j^2 替换，得到的新解作为子代解 $S^0=\{I_0^0, I_1^0, \cdots, I_m^0\}$。如果该子代解不可行，则可能有两种情况：

（1）有些物品重复出现；

（2）有些物品在新解中丢失。

对于第一种情况，KBX 从 S^0 的旧背包中删除重复的物品（而不是从 I_i^0 删除物品）。对于第二种情况，KBX 首先将丢失的物品按随机顺序排列。在不违反容量约束的情况下，KBX 尝试将每个物品分配给一个背包 I_k^0（$k>0$）。如果有多个这样的背包，则随机选择一个；如果不存在这样的背包，KBX 将该物品分配给 I_0^0。

在每次交叉操作之后，新的子代解将通过一个 RTS 算法进行改进，下一节将对该算法进行介绍。

5.3.2.4 响应阈值搜索算法

为了优化标量目标函数定义的单目标子问题，可以应用任意 QMKP 单目标优化算法。本节应用第 3 章介绍的响应阈值搜索（RTS）算法，这是目前最先进的 QMKP 算法之一。此处不再赘述算法的细节。

RTS 所要解决的单目标子问题（QMKP）由一个权重向量 $\boldsymbol{\lambda}=(\boldsymbol{\lambda}^1, \boldsymbol{\lambda}^2)$ 定义，其形式如下：

$$\max h(S)=\boldsymbol{\lambda}^1\times g_1(S)+\boldsymbol{\lambda}^2\times g_2(S) \tag{5.5}$$

其约束为：

$$\sum_{i \in I_k} w_i \leqslant C_k, \forall k \in M \tag{5.5a}$$

$$S \in \{0, 1, \cdots, m\}^n \tag{5.5b}$$

式中 $g_1(S)$ 和 $g_2(S)$ 为归一化的目标函数，定义如下：

$$g_1(S) = f_1(S)/f_1^{\max *} \tag{5.6}$$

$$g_2(S) = f_2(S)/f_2^{\max *} \tag{5.7}$$

在公式（5.6）和公式（5.7）中，$f_1^{\max *}$ 和 $f_2^{\max *}$ 分别为 f_1 和 f_2 归一化后的最大目标值，其计算方法如下：令非支配解群体中初始化阶段的两个极端解（更多详细内容参见第 5.3.2 节）为 S_1^* 和 S_2^*，符合 $f_1(S_1^*) > f_1(S_2^*)$ 和 $f_2(S_2^*) > f_2(S_1^*)$，那么：

$$f_1^{\max *} = f_1^{\max} \tag{5.8}$$

$$f_2^{\max *} = (f_2(S_2^*) - f_2(S_1^*)) * f_1^{\max} / (f_1(S_1^*) - f_1(S_2^*)) \tag{5.9}$$

在公式（5.5）中引入归一化目标函数 $g_1(S)$ 和 $g_2(S)$ 是为了避免“偏袒”某一个目标函数，尤其是当两个目标值不在同一个量级时。

5.3.3　第二阶段的双邻域帕累托局部搜索算法

在第一阶段的最后，HTS 得到了一组由 SMS 算法产生的高质量非支配解集。这些解构成了一个近似的帕累托最优。第二阶段的目标是通过帕累托局部搜索方法进一步提高近似解的质量。帕累托局部搜索将单目标优化的迭代改进算法扩展到多目标情形。与 SMS 等标量化方法使用单目标解接受准则不同，帕累托局部搜索采用基于帕累托支配关系接受邻居解。本书提出的帕累托局部搜索算法（参见算法 5.3）在 HTS 的第二阶段依赖两个专门的邻域 N_R 和 N_E，这两个邻域是由两个移动运算符产生的：REALLOCATE 和 EXCHANGE（更多关于这两个运算符的内容参见第 3.2.4 节）。正因如此，才将本书提出的算法称为双邻域帕累托局部搜索（DNPLS）算法。

算法 5.3　DNPLS 算法的伪代码

输入：P（BO-QMKP 算例）
　　　A（一组初始的非支配解）
输出：A（最终非支配解集）

1. **for** each $S \in A$ **do**
2. 　visited（S）←false
3. **end for**
4. $A_F \leftarrow A$
5. **while** $A_F \neq \varnothing$ **do**
6. 　S_0←从 A_F 中随机选择一个解
7. 　$A_F \leftarrow A_F \setminus \{S_0\}$
8. 　**for** each $N \in \{N_R, N_E\}$ **do**
9. 　　**for** each $S \in N(S_0)$ **do**
10. 　　　**if** S 不被 S_0 支配 **then**
11. 　　　　visited（S）←false
12. 　　　　A←nondominate_filter（$A \cup \{S\}$）
13. 　　　**end if**
14. 　　**end for**
15. 　**end for**
16. 　visited（S_0）←ture
17. 　$A_F \leftarrow \{S \in A \mid \text{visited}(S) = \text{false}\}$
18. **end while**
19. **return** A

DNPLS 的输入是一个初始非支配解群体（用集合 A 表示）。A 是模因算法 SMS 的输出。DNPLS 使用另一集合 A_F 来存储 A 中尚未访问的解。DNPLS 首先从 A_F 随机选择一个解决方案 S_0。然后 DNPLS 以串行的方式搜索 S_0 的两个邻域 N_R 和 N_E（算法 5.3 的第 10 ~17 行）。任何不被 S_0 支配的可行的邻居解都标记为未访问解（算法 5.3 的第 13 行），并将其添加到非支配解群体中。S_0 在邻域搜索之后被标记为已访问，未访问的解集 A_F 相应更新。DNPLS 重复上述过程，直到 A_F 为空（即非支配解群体 A 中的所有解均已被访问）。第二阶段输出的非支配解群体 A 是整个 HTS 算法的最终结果。

5.4 实验研究

本节主要介绍算法的实验研究结果。实验研究基于一组著名的 QMKP 算例，共分为五个部分：第一部分为参数校准；第二部分展示 HTS 算法的计算结果，并将 HTS 的计算结果与文献中前沿的两种单目标算法的计算结果进行比较；第三部分将 HTS 与著名的多目标算法 NSGA-Ⅱ的计算结果进行比较；第四部分是将 HTS 的性能与两种简化版本的 HTS 进行比较，以了解 HTS 各组成部分对算法总体性能的贡献；第五部分通过图形化方式直观展示 HTS 与参考算法的对比结果。

5.4.1 实验配置

（1）测试算例。实验基于一组包含 60 个著名 QMKP 算例的基准测试集，即第 1.7 节介绍的 QMKPSet Ⅰ，这些算例出现在几乎所有 QMKP 文献中。这些算例由一组二次单背包算例改造而来。这些算例的三个基本特征包括：物品的数量 $n \in \{100, 200\}$；密度 $d \in \{0.25, 0.75\}$，背包数 $m \in \{3, 5, 10\}$。对于每个算例，背包的容量设置为所有物品的总质量除以背包数量的 80%。

（2）计算环境。本书采用 C++ 编程实现了 HTS 算法。算法在 GNU gcc 4.1.2 上编译，并使用“-O3”编译优化选项。操作系统为 Ubuntu 12.04，处理器为 AMD 皓龙 4184（2.8 GHz 和 2 GB RAM）。在解决 DIMACS 机器标准测试算例时（不使用编译优化选项），对于

r300.5、r400.5 和 r500.5 这几幅典型的图，本实验的机器分别需要 0.40 s、2.50 s 和 9.55 s 的运行时间。

（3）性能评价指标。为有效评估 HTS 算法和其他参考算法的性能，本实验使用著名的多目标算法评价指标：Epsilon 和 Hypervolume 指标。

①Epsilon 指标 I_E

Epsilon 指标对应一个最小乘积因子。该指标给出了最小乘积因子，通过该因子，近似解集必须在目标解空间中移动，以便支配参考解集。

②Hypervolume Difference 指标 I_H^-

给定一个近似非支配解集合 A，令 A 的超体积为 $I_H(A)$。集合 A 的超体积差为 $I_H^-(A) = I_H(R) - I_H(A)$，其中 R 是一个参考集合。参考集合由所有参数组合所形成的近似解集合中最好的非支配解整合而成。直观地看，这个指标描述了被 R 支配但不被 A 支配的目标空间。超体积差异指标是一种最常用的评价多目标优化算法的指标，因为它是目前唯一一个符合帕累托支配关系的一元指标。

在本章的实验中，以上两个指标是基于非支配解的归一化目标向量计算的。对于任意一个目标向量，它的两个目标值在区间［1，2］内被归一化，$f^{\min **} = \{f_1^{\min **}, f_2^{\min **}\}$ 和 $f^{\max **} = \{f_1^{\max **}, f_2^{\max **}\}$，其中 $f_i^{\min **}$ 和 $f_i^{\max **}$ $(i=1, 2)$ 是在 30 次运行中获得的所有结果的最小值和最大值。以（0.9，0.9）作为参考点。本章所记录的计算结果是通过 PISA 性能评估软件算得的。对于 I_E 和 I_H^- 两个指标，数值越低越好。

5.4.2 参数校准

本书提出的 HTS 依赖于 4 个参数，其中属于 RTS 组件的 3 个参数取值在本书第 3 章已有深入的实验分析研究。HTS 中相关参数直接沿用第 3 章的配置。HTS 引入的唯一一个新参数是子种群大小（即 p_s，更多详细内容可参见第 3. 2. 2 节）。为了校准 p_s，首先框定 4 个最有潜力的配置：4、8、12、16；然后通过实验研究确定 1 个最适合于本章所选测试算例的取值。对于每个 p_s 值，在 60 个 QMKP 标准测试算例上运行 30 次 HTS。I_E 和 I_H^- 的计算结果见表 5. 1。从表 5. 1 可以看出，$p_s=8$ 是最佳参数配置。的确，就这 2 个指标而言，$p_s=8$ 在 4 个参与比较的参数取值中表现最好的算例数最多。这主要是因为 $p_s=8$ 的平均指标值最小，标准差也最小。从表 5. 1 中还可以得知，p_s 的值既不能太小也不能太大。当 p_s 太小时，子种群中包含的解可能太相似（即太接近当前的权重向量），这对群体多样化没有帮助。当 p_s 太大时，被选中进行交叉的 2 个父代解可能差异太大（即与当前的权重向量相差太远），这将导致子代解严重退化，降低了算法的收敛速度。

表 5. 1　在 60 个 QMKP 标准测试算例上 4 种不同子种群大小设置的 HTS 的统计结果

	I_E				I_H^-			
	$p_s=4$	$p_s=8$	$p_s=12$	$p_s=16$	$p_s=4$	$p_s=8$	$p_s=12$	$p_s=16$
最优或改进解数量	11	**32**	26	22	13	**30**	29	21
平均值	0. 184 035	**0. 174 198**	0. 174 910	0. 175 684	0. 138 575	**0. 131 301**	0. 131 505	0. 132 318
Δ_{SD}	0. 046 144	**0. 042 367**	0. 042 727	0. 043 029	0. 041 283	**0. 038 827**	0. 038 850	0. 038 887

注：最优或改进解数量计算对应的 p_s 值在 4 个可能的 p_s 值中达到最佳的实例数量；对于每个 p_s 值，平均值和 Δ_{SD} 分别显示了在 60 个测试实例上获得的 60 个平均指标值的平均值和标准差；最优或改进解数量值越大越好，平均值和 Δ_{SD} 值越小越好；加粗的值对应的配置是在相应统计指标和多目标评价指标下的最优配置。

5.4.3 HTS 与 QMKP 算法计算效能对比分析

HTS 算法在 60 个基准测试算例上的计算结果见表 5.2 ~ 表 5.3。第 1 列至第 5 列给出了算例的特征，包括物品的数量 n、密度 d、背包的数量 m、算例标识号 I 和每个背包的容量 C；表 5.3 展示 HTS 的结果，包括帕累托最优最左侧的解的两个目标值 f_1^{left} 和 f_2^{left}；帕累托最优最右侧解的两个目标值 f_1^{right} 和 f_2^{right}；非支配解的数量综合了 30 次运行的结果 #NS；计算 CPU 时间为 30 次运行时间的平均值 t_{avg}。

表 5.2　HTS 与两个最优秀的单目标 QMKP 算法的计算结果对比 1

算例					IRTS		TIG	
n	d	m	I	C	f_1	f_2	f_1	f_2
100	25	3	1	688	**29 286**	**6 293**	29 138	6 374
100	25	3	2	738	**28 491**	**7 446**	**28 491**	**7 446**
100	25	3	3	663	**27 179**	**8 640**	27 039	6 241
100	25	3	4	804	28 593	7 551	28 593	7 551
100	25	3	5	723	**27 892**	**8 303**	**27 892**	**8 303**
100	25	5	1	413	**22 581**	**2 896**	22 379	2 679
100	25	5	2	442	**21 704***	**3 621***	21 623	2 587
100	25	5	3	398	**21 239**	**3 256**	21 166	3 070
100	25	5	4	482	**22 181**	**3 379**	22 181	3 379
100	25	5	5	434	**21 669**	**2 904**	**21 669**	**2 904**
100	25	10	1	206	**16 221**	**942**	16 139	654
100	25	10	2	221	**15 700**	**714**	15 561	744

续表

算例					IRTS		TIG	
n	d	m	I	C	f_1	f_2	f_1	f_2
100	25	10	3	199	14 893	698	14 860	816
100	25	10	4	241	**16 181**	**1 000**	16 180	1 000
100	25	10	5	217	**15 326**	**701**	15 227	701
200	25	3	1	1 381	101 442	20 236	10 0349	15 894
200	25	3	2	1 246	**107 958**	**12 870**	107 898	12 988
200	25	3	3	1 335	**104 589** *	**16 510** *	104 488	16 214
200	25	3	4	1 413	**100 098**	**18 553**	98 824	17 497
200	25	3	5	1 358	**102 311**	**18 096**	101 973	15 559
200	25	5	1	828	75 623	8 435	74 367	7 417
200	25	5	2	747	**80 033**	**6 230**	79 480	6 367
200	25	5	3	801	**78 043**	**7 293**	77 695	7 196
200	25	5	4	848	**74 111** *	**8 843** *	73 132	8 403
200	25	5	5	815	**76 610**	**7 811**	76 118	7 762
200	25	10	1	414	**52 259**	**2 277**	51 362	2 604
200	25	10	2	373	**54 830**	**2 169**	54 199	2 153
200	25	10	3	400	**53 605** *	**2 650** *	52 989	2 310
200	25	10	4	424	51 151	2 281	50 591	2 480
200	25	10	5	407	53 621	2 383	52 981	2 504
100	75	3	1	669	**69 977**	**7 823**	69 935	8 006
100	75	3	2	714	**69 504**	**8 970**	**69 504**	**8 970**
100	75	3	3	686	**68 832**	**10 614**	68 811	8 986
100	75	3	4	666	**70 028**	**8 499**	**70 028**	**8 499**

续表

算例					IRTS		TIG	
n	d	m	I	C	f_1	f_2	f_1	f_2
100	75	3	5	668	**69 692**	**9 373**	**69 692**	**9 373**
100	75	5	1	401	**49 421**	**3 582**	49 397	3 554
100	75	5	2	428	49 400	3 452	49 350	3 499
100	75	5	3	411	48 495	3 788	48 495	3 788
100	75	5	4	400	**50 246**	**3 692**	**50 246**	**3 692**
100	75	5	5	400	**48 753**	**4 170**	48 752	4 368
100	75	10	1	200	**30 296**	**1 052**	30 111	842
100	75	10	2	214	31101	1 179	31 032	941
100	75	10	3	205	**29 908**	**926**	29 829	987
100	75	10	4	200	**31 762**	**1 057**	31 657	1 191
100	75	10	5	200	**30 507** *	**1 049** *	30 279	1 049
200	75	3	1	1 311	**270 718**	**29 712**	**270 718**	**29 712**
200	75	3	2	1 414	**257 288**	**38 726**	**257 288**	**38 726**
200	75	3	3	1 342	**270 069**	**31 536**	**270 069**	**31 536**
200	75	3	4	1 565	246 993	38 734	246 746	36 900
200	75	3	5	1 336	**279 598**	**31 892**	**279 598**	**31 892**
200	75	5	1	786	**185 097** *	**13 690** *	184 917	12 557
200	75	5	2	848	174 812	14 404	174 739	14 626
200	75	5	3	805	**186 767** *	**13 705** *	186 670	12 904
200	75	5	4	939	**166 874** *	**15 174** *	166 611	16 125
200	75	5	5	801	**193 310** *	**13 852** *	193 100	12 712
200	75	10	1	393	112 987	3 951	112 892	3 772

续表

算例					IRTS		TIG	
n	d	m	I	C	f_1	f_2	f_1	f_2
200	75	10	2	424	105 846	3 829	105 353	4 315
200	75	10	3	402	114 561	3 651	114 216	3 442
200	75	10	4	469	99 307	4 643	98 355	4 686
200	75	10	5	400	117 141	3 209	116 640	3 994

表 5.3　HTS 与两个最优秀的单目标 QMKP 算法的计算结果对比 2

算例					HTS					
n	d	m	I	C	f_1^{left}	f_2^{left}	f_1^{right}	f_2^{right}	#NS	t_{avg}/s
100	25	3	1	688	**29 286**	**6 293**	28 894	9 624	11	8. 2
100	25	3	2	738	**28 491**	**7 446**	27 860	9 276	13	9. 54
100	25	3	3	663	**27 179**	**8 640**	26 908	8 936	9	5. 92
100	25	3	4	804	**28 593** *	**9 302** *	28 410	9 426	3	7. 63
100	25	3	5	723	**27 892**	**8 303**	27 553	9 169	10	8. 38
100	25	5	1	413	**22 581**	**2 896**	21 995	4 377	16	12. 6
100	25	5	2	442	21 678	2 744	21 523	4 250	6	7. 77
100	25	5	3	398	**21 239**	**3 256**	20 823	4 113	13	10. 5
100	25	5	4	482	**22 181**	**3 379**	21 761	4 310	13	10. 1
100	25	5	5	434	**21 669**	**2 904**	21 210	4 213	12	8. 74
100	25	10	1	206	**16 221**	**942**	15 173	1 483	23	22. 08
100	25	10	2	221	**15 700**	**714**	15 259	1 464	15	15. 61
100	25	10	3	199	**14 927** *	**838** *	13 993	1 368	18	17. 98
100	25	10	4	241	**16 181**	**1 000**	15 290	1 491	16	16. 77

续表

算例					HTS					
n	d	m	I	C	f_1^{left}	f_2^{left}	f_1^{right}	f_2^{right}	#NS	t_{avg}/s
100	25	10	5	217	**15 326**	**701**	14 609	1 436	11	18.78
200	25	3	1	1 381	101 465	18 416	100 127	33 362	33	103.08
200	25	3	2	1 246	**107 958**	**12 870**	101 547	33 780	80	54.08
200	25	3	3	1 335	104 567	15 811	99 745	33 177	85	113.06
200	25	3	4	1 413	**100 098**	**18 553**	98 677	32 875	23	39.18
200	25	3	5	1 358	**102 311**	**18 096**	99 203	32 995	35	47.97
200	25	5	1	828	75 567	9 131	73 741	14 687	29	70.16
200	25	5	2	747	**80 033**	**6 230**	74 558	14 838	46	75.06
200	25	5	3	801	**78 043**	**7 293**	73 038	14 564	45	63.82
200	25	5	4	848	74 073	8 688	72 829	14 487	22	47.7
200	25	5	5	815	**76 610**	**7 811**	73 258	14 596	46	65.14
200	25	10	1	414	**52 259**	**2 277**	49 825	4 946	32	82.51
200	25	10	2	373	**54 830**	**2 169**	50 695	5 030	37	181.74
200	25	10	3	400	53 586	2 575	50 071	4 910	42	144.73
200	25	10	4	424	51 135	2 458	49 568	4 868	22	85.72
200	25	10	5	407	53 598	2 839	49 599	4 909	40	116.39
100	75	3	1	669	**69 977**	**7 823**	64 030	21 310	40	9.28
100	75	3	2	714	**69 504**	**8 970**	63 633	21 188	69	13.68
100	75	3	3	686	**68 832**	**10 614**	64 706	21 512	42	9.08
100	75	3	4	666	**70 028**	**8 499**	62 783	20 909	78	11.73
100	75	3	5	668	**69 692**	**9 373**	65 498	21 737	46	11.45
100	75	5	1	401	**49 421**	**3 582**	**43 565**	**8 693**	**32**	**15.25**

续表

算例					HTS					
n	d	m	I	C	f_1^{left}	f_2^{left}	f_1^{right}	f_2^{right}	#NS	t_{avg}/s
100	**75**	**5**	**2**	**428**	**49 365**	**3 858**	**42 850**	**8 537**	**52**	**18.71**
100	**75**	**5**	**3**	**411**	**48 495** *	**3 816** *	44 177	8 776	47	25.44
100	75	5	4	400	**50 246**	**3 692**	42 982	8 570	61	12.28
100	75	5	5	400	**48 753**	**4 170**	44 543	8 857	32	12.62
100	75	10	1	200	**30 296**	**1 052**	26 155	2 501	53	153.55
100	75	10	2	214	**31 129** *	**1 184** *	25 491	2 458	37	63.45
100	75	10	3	205	**29 908**	**926**	26 125	2 536	40	76.28
100	75	10	4	200	**31 762**	**1 057**	**25 546**	**2 514**	**57**	**58.52**
100	**75**	**10**	**5**	**200**	**30 465**	**958**	**27 030**	**2 637**	**48**	**28.84**
200	**75**	**3**	**1**	**1 311**	**270 718**	**29 712**	238 288	79 407	231	121.16
200	75	3	2	1 414	257 156	38 420	237 784	79 231	151	50.09
200	75	3	3	1 342	**270 069**	**31 536**	241 151	80 310	204	59.14
200	75	3	4	1 565	246 961	38 794	231 224	77 011	107	61.44
200	75	3	5	1 336	**279 598**	**31 892**	242 174	80 715	207	74.4
200	75	5	1	786	185 076	13 671	158 498	31 624	127	78.82
200	75	5	2	848	174 836	14 220	158 785	31 706	83	66.28
200	75	5	3	805	186 745	12 999	161 095	32 184	119	72.9
200	75	5	4	939	166 815	14 126	153 731	30 662	66	68.29
200	75	5	5	801	193 240	13 558	161 412	32 217	92	90.47
200	75	10	1	393	**113 140** *	**4 598** *	93 527	9 246	79	836.65
200	75	10	2	424	105 597	4 849	93 269	9 218	72	537.29
200	75	10	3	402	114 551	4 079	93 884	9 305	89	209.18

续表

算例					HTS					
n	d	m	I	C	f_1^{left}	f_2^{left}	f_1^{right}	f_2^{right}	$\#NS$	t_{avg}/s
200	75	10	4	469	99 017	5 490	90 491	8 988	54	230. 15
200	75	10	5	400	117 026	3 415	94 586	9 369	93	528. 8

注：在表5. 2 ~ 表5. 3 中的每个算例，3 个算法所得 3 个解（包括 IRTS 和 TIG 的最优解，以及 HTS 输出的近似帕累托最优的最左侧的解）中的非支配解用粗体表示；如果非支配解是唯一的，则增加一个星号标注。

由表5. 2 ~ 表5. 3 的目标值可知，HTS 得到的“最左解”和“最右解”是两个互不支配的解。显然，在第一个目标值上，近似帕累托最优中最左侧解大幅优于最右侧解，而在第二个目标值上则明显处于劣势。这两个解代表了 HTS 得到的近似帕累托最优的两个极值点。从非支配解的数量上可以看出一个明显的趋势：当算例的密度保持不变时，HTS 得到的非支配解的数量随着物品数的增加而增加；当物品的数量保持不变时，它随算例的密度增加而增加。在计算效率方面可以观察到，当识别的非支配解的数量较大时，HTS 所需的时间一般会增加。

第一个实验研究的目的是评估最左侧极端解的质量（即 HTS 算法得到的近似帕累托集中在目标函数f_1 取得最优的解）。正如文献［103］中的相关研究表明，这种评估是有意义的，因为即使仅靠最左边的极值点不能完全表征整个近似集，但当它与其他评估指标一起使用时，仍可以从一个侧面反映近似解质量。为此，本实验应用目前最先进的单目标 QMKP 算法来优化第一个目标f_1，算法输出的最优解可作为 HTS 计算结果的参考对象。本书采用了两种当前性能最好的单目标 QMKP 算法作为比较对象：禁忌增强的迭代贪婪（tabu-enhanced iterated greedy，TIG）算法和迭代响应阈值搜索算法（IRTS）（关于后者的更多内容参见第 3 章）。

本实验在同一台计算机上运行 HTS、TIG 和 IRTS 算法，在每个算例上运行 30 次。对于 IRTS 和 TIG，本实验为每个算例设置了特定的时间限制，即表 5.2 ~ 表 5.3 的 CPU 列中所示的 HTS 消耗的计算时间。IRTS 和 TIG 算法的输出结果是一个单一的最佳解，在此基础上可以计算它的两个对应的目标值 f_1 和 f_2。IRTS 和 TIG 的最终结果分别显示在表 5.2 的第 6 列至第 7 列和第 8 列至第 9 列。由于 IRTS 和 TIG 算法在优化过程中只考虑装包计划的总利润（即 f_1），本节重点比较它们的最佳解和 HTS 近似帕累托最优最左侧解（即总利润最高的非支配解）。对于每个算例，输出中最好的解用粗体突出显示。如果是唯一最好解，则用星号突出显示。

从表 5.2 ~ 表 5.3 可以看出，HTS 的性能显著优于 TIG。对于所有测试算例，HTS 总是能够找到一个等于或优于 TIG 的解。与性能最好的 IRTS 算法相比，HTS 仍然具有很强的竞争力。具体地说，HTS 在 34 个算例上找到的非支配解的质量与 IRTS 相同。

更重要的是，HTS 发现了 5 个 IRTS 无法达到的解。就优质解的总数而言，HTS 算法也达到了可与 IRTS 算法相媲美的结果（39 比 44）。在 36 个与 IRTS 输出结果在上取值相同的非支配解中，有 34 个解在 f_2 上的值也完全相同，只有 2 个例外（算例 100_25_3_4 和 100_75_5_3）。这是由于 BO-QMKP 问题的目标函数具有二次项，任意一个物品与处在同一背包的所有其他物品关联。因此，更改单个变量的赋值会导致 f_1 值的较大差异。这意味着同一个 f_1 值不太可能对应多个不同的解决方案，这也解释了为什么在 34 个算例中，HTS 和 IRTS 找到的解完全相同。从本研究可知，虽然 HTS 的计算资源平均分配给两个目标，但它在第一个目标 f_1 上也能找到很高质量的非支配解，其表现可与把所有计算资源倾注于 f_1 的单目标算法相媲美。研究结果清楚地表明，HTS 发现的（近似的）帕累托集的最左侧部分是高质量解。为了进一步评估整个近似集的质量，本书将在以下各节中进一步深入地比较分析。

5.4.4 HTS 与 NSGA-Ⅱ计算效能对比分析

本节比较 HTS 算法与 NSGA-Ⅱ的计算结果，NSGA-Ⅱ是著名的多目标进化算法。在本次实验中，NSGA-Ⅱ采用了与 HTS 相同的解表示和交叉算子。变异算子为执行一次随机的交叉操作；也就是说，从两个不同的背包中随机选择两个物品进行交换。NSGA-Ⅱ的参数设置见表 5.4。针对每个算例，NSGA-Ⅱ与 HTS 在相同的计算环境下运行了 30 次。

表 5.4 求解 BO-QMKP 的 NSGA-Ⅱ算法参数设置

参数描述	取值
群体大小	100
交叉概率	1.0
变异概率	0.1
最大迭代次数	$100 * n$

依据 HTS 与 NSGA-Ⅱ在 60 个基准测试算例上的计算结果，计算每个算法的 I_E 指标和 I_H^- 指标，结果汇总在图 5.2 中。每个算例由一个数字表示，从 1 到 60，根据算例在表 5.2～表 5.3 中出现的顺序排列。图的 x 轴表示算例，y 轴表示指标值。由于算法在每个算例上运行了 30 次，得到了 30 个近似解集，因此可以得到 30 个指标值。图中的箱线图提供了许多统计信息，包括指标的最小值和最大值（对应晶须的末端）、第一个和第三个四分位数（对应箱体的底部和顶部）和中位数（对应箱线图内的点）。对于 I_E 指标，从图 5.2（a）可以看出，在整个算例集上，HTS 的性能要比 NSGA-Ⅱ好得多。的确，HTS 的箱线图通常低于 NSGA-Ⅱ的箱线图。与 NSGA-Ⅱ比较，HTS 总能获得一个较小的中位数值。在其中 55 个算例上，即便是 HTS 的最大 I_E 值也小于 NSGA-Ⅱ的最小 I_E 值。对于 I_H^- 指标也可以得到类似的观察结论，而且

在 I_H^- 指标的表现上，HTS 的优越性更加明显。从图 5.2（b）可以看出，HTS 的箱线图完全低于 NSGA-Ⅱ，在任何情况下都没有重叠。此外，HTS 的箱线图通常非常小，这表明结果的变化很小，说明该算法具有很强的鲁棒性。

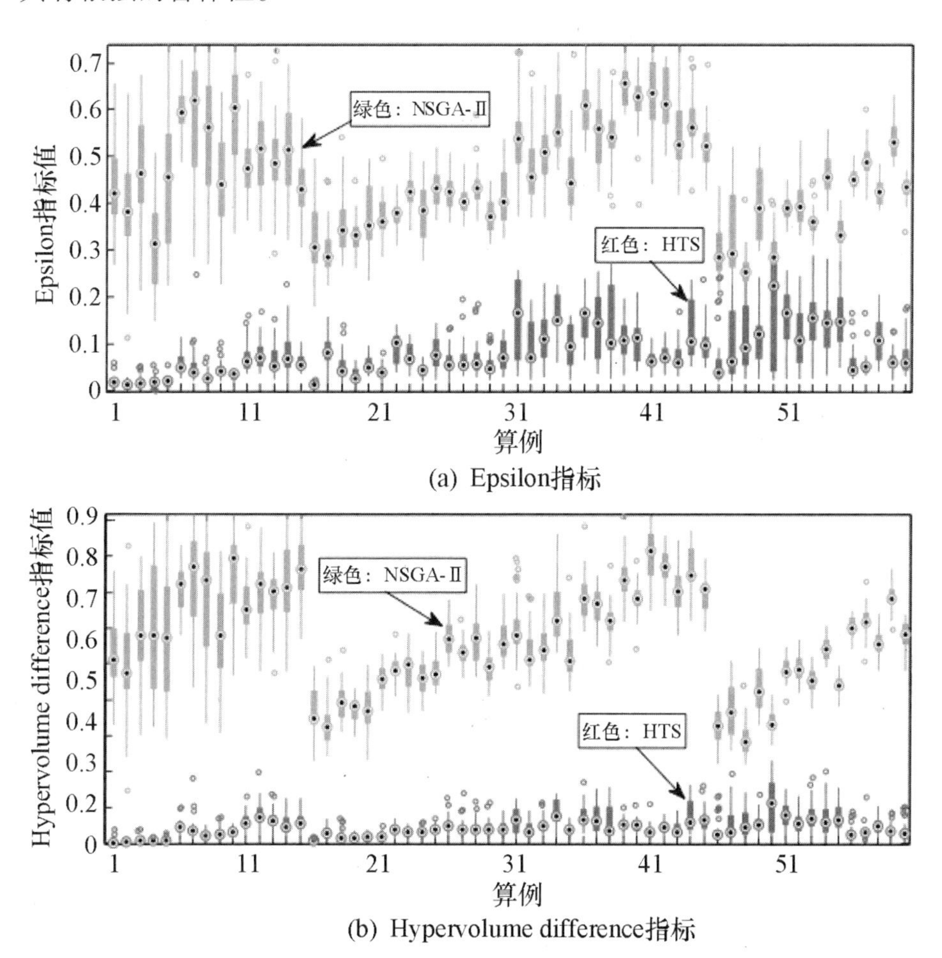

图 5.2　HTS 和 NSGA-Ⅱ在 60 个标准测试算例上的计算结果（见彩插）

注：按照 Epsilon 指标和 Hypervolume difference 指标进行统计展示；针对每个算例和每个指标，图中对每个算法运行 30 次获得的 30 个结果进行统计；指标值越低结果越好。

本实验应用了一个秩和检验来比较每个算例的两组近似非支配解集。所得到的 P 值均远远小于0.05，说明在所有的测试算例中，HTS 在 I_E 和 I_H^- 两个指标上都显著优于 NSGA-Ⅱ。此外，就整个算例集的平均 CPU 时间（以秒为单位）而言，HTS 明显比 NSGA-Ⅱ高效。

5.4.5 HTS 与两种简化算法的计算效能对比分析

本节专门对 HTS 与它的两个简化版本（即 SMS 和 DSLS）进行计算效能比较分析。SMS 是从 HTS 中去除帕累托局部搜索组件（即第二阶段）得到的算法简化版本；DSLS 是从 HTS 中删除模因搜索组件得到的算法简化版本，仅保留了非支配群体初始化组件。该实验的目的是研究 HTS 的两个阶段对 HTS 算法性能的贡献。

所有算法（即 HTS、SMS 和 DSLS）在60个基准算例集上运行30次。在 I_E 和 I_H^- 两个指标上的计算结果的平均值见图5.3①。作为图5.3的补充，表5.5提供了计算结果的统计值，包括指标平均值、非支配解的数量和 CPU 运行时间。所有算例分成了12类，每类（命名为 n_d_m）包括5个算例，它们具有相同数量的物品 n、相同的密度 d 和相同的背包数量 m。

① 由于详细的箱线图中包含了大量的重叠，难以看清它们的差异，因此未收录在书中。

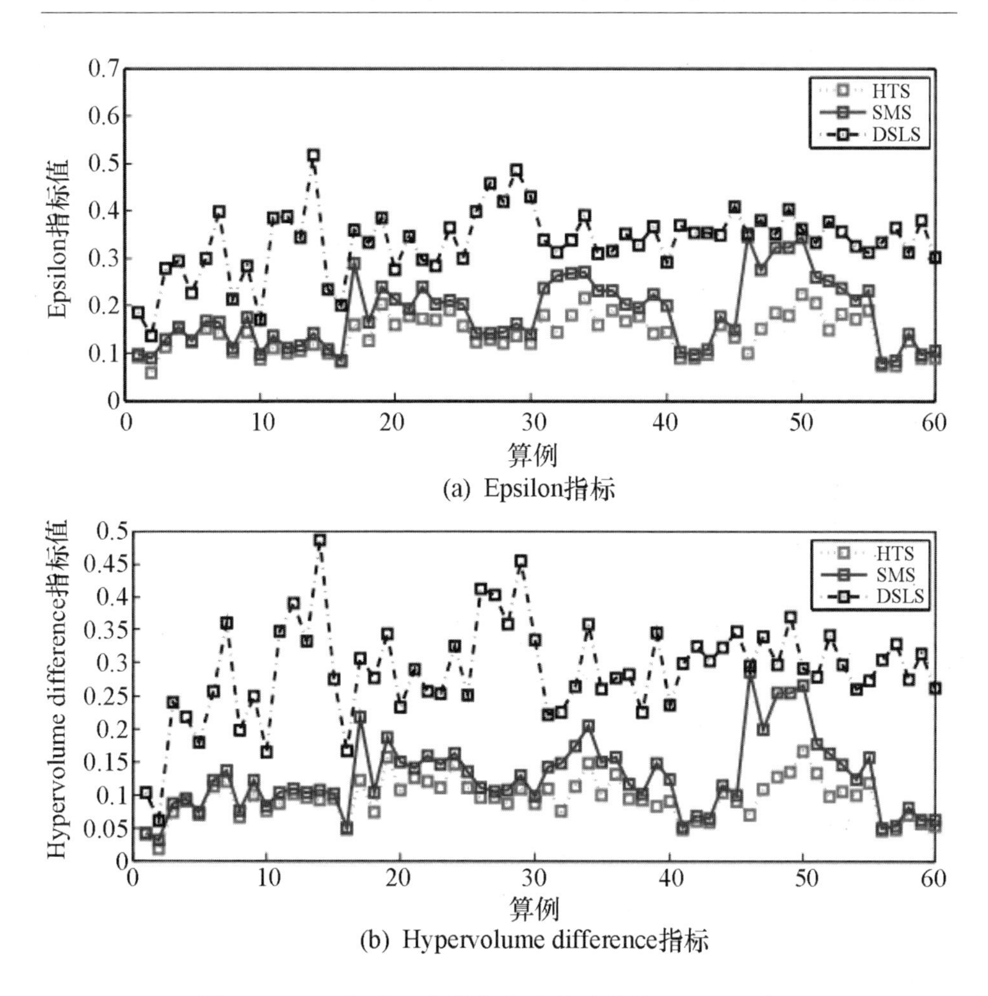

图 5.3　HTS 与其两个简化算法的计算结果（见彩插）

注：按照 Epsilon 指标和 Hypervolume difference 指标进行展示；对于每个算例和每个指标，图中的值时每个算法运行 30 次所得 30 个结果的平均值；指标值越低表明结果越好。

表 5.5　HTS 与其两个简化算法的结果对比

算例		DSLS				SMS				HTS			
		I_E	I_H^-	N_{NS}	t/s	I_E	I_E^-	N_{NS}	t/s	I_E	I_H^-	N_{NS}	t/s
100 25	3	0.28	0.23	8.8	5.59	0.12	0.08	8.6	7.87	0.1	0.07	9.2	7.93
100 25	5	0.35	0.32	10	6.42	0.13	0.1	11.4	9.87	0.12	0.09	12	9.94
100_25	10	0.24	0.22	9.2	8.03	0.13	0.1	14.6	18.13	0.12	0.09	16.6	18.24
200_25	3	0.33	0.27	19.2	23.12	0.19	0.12	35.8	69.54	0.14	0.08	51.2	71.47
200_25	5	0.34	0.27	23	30.79	0.18	0.11	26.2	63.83	0.15	0.09	37.60	64.38
200_25	10	0.35	0.31	22.4	36.72	0.21	0.14	25.00	121.89	0.15	0.1	34.60	122.22
100_75	3	0.35	0.31	13.2	4.77	0.17	0.12	26	10.68	0.13	0.1	55	11.04
100_75	5	0.36	0.32	17	5.81	0.19	0.13	31.8	16.63	0.15	0.1	44.8	16.86
100_75	10	0.35	0.3	21.8	7.88	0.2	0.15	41.4	75.9	0.17	0.12	47	76.13
200_75	3	0.35	0.31	12.2	18.99	0.21	0.15	22.8	33.49	0.12	0.08	180	73.25
200_75	5	0.36	0.31	24.2	25.23	0.21	0.14	37.2	73.05	0.15	0.09	97.4	75.35
200_75	10	0.34	0.29	26.4	35.42	0.25	0.18	58	467.46	0.17	0.11	77.4	468.41

注：60 个标准测试算例划分为 12 个算例类，每个类包含 5 个算例；表中的值是每个类中 5 个结果的平均值；I_E 和 I_H^- 指标值越低表明结果越好。

从图 5.3 可以看出，SMS 算法从 I_E 和 I_H^- 两个角度看，其表现都比 DSLS 算法好很多。的确，表示 SMS 指标值的折线始终低于表示 DSLS 指标值的折线。此外，在 11 组算例子类上，SMS 找到的非支配解的平均数量均高于 DSLS。由于包含了一个额外的模因搜索组件，SMS 比 DSLS 平均消耗更多的计算时间。然而，SMS 在整个算例集上耗费的平均时间为 80.69 s（小于 1.35 min），这个时间是可以接受的。以上观察证实了 SMS 算法中模因搜索部分对 HTS 算法的表现有重要贡献。

HTS 结合了 SMS 和帕累托局部搜索算法组件，在近似解的质量方面进一步改进了 SMS。从表 5.5 中可以看出 HTS 的 I_E 和 I_H^- 值总是明显的优于 SMS。此外，与 SMS 相比，HTS 极大地增加了非支配解的数量，而平均计算时间的增加却非常小。这一观察结果表明，HTS 可以进一步提升 SMS 找到的（近似的）帕累托最优。事实上，对 SMS 计算结果细致研究发现，SMS 找到的近似帕累托最优质量已经很高了，任何细微的提升都是难能可贵的。而且，与 SMS 相比，HTS 能够利用较少的时间增量来大量增加非支配解数量，这有助于增加解的多样性。

5.4.6　图形化展示

图形化展示方法非常适合于观察分析双目标优化方法的表现。本节提供了一组图用于描绘算法在4 个有代表性的算例上得到的非支配解集合。算例选择的原则如下。从 n_d 的每个组合中选择一个算例，得到4 个代表性算例为：100_25_10_1、100_75_5_3、200_25_5_1 和 200_75_10_3（算例标识的通用形式为 n_d_m_I）。图 5.4 描绘了 HTS、SMS、DSLS 和 NSGA-Ⅱ在4 个典型算例上得到的非支配解集合。对于每个算法和每个算例，非支配解集合是由 30 次算法运行结果汇编所得。

从图 5.4 可以看出，NSGA-Ⅱ在 4 种算法中收敛性最差，它甚至比 DSLS 更糟糕。NSGA-Ⅱ的表现令人失望可能是由于缺乏一个有效的集中搜索过程（如 HTS 中的 RTS 过程），从而导致算法的多样性和集中性没有得到有效的平衡。

比较 DSLS 与 SMS，可以发现 SMS 总是比前者找到的解质量更高、整体分布更加均匀。代表 SMS 的圆圈通常比代表 DSLS 的方块更靠近右上角（即真正的帕累托最优所在的位置）。最明显的例子是图 5.4（a）。此外，圆圈比方块更好地覆盖了目标空间。方块并没有到达目标空间的某些特定区域，如图5.4（b）的左侧区域和图5.4（b）、图5.4（d）的中右侧区域。然而这些区域却被圆圈填充。与 SMS 相比，HTS 获得了更好的解分布，有时还可以获得更高质量的解。在图 5.4（c）的中左区域、图 5.4（b）的中右区域和图 5.4（d）的右侧区域，在 SMS 的圆圈缺失的地方出现了 HTS 的星号，使得 HTS 的非支配解在整个目标空间中得到了均匀分布。在图 5.4（b）中，HTS 的大部分计算结果优于 SMS 在相应算例上的求解结果。

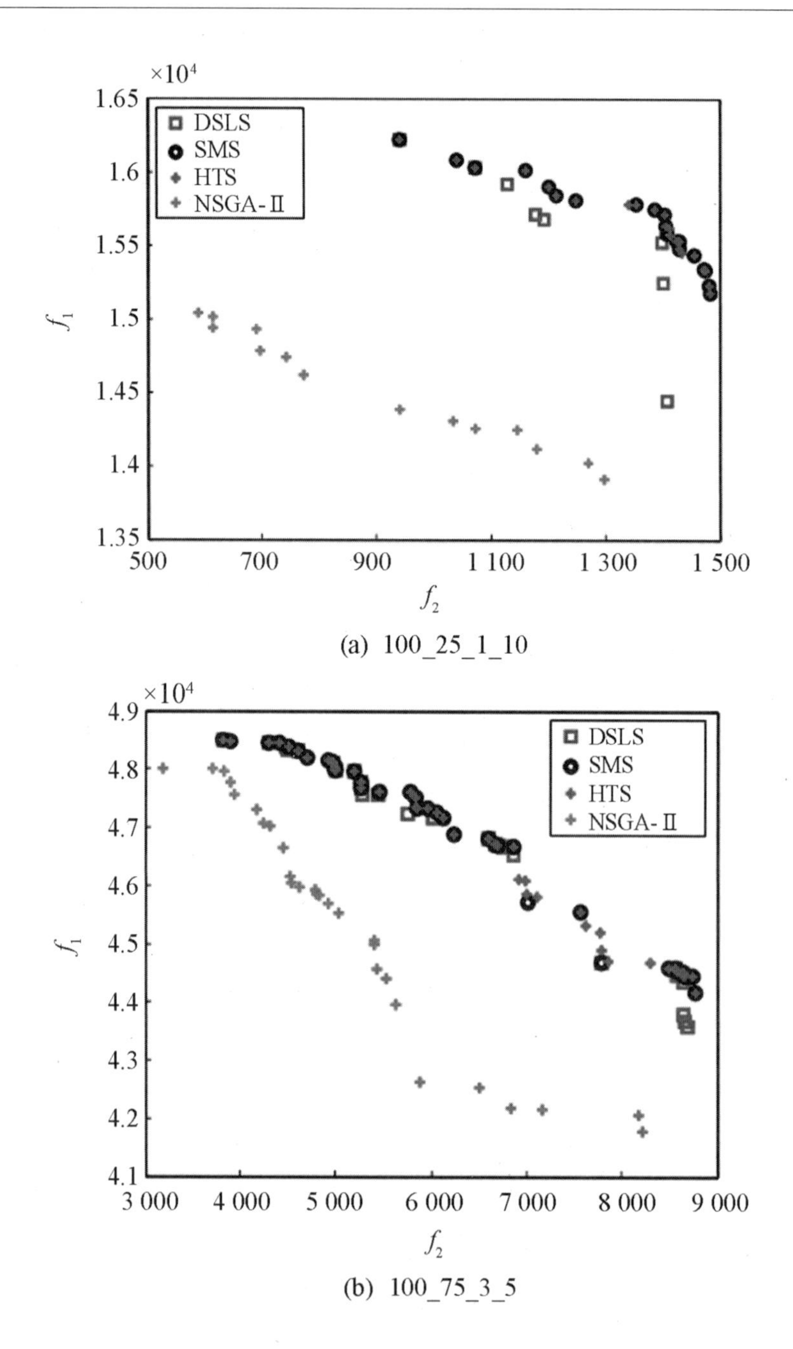

(a) 100_25_1_10

(b) 100_75_3_5

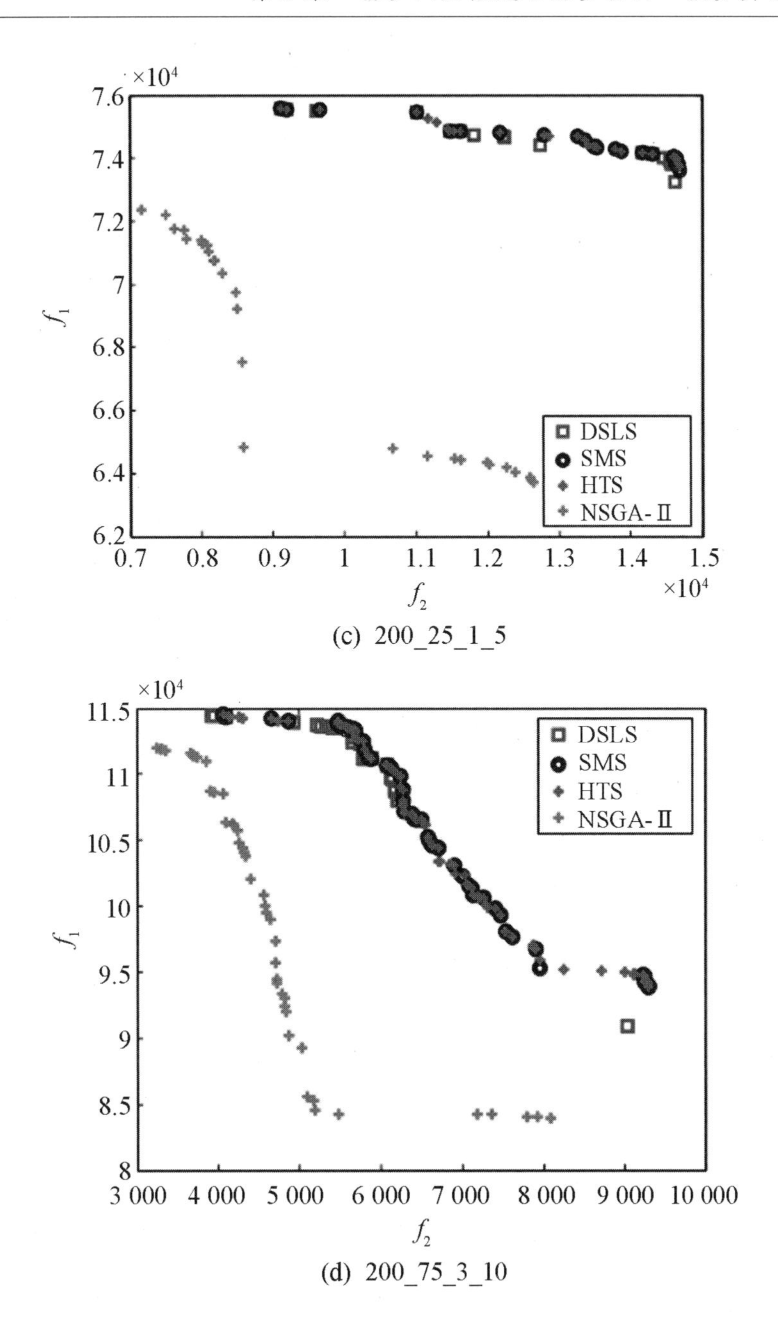

(c) 200_25_1_5

(d) 200_75_3_10

图 5.4　4 种算法（每个运行 30 次）在 4 个代表性算例上的输出结果（见彩插）

5.5 结论

本章介绍了双目标二次多背包问题（BO-QMKP），该问题的目标是使装包方案的总利润和最弱背包的收益最大化。BO-QMKP 是对单目标 QMKP 模型的扩展，为更多实际问题的建模和求解提供了工具。

与单个目标问题一样，解决 BO-QMKP 也是一个巨大的计算挑战。为了有效地逼近一个 BO-QMKP 算例的帕累托最优，本章提出了一个两阶段混合（HTS）算法，该算法结合了标量化策略和基于帕累托的策略。HTS 的第一阶段依赖于模因搜索方法，该方法将单目标 QMKP 的响应阈值搜索算法与进化算法框架相结合。第二阶段是双邻域帕累托局部搜索，其特征是利用了两个专用的邻域。本书提出的 HTS 方法旨在找到一个高质量的近似帕累托集。

实验研究在一组包含 60 个基准测试算例的算例集上进行，在没有局部搜索的情况下，该方法比传统的 NSGA-Ⅱ算法获得了明显更优的结果，表明在 HTS 算法中加入局部搜索方法是必要的。通过与 HTS 的两个简化算法版本的比较研究，进一步说明了模因搜索框架和帕累托局部搜索算法组件对 HTS 整体效能的贡献。最后，本书还发现，当只考虑第一个目标时，基于种群的 HTS 方法能够与最先进的 QMKP 算法媲美。

第6章　基于修复策略的智能随机二次多背包算法

本章针对随机二次多背包问题展开研究。随机二次多背包问题作为一种新问题，其在二次多背包问题的基础上加入了随机因素，且目标函数不再是找到一个简单的全局最优解，而是找到一个在所有情况下都具有最高预期收益的解。本章采用鲁棒性修复的方法来处理随机因素，首先找一个对应的静态二次多背包问题的可行解，然后根据一个简单的修复算法对解进行调整来应对随机情况的发生。基于鲁棒性修复方法的思想，本章提出了一种基于修复的方法，其中涉及三个关键要素：一是用来生成多种算例的算例生成器，二是可以提供一组鲁棒性解的静态二次多背包算法，三是可以针对给定的随机场景快速修复解可行性的修复算法。实验所用随机算例是对 QMKPSet Ⅰ 和 QMKPSet Ⅱ算例的扩展，实验结果验证了本章方法的有效性。

6.1　引言

本章将第3章介绍的二次多背包问题称为静态 QMKP，这是近十年来经过深入研究的一种著名的理论组合优化模型。然而，QMKP 的实际应用受到许多不确定性或随机性的影响。物体的质量和收益信息往往不能预先获知，从而产生不确定性。本章引入随机二次多背包问题（SQMKP），该模型考虑了现实问题的不确定性，更贴近实际应用。

SQMKP 在企业管理、财务、制造系统和通信等领域有许多实际应用。为了详细说明 SQMKP 的适用性，在此提供三个具体的问题实例：员工分配问题、证券投资问题和卫星数据传输问题。

在员工分配问题中，假设公司中有 n 名员工（类似于 SQMKP 中的物品）和 m 个项目（类似于背包）。每个项目的预算有限（类似于背包的容量）。员工的贡献（类似于收益）可以单独计算，也可以与其他员工配合成对计算。在将每个员工安排到项目组之前，其贡献是未知的，需要支付的工资也是未知的。在满足项目工资预算约束的同时，优化员工与项目匹配关系的问题就是一个 SQMKP 问题。

在证券投资问题中，投资者有自己的投资预算。在每个投资组合中，不同产品之间存在成对的收益。随机因素是产品的价格及其随时间变化的收益。

在卫星数据传输问题中，需要将一组卫星拍摄的图像安排在若干数据传输窗口中下传至地面站。每个图像都与其本身的利润和存储数据大小相关联（当数据传输速率一定时，存储数据大小可以表示为其下传过程中占用的时间窗长短）。当在同一时间窗口传输两个密切相关的图像时，可以产生额外的利润。问题的两个随机因素是图像的利润和存储数据大小，这取决于图像质量（受云层等因素影响）和卫星状态。

据笔者所知，目前尚未有研究 SQMKP 的文献。然而，对背包问题的其他变体的随机问题已有大量研究，如随机（单）背包问题、随机多背包问题、随机多选背包问题、随机多维背包问题、随机二次（单）背包问题、带有可选约束的随机背包问题等。这些变体问题可以分为两类：

（1）随机静态背包问题，其中物品数量一定，而物品和背包属性随机；

（2）随机动态背包问题，其中物品在最初时没有给定，而是根据随机过程在线到达。

对于第一类，文献中考虑了三种类型的随机因素：

（1）随机物品质量；

（2）随机物品收益；

（3）随机背包容量。

本书中研究的 SQMKP 属于第一类，随机因素包括物品质量和物品收益，而背包容量是确定的。

为了求解 SQMKP，本书采用了鲁棒性修复的思想，其突出特点是在一组给定解的基础上通过快速和简单的修复算法得到最终的解。通过对文献的研究发现，该方法已经成功地应用于求解一些困难的组合优化问题，如随机铁路优化问题、随机铁路机车车辆规划问题、随机调车时位问题，以及背包问题（包括随机单背包问题和随机多背包问题）。

本书在遵循鲁棒性修复的思想的基础上，提出了一种基于修复的方法（repair-based optimization approach，RBOA）求解 SQMKP，该方法包括三个关键组件：

（1）用来生成多种算例的算例生成器；

（2）可以提供一组鲁棒性解的静态二次多背包问题算法；

（3）可以针对给定的随机场景快速修复解可行性的修复算法。

为了验证所提出方法的有效性，本书对一组随机算例进行了实验。对于 RBOA 中使用的静态 QMKP 算法，测试了本书第 3 章提出的两种最先进的算法，即迭代响应阈值搜索算法（IRTS）和路径重链接进化算法（EPR）。实验结果表明，RBOA + EPR 的性能优于 RBOA + IRTS。此外，随机问题解的收益值一般会随着静态问题解的收益值的增加而增加。这意味着使用性能更好的静态 QMKP 算法可以使得 RBOA 的性能进一步提高。

在本章的后续部分中，第 6.2 节给出了 SQMKP 的定义；第 6.3 节介绍了本书提出的基于修复的方法及其三个关键组件；第 6.4 节介绍了基于知名 QMKP 算例生成不确定算例的方法及其实验结果；第 6.5 节为本章小结。

6.2 SQMKP 问题定义

给定 $N=\{1, 2, \cdots, n\}$ 为 n 个物品的集合，$M=\{1, 2, \cdots, m\}$ 为 m 个背包的集合。其中，物品 i 的收益为 p_i，质量为 w_i，物品 i 和物品 j 被分配到同一个背包中产生的组合收益为 p_{ij}。每个背包 k 有其本身的容量 C_k。令 $\boldsymbol{x}$ 为一个 $n\times m$ 的决策矩阵，当物品 i 被分配到背包 k 中时，$\boldsymbol{x}_{ik}=1$；否则，$\boldsymbol{x}_{ik}=0$。

对于求解静态 QMKP，需要在满足背包容量的基础上将物品放入背包中使得总收益最大化，其数学描述见公式（1.2）。

与静态 QMKP 中所有输入都是确定的特点不同，SQMKP 中物品的质量和收益是随机变量，其分布取决于给定显式中的环境变量 θ。θ 表征应用场景中的现实因素。本书用 $f(\theta_i^w)$ 表示 w_i 的概率密度函数，则物品质量的分布为 $P(w_i\leqslant y)=\int(w_i\,|\,\theta_i^w\,|\,)f(\theta_i^w)\mathrm{d}\theta_i^w$；用 $f(\theta_{ij}^p)$ 表示 p_{ij} 的概率密度函数，则物品收益的分布为 $P(p_{ij}\leqslant y)=\int(p_{ij}\,|\,\theta_{ij}^p\,|\,)f(\theta_{ij}^p)\mathrm{d}\theta_{ij}^p$。与静态 QMKP 旨在确定全局最优解的目的不同，SQMKP 的目标是在所有符合条件的解中找到最可靠的解，该解具有最佳的预期收益。SQMKP 的数学模型已在第 1 章中介绍，此处不再赘述。SQMKP 的目标是找到具有最大预期收益（鲁棒性度量值最大）的解 s。文献中提出了许多鲁棒性的度量方法，如最坏情况的鲁棒性度量、基于阈值的稳健性度量和期望鲁棒性度量。本书选择较为基础且应用广泛的期望鲁棒性度量方法，随机目标函数表示为 $R_e(S)$。给定环境参数 θ 和收益函数 $f(s)$，$f(s)$ 的期望值可以表示为 $R_e(s)$，如下所示：

$$R_e(s)=E[f(s;\theta)\,|\,\theta\,|\,]=\int f(s;\theta)\mathrm{d}\theta \tag{6.1}$$

6.3　基于修复的优化方法

本节提出了一种基于修复的优化方法（RBOA）求解 SQMKP，其具体算法流程见算法 6.1。RBOA 的输入包括一个静态 QMKP 算例（表示为 I_{static}）、随机算例生成器（表示为 Gen）、基于 I_{static} 扩展的随机算例数量（表示为 h）、静态 QMKP 算法（表示为 Algo）和修复算法（表示为 Repair）。

算法 6.1　基于修复的优化方法的一般步骤

输入：I_{static}（一个静态 QMKP 算例）
　　　Gen（随机算例生成器）
　　　h（由 I_{static} 生成的随机算例数量）
　　　Algo（静态 QMKP 算法）
　　　Repair（修复算法）
输出：s_b（一个具有最高鲁棒性度量值的解）

---

1. $IS \leftarrow \text{Gen}(I_{static},\ h)$　/* 基于 I_{static} 生成 h 个随机算例，存于 IS 中 */
2. $SL \leftarrow \text{Algo}(I_{static})$　/* 将 *Algo* 应用于 I_{static} 并记录在搜索过程中更新的所有解，存于 SL 中 */
3. $R_b \leftarrow 0$
4. **for all** $s \in SL$ **do**
5. $RL \leftarrow \varnothing$
6. 　**for all** $I \in IS$ **do**
7. 　　$s' \leftarrow \text{Repair}(s,\ I)$　/* 使用修复算法使得解 s 在算例 I 上可行 */
8. 　　$RL \leftarrow RL\ \{s'\}$
9. 　**end for**
10. 　$R(s) \leftarrow f(RL)$　/* 基于解集合 RL 计算解 s 的鲁棒性度量值 */
11. 　**if** $R(s) > R_b$ **then**
12. 　$R_b \leftarrow R(s)$

续

13. $s_b \leftarrow s$
14. **end if**
15. **end for**
16. **return** s_b

RBOA 首先使用算例生成器 Gen 基于 I_{static} 生成 h 个随机算例。然后，将 *Algo* 应用于 I_{static} 并记录在搜索过程中更新的所有解（这些解存储在解集合 *SL* 中）。RBOA 最终返回最佳解 s_b，s_b 在 *SL* 的所有解中具有最大鲁棒性度量值。将生成的随机算例集合表示为 *IS*，由于物品质量的随机性，对于来自解集合 *SL* 中的一个解 s，无法保证其在 *IS* 中的任何一个算例（场景）下都满足容量的约束。为了解决这个问题，对于 *IS* 中的每个场景，RBOA 使用修复方法重新保证解的可行性。最终使用修复后的解来计算其鲁棒性度量值。

从算法 6.1 可以看出，RBOA 的关键在于算例生成器的设计、静态 QMKP 算法的选择以及修复算法的设计。这些算法部件将分别在第 6.3.1 节、第 6.3.2 节和第 6.3.3 节详细介绍。

6.3.1 算例生成器

算例生成器基于静态 QMKP 算例 I_{static} 产生一组随机算例。算例生成器能够改变物品的质量 w_i 和收益 p_{ij} 同时保持其他变量的值不变。随机变量值的期望等于 I_{static} 中相应的静态变量值。算例生成器的关键是用于生成相应随机值的概率密度函数，概率密度函数应具有以下属性：

（1）生成的随机值必须为非负值；

（2）概率密度均匀分布在期望的两侧；

（3）生成的随机值不能波动过大。

属性（1）由背包问题的特点决定。属性（2）和属性（3）使实验数据更加直观。本书的算例生成器采用 Gamma 分布，因为 Gamma 分布是具有生成非负值特性的常用分布之一。w_i 和 p_{ij}的随机值可以表示为：

$$w_i \sim G\ (k_i^w,\ \theta_i^w),\ w_i = k_i^w \theta_i^w \tag{6.2}$$

$$p_{ij} \sim G\ (k_{ij}^p,\ \theta_{ij}^p),\ p_{ij} = k_{ij}^p \theta_{ij}^p \tag{6.3}$$

式中，$G\ (k,\ \theta)$ 为具有形状参数 k 和尺寸参数 θ 的 Gamma 分布，k_i^w、和 k_{ij}^p可以根据实际情况采用不同的值。在本书中，令 $k_i^w = k_{ij}^p = 20$。

$G\ (k,\ \theta)$ 的概率密度函数为 $(x;\ k,\ \theta)\ = x^{k-1}\dfrac{e^{\frac{-x}{\theta}}}{\theta^k \Gamma(k)}$ $(x>0,\ \theta>0)$，其中 $\Gamma(k)\ = \int_0^{\infty} t^{k-1} e^t \mathrm{d}t$，$G(k,\theta)$ 的期望为 $k\theta$。图 6.1 表示当形状参数 $k=20$ 时，不同 θ 值下 Gamma 分布的概率密度函数。

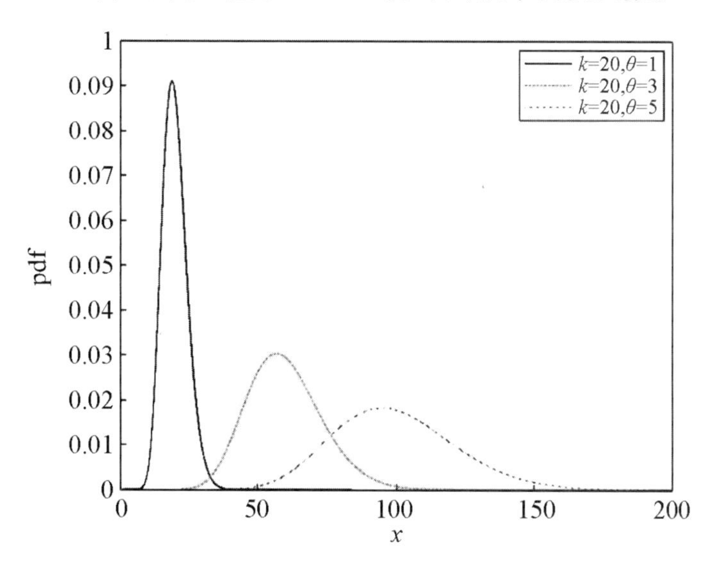

图 6.1　当 $k=20$ 时，不同 θ 值下 Gamma 分布的概率密度函数

对于每个 I_{static}，算例生成器生成 h 个随机算例。由于随机算例中随机变量的期望值正好是静态算例 I_{static} 中的相应静态值，基于 I_{static} 产生的解 s 的鲁棒性可以认为是 h 个随机算例对应的修复解收益值的平均值，即 $R_e(s)\ = \dfrac{1}{h}\sum_{i=1}^{h} f(s_i)$，其中 $\{s_1, s_2, \cdots, s_h\}$ 是解 s 对应于 h 个随机算例的 h 个修复解。

6.3.2 静态 QMKP 算法

RBOA 需要以静态 QMKP 算法提供的静态解序列作为后续处理的基础。RBOA 的最终解取自静态解序列，因此解序列的质量直接决定 RBOA 的性能。以往的文献中提出了许多静态 QMKP 算法。然而，目前还不确定哪一个静态算法可以使得 RBOA 发挥最佳性能。根据一些初步实验，本书有两个主要发现：

（1）由于解的鲁棒性在静态情况下与它的总收益呈正相关，因此建议选择一种能够产生高质量解的静态 QMKP 算法，以使 RBOA 最终获得一个高鲁棒性的解；

（2）由于当解集合包含多样化的解时，RBOA 获得高鲁棒性解的可能性更高，因此建议选择一种在搜索过程中能够产生大量的中间过程解的静态 QMKP 算法。

鉴于以上两点，本章选择使用第 3 章介绍的迭代响应阈值搜索（IRTS）算法和路径重链接进化（EPR）算法作为静态 QMKP 算法。IRTS 经实验证明是目前文献中表现优异的算法。此外，IRTS 可在邻域搜索过程中生成大量多样化的中间过程解。EPR 建立在 IRTS 的基础上，并集成了路径重链接的方法来进一步分散搜索，从而能够创建更多多样性的中间过程解。

6.3.3 修复算法

给定静态解 s 和随机算例 I，无法保证静态解 s 在算例 I 上的可行性。如果 s 在 I 上可行，则 s 保持不变；否则，使用修复算法来恢复 s 的可行性。设计一种可应用于任何环境样本（而不仅仅是那些选定的样本）的修复算法，以确保该修复算法的实用性。在设计修复算法时，遵循最小修改原则，即尽可能降低更改解的次数。因为在实际应用中，越大的变动可能导致越大的方案修复成本，这会对管理带来很大的麻烦。令 $tv(s, I)$ 表示解 $s = \{I_0, I_1, \cdots, I_m\}$ 在算例 I 上的总约束违反量，则 $tv(s,I) = \sum_{k=1}^{m}(\sum_{i \in I_k} w(i,I) - C(k,I))$，其中 $w(i,I)$ 表示在算例 I 中物品 i 的质量，$C(k,I)$ 表示在算例 I 中背包 k 的容量。

本书的修复算法依赖于 IRTS 中使用的 DROP 和 REALLOCATE 移动算子。对于物品 i，令 $k_i \in M$ 表示该物品被分配的背包，N_{k_i} 表示被分配到背包 k_i 的物品的集合，N_k 表示被分配到其他背包 k（$k \in M$，$k \neq k_i$）的物品的集合。算法中的修复算子描述如下：

（1）DROP（$\boldsymbol{s}$，$\boldsymbol{i}$）

此操作算子将解 s 中的物品 i 从其已经被分配的背包 $k_i \in M$ 中移除。解 s 经过一次 DROP（s，i）操作后变为解 s'，其总收益 $f(s')$ 为：

$$f(s') = f(s) - p_i - \sum_{j \in N_{k_i}, j \neq i} p_{ij}, k_i \in M \tag{6.4}$$

（2）REALLOCATE（$\boldsymbol{s}$，$\boldsymbol{i}$，$\boldsymbol{k}$）

此操作算子将解 s 中的物品 i 从其已经被分配的背包 $k_i \in M$ 中拿出，重新分配至另一个背包 k（$k \in M$，$k \neq k_i$）。解 s 经过一次 REALLOCATE（s，i，k）操作后变为解 s'，其总收益 f（s'）为：

$$f(s') = f(s) - \sum_{j \in N_{k_i}, j \neq i} p_{ij} + \sum_{j \in N_k} p_{ij}, k_i \in M, k \in M \backslash \{k_i\} \tag{6.5}$$

修复算法的步骤见算法 6.2。在每次迭代中，修复算法使当前解向邻居解移动以尽可能降低总约束违反量。主要用两个指标来对邻居解进行评价：

（1）约束违反量；

（2）总收益值。

在每次迭代中，修复算法对比由 DROP 和 REALLOCATE 两个操作运算符产生的邻居解，选择总约束违反量降低最多的邻域解（如果总约束违反量的降低量相同，则选择总收益更高的邻居解）。上述过程将一直持续直到完全消除约束违反（即总约束违反量降为 0）。

算法 6.2 修复算法的一般步骤

输入：s（一个静态解）

I（一个随机算例）

输出：s^*（修复后的解）

1. $s^* \leftarrow s$
2. **while** $tv(s, I) > 0$ **do** /* $tv(s, I)$表示解 s 在算例 I 上的总约束违反量 */
3. **for** $i \leftarrow 1$ to n **do**
4. $s' \leftarrow$ DROP (s, i)
5. **if** $tv(s', I) < tv(s^*, I) \vee (tv(s', I) = tv(s^*, I) \wedge f(s') > f(s^*))$ **then**
6. $s^* \leftarrow s'$ /* 在一次 DROP 后更新 s^* */
7. **end if**
8. **for** $k \leftarrow 1$ to m **do**
9. $s' \leftarrow$ REALLOCATE (s, i, k)
10. **if** $tv(s', I) < tv(s^*, I) \vee (tv(s', I) = tv(s^*, I) \wedge f(s') > f(s^*))$ **then**
11. $s^* \leftarrow s'$ /* 在一次 REALLOCATE 后更新 s^* */
12. **end if**
13. **end for**
14. **end for**
15. $s \leftarrow s^*$ /* 在一次迭代后更新 s^* */
16. **end while**
17. **return** s^*

本书的修复算法遵循最少修复次数原则的证明如下：

对于违反容量约束的背包 k_0，令 I_{k_0} 表示这个背包中所有物品的集合。如果将 I_{k_0} 里的物品根据其质量的大小进行降序排序，假设 I_{k_0} 中排序前 t 个的物品全部被移除后仍违反容量约束，继续移除第 $t+1$ 个物品后满足容量约束（即 $\sum_{i=1}^{t} w_i < tv(k_0)$ 且 $tv(k_0) - \sum_{i=1}^{t} w_i < w_{t+1}$，其中

$tv(k_0)$ 表示背包 k_0 的总约束违反量）。显然，这 $t+1$ 个物品是算法为了修复背包 k_0 违反容量约束而需要删除的最少物品数。因为，如果将 $\{1, 2, \cdots, t\}$ 中的任何一个物品替换为 $\{t+2, t+3, \cdots, |I_{k_0}|\}$ 中的任何一个物品，则有可能在移除 t 个物品后 $\sum_{i=1}^{t} w_i < tv(k_0)$ 且 $tv(k_0) - \sum_{i=1}^{t} w_i > w_{t+1}$，这样就需要移除超过 $t+1$ 个物品才能保证背包 k_0 不违反容量约束。

以上分析对所有违反容量约束的背包都成立。

6.4　实验研究

6.4.1　测试算例

RBOA 的算例生成器将静态算例作为输入。静态算例用 QMKPSet Ⅰ和 QMKPSet Ⅱ，共包含 90 个算例。输入 RBOA 后，这些静态算例首先被算例生成器扩展为 h 个随机算例。在本书的实验中，参数 h 设置为 30。本书使用的静态标准测试算例和随机算例可通过。

6.4.2　实验环境

算法采用 C++ 进行编码，并使用 Visual Studio 2012 在英特尔酷睿 i7-4790 处理器（3.6 GHz 和 8 GB RAM）上进行编译。

对于 RBOA 中使用的静态 QMKP 算法（IRTS 和 EPR）的终止条件，沿用第 3 章的参数配置，将 100 个物品的算例的最大计算时间设置为 15 s，200 个物品的算例的最大计算时间设定为 90 s，300 个物品的算例的最大计算时间设置为 180 s。

6.4.3 计算结果

计算结果见表6.1～表6.6。每个算例按两个指标来记录计算结果：Best P 和 Best R。Best P 是指具有最高静态收益值的解（参见表中的列 P），也提供了其相应的鲁棒性度量值（参见表中的列 R）。Best R 是指具有最高鲁棒性度量值的解（参见表中的列 R），也提供了其相应的静态收益值（参见表中的列 P）。此外，也给出了 R 和 P 之间的比率，这能够更直观地看到静态收益值和鲁棒性之间的关系。第一列以"$n-d-s-m$"的格式表示算例的名称，其中 n 是物品数量、d 是密度的值、s 是标识号、m 是背包数量。

表6.1　计算结果 A1

算例	IRTS					
	Best P			Best R		
	P	R	R/P	P	R	R/P
100－25－1－3	29 286	27 953.1	0.954 487	29 159	28 146.8	0.965 287
100－25－2－3	**28 491**	**27 329.4**	**0.959 229**	**28 491**	**27 329.4**	**0.959 229**
100－25－3－3	27 179	25 680.9	0.944 88	27 163	25 983	0.956 559
100－25－4－3	28 593	26 890.1	0.940 443	28 528	27 154.6	0.951 858
100－25－5－3	27 892	26 252.1	0.941 205	27 724	26 578.1	0.958 668
100－75－1－3	69 977	65 536.3	0.936 541	69 657	66 472.4	0.954 282
100－75－2－3	69 504	65 640.1	0.944 408	69 431	66 789.1	0.961 949
100－75－3－3	68 832	64 670.7	0.939 544	68 586	65 674.3	0.957 547
100－75－4－3	70 028	66 587	0.950 863	69 717	66 611.4	0.955 454
100－75－5－3	69 692	64 607.9	0.927 049	69 411	65 720.5	0.946 831

续表

算例	IRTS					
	Best P			Best R		
	P	R	R/P	P	R	R/P
200 - 25 - 1 - 3	**101 442**	**97 604**	**0. 962 166**	**101 442**	**97 604**	**0. 962 166**
200 - 25 - 2 - 3	107 958	102 687	0. 951 175	107 786	104 204	0. 966 767
200 - 25 - 3 - 3	104 538	100 275	0. 959 221	103 944	101 128	0. 972 908
200 - 25 - 4 - 3	100 098	95 496. 2	0. 954 027	99 667	96 385. 9	0. 967 079
200 - 25 - 5 - 3	102 306	97 997. 5	0. 957 886	101 541	98 840. 6	0. 973 406
200 - 75 - 1 - 3	**270 624**	**260 377**	**0. 962 136**	**270 624**	**260 377**	**0. 962 136**
200 - 75 - 2 - 3	257 013	245 002	0. 953 267	255 715	246 904	0. 965 544
200 - 75 - 3 - 3	270 033	254 498	0. 942 47	268 468	259 701	0. 967 344
200 - 75 - 4 - 3	246 791	236 051	0. 956 481	246 496	236 987	0. 961 423
200 - 75 - 5 - 3	279 598	267 049	0. 955 118	278 988	269 130	0. 964 665
300 - 25 - 1 - 3	223 394	214 917	0. 962 054	222 917	216 333	0. 970 464
300 - 25 - 2 - 3	210 699	202 241	0. 959 857	210 657	203 391	0. 965 508
300 - 25 - 3 - 3	**210 734**	**204 970**	**0. 972 648**	**210 734**	**204 970**	**0. 972 648**
300 - 25 - 4 - 3	215 365	207 450	0. 963 248	214 983	208 267	0. 968 76
300 - 25 - 5 - 3	212 358	204 517	0. 963 077	212 308	205 837	0. 969 521
300 - 75 - 1 - 3	589 205	567 649	0. 963 415	584 962	572 287	0. 978 332
300 - 75 - 2 - 3	639 771	618 946	0. 967 449	639 084	621 197	0. 972 012
300 - 75 - 3 - 3	595 817	572 715	0. 961 226	593 435	580 280	0. 977 832
300 - 75 - 4 - 3	579 236	559 698	0. 966 269	577 949	560 743	0. 970 229
300 - 75 - 5 - 3	612 057	588 925	0. 962 206	609 597	596 283	0. 978 159

表 6.2　计算结果 A2

算例	EPR					
	Best *P*			Best *R*		
	P	*R*	*R/P*	*P*	*R*	*R/P*
100 - 25 - 1 - 3	**29 286**	**27 953. 1**	**0. 954 487**	**29 286**	**27 953. 1**	**0. 954 487**
100 - 25 - 2 - 3	**28 491**	**27 329. 4**	**0. 959 229**	**28 491**	**27 329. 4**	**0. 959 229**
100 - 25 - 3 - 3	27 179	25 680. 9	0. 944 88	26 310	25 721. 3	0. 977 625
100 - 25 - 4 - 3	28 593	26 890. 1	0. 940 443	28 364	26 897. 9	0. 948 311
100 - 25 - 5 - 3	27 892	26 252. 1	0. 941 205	27 285	26 397. 1	0. 967 458
100 - 75 - 1 - 3	69 977	65 536. 3	0. 936 541	69 888	65 748. 5	0. 940 77
100 - 75 - 2 - 3	69 475	66 477. 9	0. 956 861	68 941	66 602. 2	0. 966 075
100 - 75 - 3 - 3	68 832	64 670. 7	0. 939 544	68 133	65 591. 8	0. 962 702
100 - 75 - 4 - 3	**69 986**	**65 560. 6**	**0. 936 767**	**69 986**	**65 560. 6**	**0. 936 767**
100 - 75 - 5 - 3	69 692	64 607. 9	0. 927 049	69 459	65 524. 4	0. 943 354
200 - 25 - 1 - 3	**101 442**	**97 604**	**0. 962 166**	**101 442**	**97 604**	**0. 962 166**
200 - 25 - 2 - 3	107 958	102 687	0. 951 175	107 382	104 438	0. 972 584
200 - 25 - 3 - 3	**104 575**	**101 058**	**0. 966 369**	**104 575**	**101 058**	**0. 966 369**
200 - 25 - 4 - 3	100 098	95 496. 2	0. 954 027	99 730	96 141	0. 964 013
200 - 25 - 5 - 3	102 311	98 306. 8	0. 960 863	102 108	99 504. 9	0. 974 506
200 - 75 - 1 - 3	**269 348**	**257 358**	**0. 955 485**	**269 348**	**257 358**	**0. 955 485**
200 - 75 - 2 - 3	256 849	244 082	0. 950 294	256 767	245 258	0. 955 177
200 - 75 - 3 - 3	**269 158**	**255 148**	**0. 947 949**	**269 158**	**255 148**	**0. 947 949**
200 - 75 - 4 - 3	246 205	234 603	0. 952 877	246 129	235 732	0. 957 758
200 - 75 - 5 - 3	278 494	266 057	0. 955 342	278 370	268 366	0. 964 062
300 - 25 - 1 - 3	223 368	214 702	0. 961 203	223 316	216 677	0. 970 271

续表

算例	EPR					
	Best P			Best R		
	P	R	R/P	P	R	R/P
300 - 25 - 2 - 3	210 897	202 907	0. 962 114	210 768	203 847	0. 967 163
300 - 25 - 3 - 3	210 365	203 104	0. 965 484	209 375	203 359	0. 971 267
300 - 25 - 4 - 3	215 360	208 907	0. 970 036	215 073	209 215	0. 972 763
300 - 25 - 5 - 3	212 359	205 355	0. 967 018	211 570	205 908	0. 973 238
300 - 75 - 1 - 3	584 846	565 637	0. 967 156	584 450	566 869	0. 969 919
300 - 75 - 2 - 3	640 549	621 887	0. 970 866	640 448	624 644	0. 975 324
300 - 75 - 3 - 3	594 421	570 686	0. 960 07	593 705	576 179	0. 970 48
300 - 75 - 4 - 3	574 029	553 474	0. 964 192	570 480	554 428	0. 971 862
300 - 75 - 5 - 3	610 202	585 375	0. 959 314	601 163	588 928	0. 979 648

注：表 6. 1 ~ 表 6. 2 展示了具有 3 个背包的不同随机算例的实验结果；P 和 R 同时获得最大值的情况以粗体标记。

表 6. 3　计算结果 B1

算例	IRTS					
	Best P			Best R		
	P	R	R/P	P	R	R/P
100 - 25 - 1 - 5	**22 457**	**21 039**	**0. 936 857**	**22 457**	**21 039**	**0. 936 857**
100 - 25 - 2 - 5	21 668	19 632. 9	0. 906 078	21 331	20 313. 3	0. 952 29
100 - 25 - 3 - 5	21 239	19 489. 3	0. 917 619	20 996	19 682. 7	0. 937 45
100 - 25 - 4 - 5	22 181	20 281. 9	0. 914 382	21 985	20 651. 9	0. 939 363
100 - 25 - 5 - 5	21 649	19 507. 5	0. 901 081	21 535	20 256. 6	0. 940 636

续表

算例	IRTS					
	Best P			Best R		
	P	R	R/P	P	R	R/P
100－75－1－5	49 397	45 415. 1	0. 919 39	49 026	46 088. 6	0. 940 085
100－75－2－5	49 329	46 370. 5	0. 940 025	49 279	46 720. 4	0. 948 079
100－75－3－5	**48 495**	**45 678. 3**	**0. 941 918**	**48 495**	**45 678. 3**	**0. 941 918**
100－75－4－5	50 246	46 322. 4	0. 921 912	50 147	47 175. 9	0. 940 752
100－75－5－5	48 710	44 643. 8	0. 916 522	48 230	45 819	0. 950 01
200－25－1－5	75 741	71 456. 5	0. 943 432	74 979	72 197. 6	0. 962 904
200－25－2－5	79 935	75 329. 1	0. 942 379	79 386	76 876. 1	0. 968 384
200－25－3－5	78 043	74 406. 5	0. 953 404	77 967	74 527. 3	0. 955 883
200－25－4－5	74 031	69 158. 8	0. 934 187	73 960	70 191. 8	0. 949 051
200－25－5－5	76 610	71 954. 2	0. 939 227	76 108	72 776. 2	0. 956 223
200－75－1－5	184 483	172 073	0. 932 731	184 359	176 466	0. 957 187
200－75－2－5	174 688	165 764	0. 948 915	173 426	166 884	0. 962 278
200－75－3－5	186 611	174 954	0. 937 533	185 631	178 028	0. 959 042
200－75－4－5	166 489	156 702	0. 941 215	166 267	159 313	0. 958 176
200－75－5－5	193 255	183 605	0. 950 066	193 062	185 518	0. 960 924
300－25－1－5	163 568	155 411	0. 950 131	163 303	157 516	0. 964 563
300－25－2－5	152 549	145 102	0. 951 183	152 396	147 270	0. 966 364
300－25－3－5	153 187	146 664	0. 957 418	152 842	147 992	0. 968 268
300－25－4－5	**156 212**	**150 578**	**0. 963 934**	**156 212**	**150 578**	**0. 963 934**
300－25－5－5	154 701	147 515	0. 953 549	154 263	149 010	0. 965 948
300－75－1－5	403 983	385 322	0. 953 807	403 859	388 090	0. 960 954

续表

算例	IRTS					
	Best P			Best R		
	P	R	R/P	P	R	R/P
300 – 75 – 2 – 5	445 240	426 078	0. 956 963	445 035	430 121	0. 966 488
300 – 75 – 3 – 5	405 452	387 510	0. 955 748	405 131	393 512	0. 971 32
300 – 75 – 4 – 5	395 504	378 945	0. 958 132	394 832	381 199	0. 965 471
300 – 75 – 5 – 5	414 687	397 545	0. 958 663	413 496	401 562	0. 971 139

表 6. 4　计算结果 B2

算例	EPR					
	Best P			Best R		
	P	R	R/P	P	R	R/P
100 – 25 – 1 – 5	22 581	20 794. 9	0. 920 903	22 111	20 816	0. 941 432
100 – 25 – 2 – 5	21 668	19 632. 9	0. 906 078	21 627	19 904. 8	0. 920 368
100 – 25 – 3 – 5	21 239	19 489. 3	0. 917 619	21 116	19 829. 9	0. 939 094
100 – 25 – 4 – 5	22 181	20 281. 9	0. 914 382	22 168	20 675. 5	0. 932 673
100 – 25 – 5 – 5	21 649	19 507. 5	0. 901 081	21 361	19 818. 7	0. 927 798
100 – 75 – 1 – 5	49 240	44 623. 8	0. 906 251	48 253	46 013. 1	0. 953 58
100 – 75 – 2 – 5	49 365	45 904. 5	0. 929 9	48 149	46 418. 9	0. 964 068
100 – 75 – 3 – 5	48 495	44 258. 2	0. 912 634	48 338	45 216. 1	0. 935 415
100 – 75 – 4 – 5	**50 089**	**46 775. 4**	**0. 933 846**	**50 089**	**46 775. 4**	**0. 933 846**
100 – 75 – 5 – 5	48 753	44 350. 3	0. 909 694	48 215	45 199. 6	0. 937 459
200 – 25 – 1 – 5	75 567	71 323. 2	0. 943 841	75 173	71 886. 5	0. 956 281
200 – 25 – 2 – 5	80 033	76 313. 6	0. 953 527	79 993	76 874. 3	0. 961 013

续表

算例	EPR					
	Best *P*			Best *R*		
	P	*R*	*R/P*	*P*	*R*	*R/P*
200 - 25 - 3 - 5	**78 043**	**74 406.5**	**0.953 404**	**78 043**	**74 406.5**	**0.953 404**
200 - 25 - 4 - 5	73 956	67 721	0.915 693	73 846	69 898.8	0.946 548
200 - 25 - 5 - 5	76 502	72 540.3	0.948 214	76 498	73 415.4	0.959 704
200 - 75 - 1 - 5	184 727	175 865	0.952 027	183 961	176 300	0.958 355
200 - 75 - 2 - 5	174 425	166 317	0.953 516	174 377	166 325	0.953 824
200 - 75 - 3 - 5	185 800	175 845	0.946 421	185 553	177 648	0.957 398
200 - 75 - 4 - 5	166 845	157 521	0.944 116	166 611	157 728	0.946 684
200 - 75 - 5 - 5	192 621	184 111	0.955 82	191 766	184 286	0.960 994
300 - 25 - 1 - 5	**163 727**	**156 519**	**0.955 975**	**163 727**	**156 519**	**0.955 975**
300 - 25 - 2 - 5	152 835	145 181	0.949 92	151 736	146 405	0.964 867
300 - 25 - 3 - 5	**153 134**	**147 806**	**0.965 207**	**153 134**	**147 806**	**0.965 207**
300 - 25 - 4 - 5	156 272	148 970	0.953 274	155 221	150 671	0.970 687
300 - 25 - 5 - 5	154 701	149 118	0.963 911	154 525	149 293	0.966 141
300 - 75 - 1 - 5	401 705	382 125	0.951 258	400 615	387 088	0.966 234
300 - 75 - 2 - 5	442 741	427 287	0.965 095	442 052	429 594	0.971 818
300 - 75 - 3 - 5	404 140	385 954	0.955 001	403 986	391 102	0.968 108
300 - 75 - 4 - 5	390 556	373 112	0.955 335	389 213	375 665	0.965 191
300 - 75 - 5 - 5	412 433	396 266	0.960 801	411 619	398 717	0.968 655

注：表6.3～表6.4展示了具有5个背包的不同随机算例的实验结果；*P* 和 *R* 同时获得最大值的情况以粗体标记。

表 6.5　计算结果 C1

算例	IRTS					
	Best *P*			Best *R*		
	P	*R*	*R/P*	*P*	*R*	*R/P*
100 - 25 - 1 - 10	16 189	14 257.5	0.880 691	15 931	14 589.8	0.915 812
100 - 25 - 2 - 10	15 586	13 615.2	0.873 553	15 510	13 625.7	0.878 511
100 - 25 - 3 - 10	14 795	12 631.1	0.853 741	14 669	13 248.9	0.903 19
100 - 25 - 4 - 10	16 181	13 643.8	0.843 199	16 090	14 319.8	0.889 981
100 - 25 - 5 - 10	**15 235**	**13 391.3**	**0.878 983**	**15 235**	**13 391.3**	**0.878 983**
100 - 75 - 1 - 10	30 282	26 927.5	0.889 225	30 231	27 709.6	0.916 596
100 - 75 - 2 - 10	31 041	28 020.4	0.902 69	30 502	28 164.1	0.923 353
100 - 75 - 3 - 10	29 839	26 111.4	0.875 076	28 773	26 620.8	0.925 201
100 - 75 - 4 - 10	31 683	27 280.6	0.861 049	31 438	28 428.2	0.904 262
100 - 75 - 5 - 10	30 435	26 879.2	0.883 167	29 956	27 042.5	0.902 741
200 - 25 - 1 - 10	52 005	47 560.3	0.914 533	51 925	48 530.7	0.934 631
200 - 25 - 2 - 10	54 627	49 620.6	0.908 353	54 364	51 071.1	0.939 429
200 - 25 - 3 - 10	53 567	49 443.8	0.923 027	53 269	50 155.4	0.941 549
200 - 25 - 4 - 10	51 015	46 252.1	0.906 637	50 804	46 578.4	0.916 825
200 - 25 - 5 - 10	53 434	49 577.5	0.927 827	53 407	49 959.9	0.935 456
200 - 75 - 1 - 10	112 664	104 684	0.929 17	111 959	104 977	0.937 638
200 - 75 - 2 - 10	105 436	96 418.4	0.914 473	104 993	98 405.6	0.937 259
200 - 75 - 3 - 10	**114 072**	**106 903**	**0.937 154**	**114 072**	**106 903**	**0.937 154**
200 - 75 - 4 - 10	98 622	89 744	0.909 98	98 402	91 303.8	0.927 865
200 - 75 - 5 - 10	116 821	108 952	0.932 641	116 739	109 797	0.940 534
300 - 25 - 1 - 10	109 073	103 410	0.948 081	108 880	103 512	0.950 698

续表

算例	IRTS					
	Best P			Best R		
	P	R	R/P	P	R	R/P
300 - 25 - 2 - 10	101 965	94 432. 5	0. 926 127	101 427	96 458. 5	0. 951 014
300 - 25 - 3 - 10	103 174	97 491. 1	0. 944 919	101 991	97 755. 2	0. 958 469
300 - 25 - 4 - 10	104 983	98 355	0. 936 866	104 788	99 765. 3	0. 952 068
300 - 25 - 5 - 10	103 883	98 684. 3	0. 949 956	103 774	98 795. 9	0. 952 029
300 - 75 - 1 - 10	247 288	234 939	0. 950 062	247 283	235 110	0. 950 773
300 - 75 - 2 - 10	267 349	255 258	0. 954 774	266 794	256 130	0. 960 029
300 - 75 - 3 - 10	239 113	225 244	0. 941 998	236 369	227 691	0. 963 286
300 - 75 - 4 - 10	230 610	218 385	0. 946 988	229 960	220 415	0. 958 493
300 - 75 - 5 - 10	248 277	236 975	0. 954 478	246 449	237 451	0. 963 489

表 6. 6　计算结果 C2

算例	EPR					
	Best P			Best R		
	P	R	R/P	P	R	R/P
100 - 25 - 1 - 10	16 221	14 490. 7	0. 893 33	16 121	14 597. 5	0. 905 496
100 - 25 - 2 - 10	15 700	13 817. 1	0. 880 07	15 584	14 017. 3	0. 899 467
100 - 25 - 3 - 10	14 885	12 972. 9	0. 871 542	14 628	13 145	0. 898 619
100 - 25 - 4 - 10	16 181	13 643. 8	0. 843 199	16 073	14 607. 6	0. 908 828
100 - 25 - 5 - 10	15 274	12 849. 9	0. 841 292	15 168	13 456	0. 887 131
100 - 75 - 1 - 10	**30 260**	**27 346**	**0. 903 7**	**30 260**	**27 346**	**0. 903 7**
100 - 75 - 2 - 10	31 037	27 210. 2	0. 876 702	30 393	28 226. 9	0. 928 73

续表

算例	EPR					
	Best P			Best R		
	P	R	R/P	P	R	R/P
100 - 75 - 3 - 10	29 887	26 349. 8	0. 881 648	29 155	26 505. 7	0. 909 131
100 - 75 - 4 - 10	31 610	28 352. 8	0. 896 957	30 622	28 469. 5	0. 929 707
100 - 75 - 5 - 10	30 465	26 523. 8	0. 870 632	30 423	26 807	0. 881 143
200 - 25 - 1 - 10	52 241	47 772. 5	0. 914 464	52 164	48 731. 5	0. 934 198
200 - 25 - 2 - 10	54 576	50 330. 1	0. 922 202	53 632	50 961. 2	0. 950 201
200 - 25 - 3 - 10	53 636	48 957	0. 912 764	53 542	50 236. 1	0. 938 256
200 - 25 - 4 - 10	51 150	46 686. 5	0. 912 737	50 889	47 160. 4	0. 926 731
200 - 25 - 5 - 10	53 508	49 230. 6	0. 920 061	53 221	49 823. 6	0. 936 164
200 - 75 - 1 - 10	112 535	102 748	0. 913 032	111 921	103 905	0. 928 378
200 - 75 - 2 - 10	105 597	97 236. 5	0. 920 826	105 251	98 283. 4	0. 933 8
200 - 75 - 3 - 10	114 117	104 886	0. 919 109	113 661	106 260	0. 934 885
200 - 75 - 4 - 10	98 787	89 754. 5	0. 908 566	98 661	91 575. 1	0. 928 179
200 - 75 - 5 - 10	115 653	108 037	0. 934 148	115 594	108 070	0. 934 91
300 - 25 - 1 - 10	109 365	102 971	0. 941 535	109 268	103 571	0. 947 862
300 - 25 - 2 - 10	101 829	95 019. 2	0. 933 125	101 350	95 432. 5	0. 941 613
300 - 25 - 3 - 10	102 891	96 920. 1	0. 941 969	102 531	97 008. 8	0. 946 141
300 - 25 - 4 - 10	104 941	99 271. 1	0. 945 971	104 772	99 313	0. 947 896
300 - 25 - 5 - 10	**103 909**	**98 726. 9**	**0. 950 13**	**103 909**	**98 726. 9**	**0. 950 13**
300 - 75 - 1 - 10	**246 701**	**233 677**	**0. 947 21**	**246 701**	**233 677**	**0. 947 21**
300 - 75 - 2 - 10	263 091	248 361	0. 944 012	260 618	250 863	0. 962 57
300 - 75 - 3 - 10	239 508	225 195	0. 940 24	238 906	227 488	0. 952 207
300 - 75 - 4 - 10	229 703	219 108	0. 953 88	229 703	219 108	0. 953 88
300 - 75 - 5 - 10	248 614	234 429	0. 942 944	246 112	235 141	0. 955 423

注：表 6. 5 ~ 表 6. 6 展示了具有 10 个背包的不同随机算例的实验结果；P 和 R 同时获得最大值的情况以粗体标记。

为了从整体上展示每个解的 P 值变化时其 R 值的变化情况，本书选择了 18 个具有代表性的算例，绘制了以 IRTS 作为静态算法时中间过程解的 P 与 R 的关系，见图 6.2 ~ 图 6.19。图中的 x 轴表示过程解的静态收益值，y 轴表示其鲁棒性度量值。图 6.20 展示了一个特殊情况，其中两个解具有相同的 R 值，但具有不同的 P 值。图 6.21 ~ 图 6.22 展示了在不同算例类型中具有最高 P 值或最高 R 值的解对应的 R/P 平均值的变化情况。图中的 x 轴表示背包的数量，y 轴表示平均值。

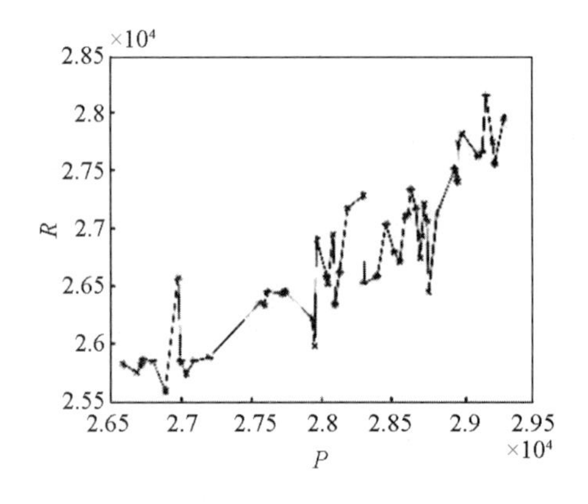

图 6.2　100 - 25 - 1 - 3

图 6.3　100 - 25 - 1 - 5

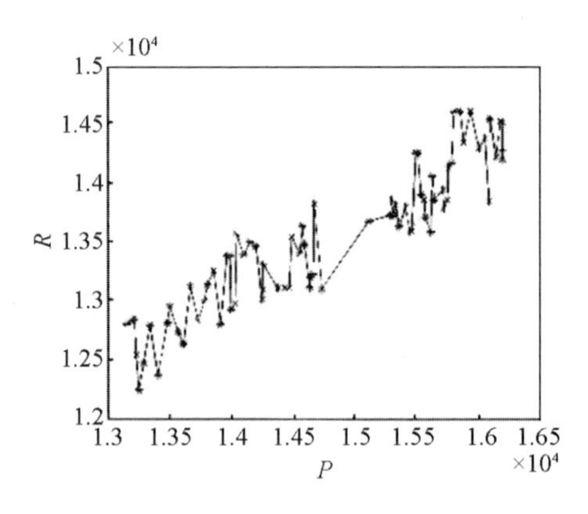

图 6.4　100 - 25 - 1 - 10

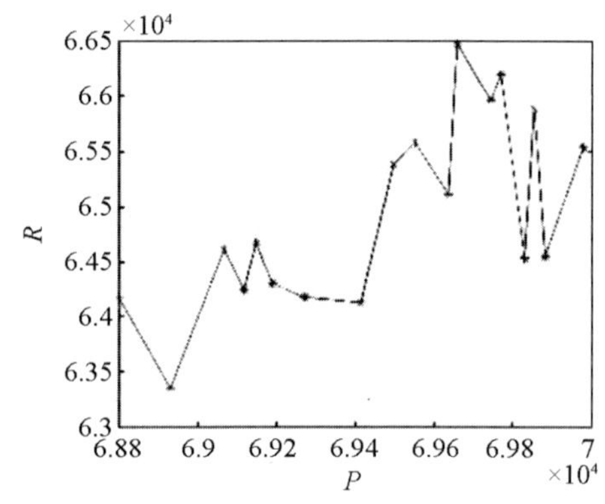

图 6.5　100 - 75 - 1 - 3

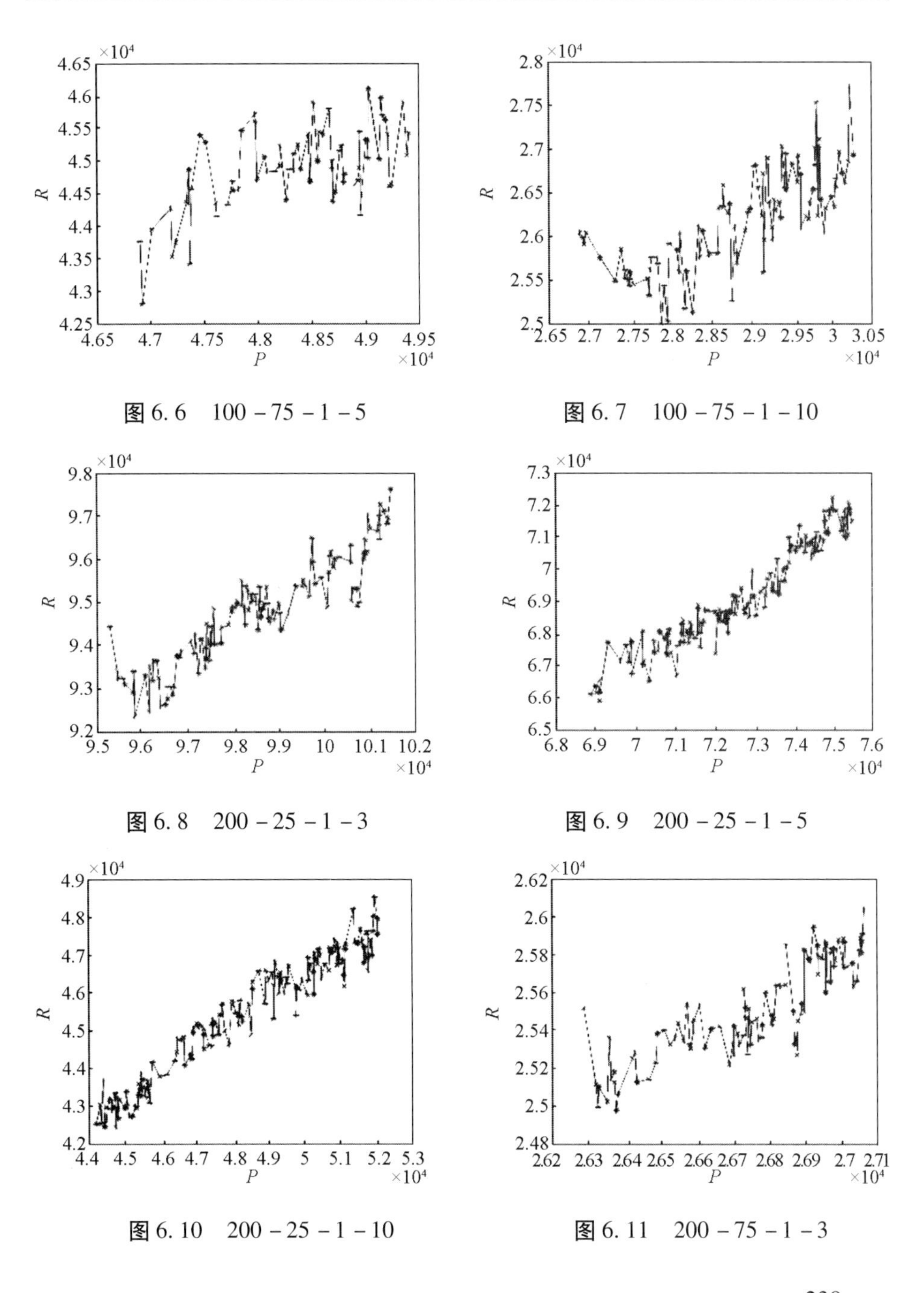

图6.6　100－75－1－5

图6.7　100－75－1－10

图6.8　200－25－1－3

图6.9　200－25－1－5

图6.10　200－25－1－10

图6.11　200－75－1－3

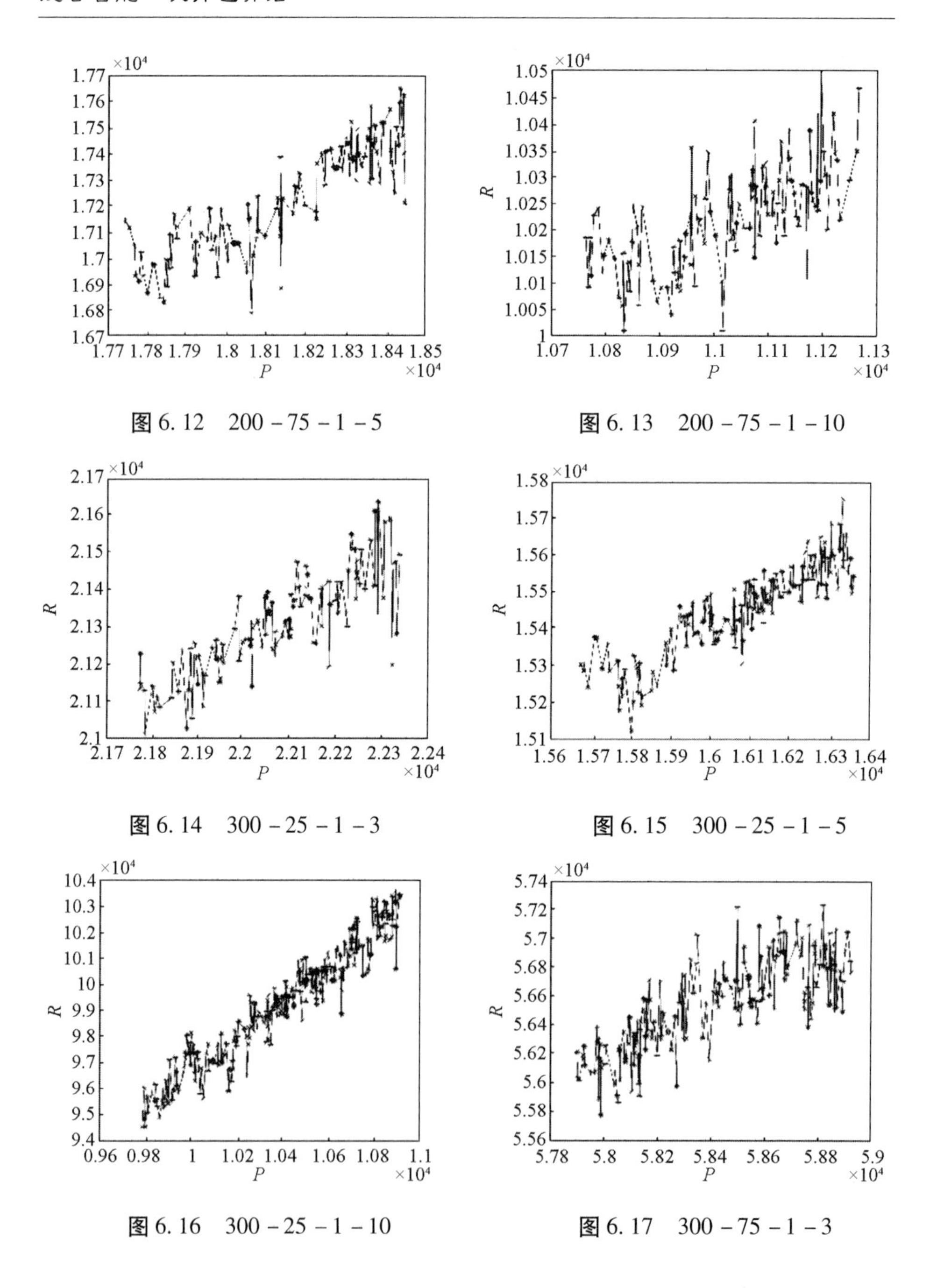

图 6.12　200 - 75 - 1 - 5

图 6.13　200 - 75 - 1 - 10

图 6.14　300 - 25 - 1 - 3

图 6.15　300 - 25 - 1 - 5

图 6.16　300 - 25 - 1 - 10

图 6.17　300 - 75 - 1 - 3

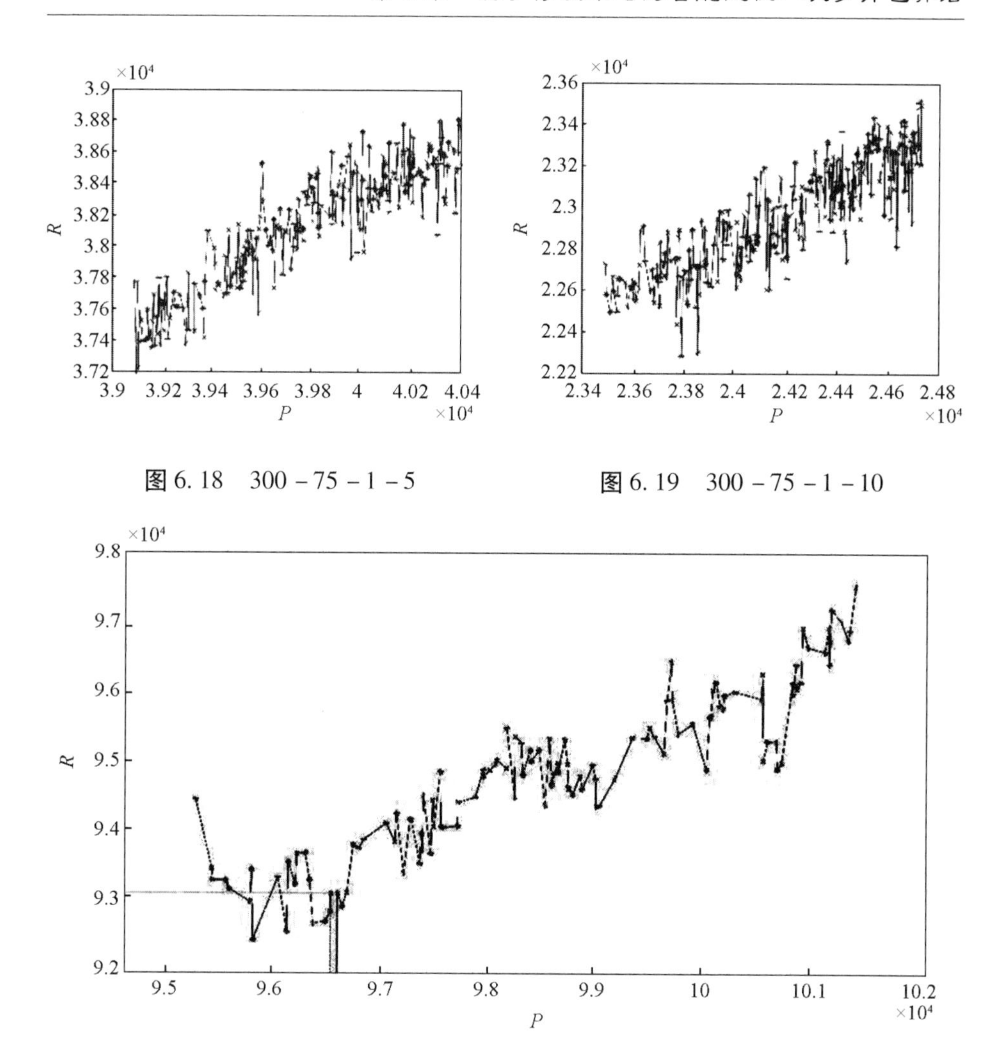

图 6.18　300 − 75 − 1 − 5

图 6.19　300 − 75 − 1 − 10

图 6.20　在算例 200 − 25 − 1 − 3 中不同 P 对应相同 R （IRTS）

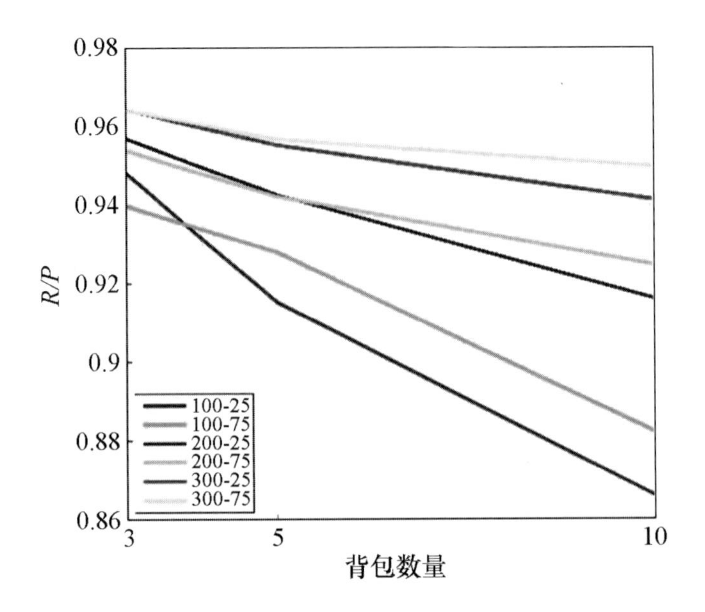

图 6.21　当获得最高 P 值时，不同算例集的 R/P 值（IRTS）（见彩插）

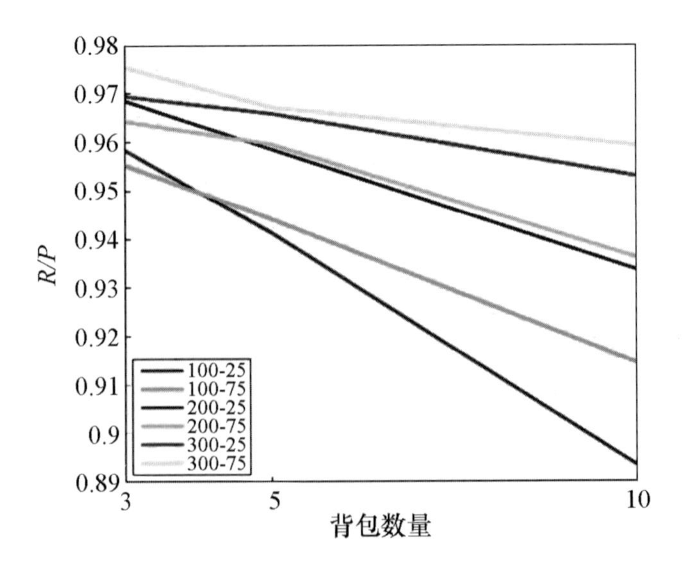

图 6.22　当获得最高 R 值时，不同算例集的 R/P 值（IRTS）（见彩插）

6.4.4 实验结论

实验结果，可以得到以下结论：

（1）在极少数情况下，具有最高静态收益值的解也具有最高鲁棒性度量值。从表 6.1 ~ 表 6.3 中可以看出，当以 IRTS 作为静态算法时，此类情况的算例数量为 9 个；当以 EPR 作为静态算法时，此类情况的算例数量为 15 个。两种情况分别占整个算例集的 10% 和 17%。在以 IRTS 作为静态算法时，这 9 个算例包括 4 个 3 背包的算例、3 个 5 背包的算例、2 个 10 背包的算例；其中 6 个属于密度为 25% 的算例，3 个属于密度为 75% 的算例。在以 EPR 作为静态算法时，这 15 个案例包括 7 个 3 背包的算例、4 个 5 背包的算例、4 个 10 背包的算例；其中 8 个属于密度为 25% 的算例，7 个属于密度为 75% 的算例。因此，可以得出结论：随着背包数量的增加或密度的增加，同时具有最高的静态收益值和最高的鲁棒性度量值的情况会减少。

（2）通过对比静态算法分别为 IRTS 和 EPR 的结果，可以看到只有两个算例（100 - 75 - 3 - 5 和 300 - 25 - 5 - 5）同时具有最高 P 值但具有不同 R 值。这意味着同一个 P 值可能对应于多个解，但在静态 QMKP 中这种情况很少。

（3）IRTS 和 EPR 产生不同的静态中间过程解集合。例如，从算例 100 - 25 - 1 - 3 中可以看出，两种算法获得最高 P 值的解相同，但两种算法最终获得的最高 R 值不同。在所有 90 个算例中，只有在两个算例（100 - 25 - 2 - 3、200 - 25 - 1 - 3）上，两种算法获得相同的最高 R 值。

（4）从图 6.2 ~ 图 6.19 中可以看出，在所有选定的算例中（这些算例涵盖了 n、m、d 的所有组合，具有代表性），解的鲁棒性度量值（R 值）通常随着静态收益值（P 值）的增加而增加。但是也可以看出，R 值与其对应的 P 值并不严格成正比，通常具有最高鲁棒性度量值的解出现在具有高 P 值的解之中。因此，为了提高 RBOA 的效率，可以进行以下操作：使用高效的静态 QMKP 算法，这些算法可以产生高 P 值解，如采用高效的 IRTS 算法；倾向于利用具有高 P 值的静态解来进行修复，但问题是具有高 P 值和低 P 值的解之间的边界并不明确。

（5）在某些情况下，具有不同 P 值的解 R 值相同。换句话说，不同结构的解可能具有相同的鲁棒性。例如，在图 6.20 中（IRTS 在算例 200 - 25 - 1 - 3 上生成的中间过程解），两个具有不同 P 值（96 553 和 96 616）的解对应于相同的 R 值（93 047.9）。

（6）从图 6.21 ~ 图 6.22 中可以看出，R/P 的值始终小于 1。这意味着，对于所有测试的 QMKP 算例，在其对应的 30 个随机算例中，静态解普遍不满足约束，并且必须从解中删除多个物品才能恢复其可行性。还可以看到，R/P 的值通常随着背包数量的增加而降低。这是因为更多的背包可能会引起更多违反约束的情况，从而导致修复后解的质量降低。另外，R/P 的值通常随着物品数量的增加而增加。这是因为在物品数量较多的算例中，删除一个物品对总收益的影响不如物品数量较少的算例显著。但在图 6.22 中，存在一个例外情况，其中200 - 75算例集的 R/P 的平均值略小于 100 - 25 的平均值。R/P 的值与算例密度之间的关系更为复杂。实际上，对于背包数量为 3 时的 100 个物品和 200 个物品的算例，当密度较高时，R/P 的平均值通常较小。但是，当背包数量为 5 或 10 时，密度越高 R/P 的平均值通常越大。这是因为，在测试算例中，具有 3 个背包的算例的背包容量通常大于具有 5 个背包和 10 个背包的算例。因此，具有 3 背包算例的背包能够容纳更多的物品。在这种情况下，当密度较大时，从背包中取出物品将导致巨大的收益损失。对于 300 个物品的算例，由于分母 P 值较大，因此高密度算例中即使其背包数量较小，这种损失的影响也会减弱。

6.5　结论

本章介绍了一个全新的随机二次多背包问题（SQMKP）。该问题具有广泛的实际应用。本书考虑的随机因素包括物品质量和物品收益，根据已知的概率分布随机生成。SQMKP 的目标是找到一个总收益的期望值最大化的解。本章提出了一种基于修复的方法（RBOA）用于高效求解 SQMKP。RBOA 遵循鲁棒性修复方法的思想——找到静态 QMKP 的可行解后，基于随机算例使用简单的修复算法来调整解，使其满足容量约束。RBOA 的一般步骤为：首先，生成一组具有代表性的随机算例；其次，使用高效的静态 QMKP 算法，生成大量多样化的中间过程解；再次，使用修复算法根据随机算例修复每个中间过程解（修复的方法是从违反容量约束的背包中移除物品使其满足约束）；最后，计算每个解的鲁棒性度量值，输出具有最高鲁棒性度量值的解。

本章在基于 QMKP 标准测试算例产生的随机算例上测试了两种最先进的 QMKP 算法，即 IRTS 和 EPR 算法。从实验结果中可以发现随着静态收益值的增加，解的鲁棒性普遍增强。

本书的 RBOA 依赖于静态问题（以及静态算法），静态问题用于为随机问题提供候选解。在现实问题中，如果此类静态问题没有事先给出，并且只知道物品质量和收益的随机概率分布，则可以将静态变量的值设定为其对应的随机变量概率分布的期望值，从而产生一个静态问题。只要给出物品质量和收益的随机概率分布，本章的方法就可以应用于求解任何实际的 SQMKP。

第七章　总结与展望

7.1　总结

本书研究了五个极具挑战的二次背包问题，分别为二次（单个）背包问题（QKP）、二次多背面包问题（QMKP）、广义二次多背包问题（GQMKP）和双目标二次多背面包问题（BO-QMKP）。这些问题近年来在学术界受到了广泛的关注，其模型具有广泛的实际应用，如电信领域的基站选址、机场和火车站选址、投资组合、制造系统中的零部件生产等。从计算复杂性的角度看，它们均属于NP困难问题。为了解决这些计算上极具挑战的问题，本书旨在寻找在合理的计算时间内能有效获得高质量的近似解的混合智能算法。

第2章研究了基本的QKP模型，提出了一个迭代的“超平面探索”方法（IHEA）。IHEA在QKP模型的基础上引入了额外的基数约束，目的是裁剪掉没有最优解的搜索空间。这个思想来源于分枝与定界（B&B）算法框架，但也可以被求解组合优化问题的启发式方法借鉴。在由基数约束定义的一组超平面内进行搜索，有助于使IHEA集中在有希望的区域进行搜索。每个超平面，相较于原始QKP解空间，已有很大程度的削减。但仍然需要高效的算法对超平面进行快速的搜索。为了进一步缩小超平面的解空间，本书根据物品密度信息识别出“高度确定”的变量取值，并将其固定，进一步削减解空间，并采用禁忌搜索算法来求解缩减后的子问题。并且，设计了一个扰动策略，以帮助搜索跳出当前超平面的深层局部最优，并探索未开发的区域。本书通过实验测试了 IHEA 算法的表现，并将 IHEA 与文献中最先进的方法进行了计算结果对比。计算结果表明，IHEA 优于文献中最先进的算法。IHEA 在 80 个小规模基准算例上全部算得最优解，并且获得 100% 的成功率。对于具有 1 000 ~2 000 个变量的 80 个大规模算例，IHEA 发现了 6 个改进的结果，并获得了其余 74 个已知最好解。算法在 40 个超大规模算例上的突出表现进一步证实了 IHEA 算法的广泛适用性。其中上下界之间的平均间隔为 1. 359% 。实验结果同时也表明 IHEA 比文献中的算法计算效率更高。最后，本书做了额外的实验，结果表明 IHEA 的“超平面搜索”阶段的每次迭代通常只搜索了少数几个超平面（通常小于 3 个平面），这是 IHEA 效率高的主要原因。本书还通过实验证明，平均高达 95% 变量被固定，并且固定的正确率为 100% 。

第 3 章对二次多背包问题（QMKP）展开了研究。对于 QMKP，搜索超平面的思路不再有效，因为“有希望”的超平面难以识别。因此，本书开发了两个高效的混合智能启发式算法在原始搜索空间中快速搜索高质量的解：迭代响应阈值搜索算法（IRTS）和进化路径重新链接算法（EPRQMKP）。这两个算法都使用响应阈值搜索（RTS）过程进行局部搜索。RTS 包括一种动态调整阈值的机制。该算法包含两个阶段：基于阈值的搜索阶段和基于下降的改进阶段。基于阈值的搜索阶段使用了三个邻域运算符（REALLOCATE、EXCHANGE、DROP），基于下降的改进阶段使用两个邻域运算符（REALLOCATE、EXCHANGE）。采用响应阈值，RTS 可有效探索解空间的各个区域，而不容易陷入局部最优。基于下降的改进阶段则在某个区域内进行强化搜索。这两个阶段之间的交替确保了算法集中性和疏散性的平衡。RTS 是一个非常有效的局部搜索过程，它作为 IRTS 和 EPRQMKP 的子过程，使得 IRTS 和 EPRQMKP 轻松超越了文献中最先进的 QMKP 算法。在经典算例上的计算结果表明，IRTS 能够发现 41 个改进解，并获得了其余算例的已知最好解。EPRQMKP 进一步改进了 IRTS。为了确保 EPRQMKP 算法的求解效率，本书解决了三个重要问题：创建初始参考集的构造方法；从起始解到引导解的中间解生成方法；群体更新策略。鉴于 QMKP 的高度约束特征，本书还设计了一种激进搜索方法来修复不可行解，这是保证 EPRQMKP 算法高性能的关键要素。在 60 个标准测试算例上的实验结果表明，EPRQMKP 进一步改进了 IRTS。在 30 个新的大规模算例上，EPRQMKP 在最优解和平均结果上均大幅度优于文献中最好的算法。本书做了额外的实验以研究关键算法组件的有效性，并得到了以下结论：首先，RTS 使用的三个邻域均有助于提高算法的性能。在三个邻域中，贡献最大的是 REALLOCATE，然后是 EXCAHNGE，最后是 DROP。其次，基于密度的扰动策略优于随机重启的策略。再次，在修复不可行解时，所提出的激进邻域搜索方法优于贪婪算法。最后，在群体更新策略上，本书提出的动态更新策略优于传统的静态更新策略。

第 4 章研究了广义二次多背包问题（GQMKP），这是一个在 QMKP 基础扩展出来的复杂模型。GQMKP 在塑料部件生产车间具有实际应用，同时在计算机任务调度中，任务需要被分配到多个机器或处理器的情形下也具有应用价值。相比 QMKP，GQMKP 主要有四个附加约束条件：第一个附加约束条件是物品分类，即物品被区分称不同的类别；第二个附加约束条件是启动成本，即背包可以包含来自不同类的物品，每增加一类物品需要消耗额外的资源；第三个附加约束条件是分配约束，即每一类物品只能被部分背包加工；第四个附加约束条件是背包偏好，即每一个物品对背包有个偏好值。鉴于这些特殊的约束，需要在求解算法中加入有效的策略以高效的求解 GQMKP。模因搜索是一个强大的搜索框架，它结合了进化计算和局部搜索各自的优点。模因算法已被证明是解决组合优化问题的高效算法。本书提出的模因搜索方法 MAGQMK 包含了一些特殊的设计。首先，本书设计了一个基于脊梁骨的交叉运算符用于产生后代解，该运算符旨在最大限度地保留父代解中共同的优良特征；其次，为了在子代解的周围深度搜索，本书提出了一个多邻域模拟退火算法，采用了 REALLOCATE、EXCHANGE 和 GEX 三个邻域，其中 GEX 是专门为 GQMKP 设计的，它的特点是邻域范围大，包含的解质量高；最后，采用了质量和距离群体更新策略，以维持种群的健康多样性。本书进行了大量的实验，结果表明MAGQMK优于文献中的最先进的算法。对于48个小规模算例，MAGQMK能够获得45个已知最好解，其中有7个是改进解。对于48个大规模的算例，MAGQMK改进了47个已知最好解。本书还与文献中3个表现最好的算法进行了对比，结果表明MAGQMK轻松战胜这3个算法。MAGQMK在一个实际问题上的计算结果进一步证实了算法在实际应用中也具有很好的表现。此外，本书提供了MAGQMK的一些关键因素的实验分析结果，并得出了以下结论：首先，模因算法框架中的交叉算子有助于提升MAGQMK的整体性能；其次，通用交换邻域GEX是模拟退火过程中贡献最大的邻域；最后，质量和距离群体更新策略比传统的最差淘汰策略更有效。

第5章研究了双目标二次多背包问题（BO-QMKP）。BO-QMKP同时最大化总收益和最大化最小背包的收益。BO-QMKP模型的两个目标是相互冲突的，因此没有唯一的全局最优解。本书提出了一种两阶段混合（HTS）启发式算法计算BO-QMKP的近似帕累托最优。HTS算法包含两个互补的阶段：第一个阶段的标量化方法和第二阶段的基于帕累托的方法。这种混合框架已成功应用于解决许多具有挑战性的多目标问题。本书在每个阶段都开发了针对BO-QMKP的专用的搜索策略。第一阶段，HTS将进化多目标优化与响应阈值搜索相结合，第二阶段采用基于帕累托的局部搜索。HTS在第一阶段将近似帕累托集合推向真实的帕累托最优，并且在第二阶段中使用帕累托局部搜索进一步改进近似解集的质量。实验结果表明，HTS比没有局部搜索的传统NSGA－Ⅱ算法表现明显更优，这说明了响应阈值搜索是有效的。同时，HTS比其两种简化的变体算法表现更优，分别说明了进化多目标算法框架和帕利托局部搜索对算法最终效能是有重要贡献的。

第6章研究了随机二次多背包问题（SQMKP）。在该问题中，物品的质量和收益是两个随机变量。SQMKP的目标是找到一个总收益的期望值最大化的解。SQMKP是本书引入的新问题，在文献中没有相关研究。本书提出了一种基于修复的方法（RBOA）来处理随机因素，首先找到一个对应的静态二次多背包问题的可行解，然后根据一个简单的修复算法对解进行调整以应对随机情况的发生。本书采用针对静态QMKP问题的最先进算法，即IRTS和EPR算法，产生一系列备选解，并从中选出鲁棒性最高的解。从实验结果中可以发现随着静态收益值的增加，解的鲁棒性普遍增强。

7.2 展望

目前，对二次背包问题的研究仅限于算法设计和实验验证。文献中已有不少针对二次背包问题提出的算法求解方案，并且它们在基准实例上的性能相当。因此，当给出一个新算例时，笔者仍然不知道应该采用哪个方法。显然，根据“没有免费午餐”定理，没有一个单一的算法可以在所有可能的情况下达到最佳性能。如何为给定算例选择一个最有效的算法是一个值得研究的问题。一个潜在的解决方案是根据其特征对算例进行分类，并识别每类算例的最佳算法。通过这种方式，当面临新算例时，可以根据分类来选择算法。这个工作可以分三步来实现。第一步是提取问题特定的算例特征和算法特征，并根据算法表现对特征进行聚类；第二步是建立算法表现和算例属性之间的关系，并为每个算例类找到最佳算法；最后一步是对给定的新算例与算例类之间做匹配，并找到最佳算法应用于求解该算例。可以将某些学习机制添加到此过程中，以便动态调整算法和实例之间的匹配。

本书考虑了最基本的QKP模型及其四个扩展问题。然而，除这些模型之外，仍有许多二次背包问题的重要变种鲜有研究，例如，多项选择QKP（从每个物品类中选择有且只有一个物品），以及最常见的多维QKP（本质上是一个带有多个约束的单背包问题）。这些模型非常重要，因为它们具有广泛的实际应用。分析这些模型并开发有效求解算法是一个值得研究的课题。

另一个有趣的研究方向是开发一种通用的算法。据作者所知，文献中尚未有相关的研究。这类算法的设计和实现具有很大的挑战。为了开发一个用于二次背包问题的通用启发式求解器，可以采用超启发式框架、协同方法或基于组件的启发式方法。此类工作需要对问题特征进行深入分析和分类，以及开发属性依赖的启发式算子，以便求解器能够自动地从众多算子中选择一个最合适的应用于待求解的问题。

参考文献

[1] ANEJA Y P, NAIR K P K. Bicriteria transportation problem[J]. Management Science, 1979, 25(1): 73 - 78.

[2] BADER J, ZITZLER E. Hype: an algorithm for fast hypervolume based many-objective optimization[J]. Evolutionary Computation, 2011, 19(1): 45 - 76.

[3] BAMBHA N K, BHATTACHARYYA S S, TEICH J, et al. Systematic integration of parameterized local search into evolutionary algorithms[J]. IEEE Transactions on Evolutionary Computation, 2004, 8(2): 137 - 155.

[4] BARICHARD V, HAO J K. Genetic tabu search for the multi-objective knapsack problem[J]. Tsinghua Science and Technology, 2003, 8(1): 8 - 13.

[5] BENLIC U, HAO J K. A multilevel memetic approach for improving graph k-partitions[J]. IEEE Transactions on Evolutionary Computation, 2011, 15(5): 624 - 642.

[6] BILLIONNET A, CALMELS F. Linear programming for the 0-1 quadratic knapsack problem[J]. European Journal of Operational Research, 1996, 92(2): 310 - 325.

[7] BILLIONNET A, SOUTIF E. An exact method based on lagrangian decomposition for the 0-1 quadratic knapsack problem[J]. European Journal of Operational Research, 2004, 157(3): 565 - 575.

[8] BIRATTARI M, YUAN Z, BALAPRAKASH P, et al. F-race and iterated F-race: an overview. [J]. Experimental Methods for the Analysis of Optimization Algorithms, 2010: 311 - 336.

[9] BLUM C, ROLI A. Metaheuristics in combinatorial optimization: overview and conceptual comparison[J]. ACM Computing Surveys (CSUR), 2003, 35(3): 268 - 308.

[10] BOUSSIER S, VASQUEZ M, VIMONT Y, et al. A multi-level search strategy for the 0-1 multidimensional knapsack problem[J]. Discrete Applied Mathematics, 2010, 158(2): 97 - 109.

[11] BURKE E K, HYDE M, Kendall G, et al. A classification of hyper-heuristic approaches[M]//Handbook of metaheuristics. Boston, MA: Springer, 2010: 449-468.

[12] CAPRARA A, PISINGER D, TOTH P. Exact solution of the quadratic knapsack problem[J]. INFORMS Journal on Computing, 1999, 11(2): 125-137.

[13] CERNY V. Thermodynamical approach to the traveling salesman problem: an efficient simulation algorithm [J]. Journal of Optimization Theory and Applications, 1985, 45(1): 41-51.

[14] CHANKONG V, HAIMES Y Y. Multiobjective decision making: theory and methodology[M]. New York: North-Holland, 1983.

[15] CHEN Y, HAO J K. An iterated "hyperplane exploration" approach for the quadratic knapsack problem[J]. Computers & Operations Research, 2017, 77: 226-239.

[16] CHEN Y, HAO J K. Memetic search for the generalized quadratic multiple knapsack problem[J]. IEEE Transactions on Evolutionary Computation, 2016, 20(6): 908-923.

[17] CHEN Y, HAO J K. A "reduce and solve" approach for the multiple-choice multidimensional knapsack problem [J]. European Journal of Operational Research, 2014, 239(2): 313-322.

[18] CHEN Y, HAO J K. Iterated responsive threshold search for the quadratic multiple knapsack problem[J]. Annals of Operations Research, 2015, 226(1): 101-131.

[19] CHEN Y, HAO J K. The bi-objective quadratic multiple knapsack problem: model and heuristics[J]. Knowledge-Based Systems, 2016, 97: 89-100.

[20] CHEN X, ONG Y S, LIM M H, et al. A multi-facet survey on memetic computation[J]. IEEE Transactions on Evolutionary Computation, 2011, 15(5): 591-607.

[21] CHEN Y, HAO J K, GLOVER F. An evolutionary path relinking approach for the quadratic multiple knapsack problem[J]. Knowledge-Based Systems, 2016, 92: 23-34.

[22] CHEN Y, HAO J K, GLOVER F. A hybrid metaheuristic approach for the capacitated arc routing problem[J]. European Journal of Operational Research,

2016, 253(1): 25 - 39.

[23] CHU P C, BEASLEY J E. A genetic algorithm for the multidimensional knapsack problem[J]. Journal of Heuristics, 1998, 4(1): 63 - 86.

[24] COELLO C A C, VAN VELDHUIZEN D A, LAMONT G B. Evolutionary algorithms for solving multi-objective problems [M]. New York: Springer, 2002: 15.

[25] CORDER G W, FOREMAN D I. Nonparametric statistics: a step-by-step approach[M]. 2nd ed. US: John Wiley & Sons, 2014: 18.

[26] CRAINIC T G, TOULOUSE M. Parallel meta-heuristics [M]//Handbook of metaheuristics. Boston: Springer, 2010: 497 - 541.

[27] DA SILVA C G, CLÍMACO J, FIGUEIRA J. A scatter search method for bi-criteria {0, 1}-knapsack problems [J]. European Journal of Operational Research, 2006, 169(2): 373 - 391.

[28] DAMMEYER F, VOß S. Dynamic tabu list management using the reverse elimination method[J]. Annals of Operations Research, 1993, 41(2): 29 - 46.

[29] DEB K, PRATAP A, AGARWAL S, et al. A fast and elitist multiobjective genetic algorithm: NSGA-Ⅱ [J]. IEEE Transactions on Evolutionary Computation, 2002, 6(2): 182 - 197.

[30] DEB K. Multi-objective optimization using evolutionary algorithms [M]. US: John Wiley & Sons, 2001: 15.

[31] DI GASPERO L, SCHAERF A. Neighborhood portfolio approach for local search applied to timetabling problems [J]. Journal of Mathematical Modelling and Algorithms, 2006, 5(1): 65 - 89.

[32] DIJKHUIZEN G, FAIGLE U. A cutting-plane approach to the edge-weighted maximal clique problem[J]. European Journal of Operational Research, 1993, 69(1): 121 - 130.

[33] DORIGO M, DI CARO G. Ant colony optimization: a new meta-heuristic[C]// Proceedings of the 1999 congress on evolutionary computation-CEC99, IEEE, 1999, 2: 1470 - 1477.

[34] DUBOIS-LACOSTE J, LÓPEZ-IBÁNEZ M, STÜTZLE T. A hybrid TP + PLS algorithm for bi-objective flow-shop scheduling problems [J]. Computers & Operations Research, 2011, 38(8): 1219 - 1236

[35] DUBOIS-LACOSTE J, LOPEZ-IBANEZ M, STÜTZLE T. Improving the anytime behavior of two-phase local search[J]. Annals of Mathematics and Artificial Intelligence, 2011, 61(2): 125 - 154

[36] DUECK G, SCHEUER T. Threshold accepting: a general purpose optimization algorithm appearing superior to simulated annealing[J]. Journal of Computational Physics, 1990, 90(1): 161 - 175.

[37] DUECK G. New optimization heuristics: the great deluge algorithm and the record-to-record travel [J]. Journal of Computational physics, 1993, 104(1): 86 - 92.

[38] FALKENAUER E. A new representation and operators for genetic algorithms applied to grouping problems[J]. Evolutionary Computation, 1994, 2(2): 123 - 144.

[39] FALKENAUER E. Genetic algorithms and grouping problems[M]. US: John Wiley & Sons, 1998: 75.

[40] FENG L, ONG Y S, LIM M H, et al. Memetic search with inter-domain learning: a realization between CVRP and CARP[J]. IEEE Transactions on Evolutionary Computation, 2014, 19(5): 644 - 658.

[41] FEO T A, RESENDE M G C. Greedy randomized adaptive search procedures [J]. Journal of Global Optimization, 1995, 6(2): 109 - 133.

[42] FLESZAR K, HINDI K S. Fast, effective heuristics for the 0-1 multi-dimensional knapsack problem[J]. Computers & Operations Research, 2009, 36(5): 1602 - 1607.

[43] FOMENI F D, LETCHFORD A N. A dynamic programming heuristic for the quadratic knapsack problem[J]. INFORMS Journal on Computing, 2014, 26(1): 173 - 182.

[44] FONSECA C M, KNOWLES J D, THIELE L, et al. A tutorial on the performance assessment of stochastic multiobjective optimizers[C]//Proceedings of Third International Conference on Evolutionary Multi-Criterion Optimization (EMO 2005), 2005, 216: 240.

[45] GALINIER P, HAO J K. Hybrid evolutionary algorithms for graph coloring[J]. Journal of Combinatorial optimization 1999, 3(4): 379 - 397.

[46] GALLO G, HAMMER P L, SIMEONE B. Quadratic knapsack problems[M]// Combinatorial Optimization. Heidelberg: Springer, 1980: 132 - 149.

[47] GARCÍA-MARTÍNEZ C, GLOVER F, RODRIGUEZ F J, et al. Strategic oscillation for the quadratic multiple knapsack problem [J]. Computational Optimization and Applications, 2014, 58(1): 161 - 185.

[48] GARCÍA-MARTÍNEZ C, RODRIGUEZ F J, LOZANO M. Tabu-enhanced iterated greedy algorithm: a case study in the quadratic multiple knapsack problem[J]. European Journal of Operational Research, 2014, 232(3): 454 - 463.

[49] GLOVER F, HAO J K. The case for strategic oscillation [J]. Annals of Operations Research, 2011, 183(1): 163 - 173.

[50] GLOVER F, LAGUNA M. Tabu search[M]. Boston, MA: Springer, 1997.

[51] GLOVER F, LAGUNA M. Tabu search [M]//Handbook of combinatorial optimization. New York, NY: Springer, 2013: 3261 - 3362.

[52] GLOVER F, MCMILLAN C, GLOVER R. A heuristic programming ap-proach to the employee scheduling problem and some thoughts on "managerial robots"[J]. Journal of Operations Management, 1984, 4(2): 113 - 128.

[53] GLOVER F, LAGUNA M, MARTI R. New ideas and applications of scatter search and path relinking [M]//New optimization techniques in engineering. Berlin, Heidelberg: Springer, 2004: 367 - 383.

[54] GLOVER F. Heuristics for integer programming using surrogate constraints[J]. Decision Sciences, 1977, 8(1): 156 - 166.

[55] GLOVER F. Future paths for integer programming and links to artificial intelligence[J]. Computers & Operations Research, 1986, 13(5): 533 - 549.

[56] GLOVER F. Adaptive memory projection methods for integer programming[M]// Metaheuristic optimization via memory and evolution. Boston, MA: Springer, 2005: 425 - 440.

[57] GROËR C, GOLDEN B, WASIL E. A library of local search heuristics for the vehicle routing problem[J]. Mathematical Programming Computation, 2010, 2(2): 79 - 101.

[58] GUSFIELD D. Partition-distance: a problem and class of perfect graphs arising in clustering[J]. Information Processing Letters, 2002, 82(3): 159 - 164.

[59] HAMMAER P, RADER D J, Jr. Efficient methods for solving quadratic 0-1 knapsack problems[J]. INFOR: Information Systems and Operational Research, 1997, 35(3): 170 - 182.

[60] HANSEN P, MLADENOVIC N. An introduction to variable neighborhood search [M]//Meta-heuristics. Boston, MA: Springer, 1999: 433 -458.

[61] HAO J K. Memetic algorithms in discrete optimization [M]//Handbook of memetic algorithms. Berlin, Heidelberg: Springer, 2012: 73 -94.

[62] HELMBERG C, RENDL F, WEISMANTEL R. A semidefinite programming approach to the quadratic knapsack problem [J]. Journal of Combinatorial Optimization, 2000, 4(2): 197 -215.

[63] HILEY A, JULSTROM B A. The quadratic multiple knapsack problem and three heuristic approaches to it [C]//Proceedings of the 8th Annual Conference on Genetic and Evolutionary Computation, 2006: 547 -552.

[64] HOLLAND J H. Adaptation in natural and artificial systems: an introductory analysis with applications to biology, control, and artificial intelligence[M]. US: The University of Michigan Press, 1975: 13.

[65] HUNG M S, FISK J C. An algorithm for 0-1 multiple-knapsack problems[J]. Naval Research Logistics Quarterly, 1978, 25(3): 571 -579.

[66] JASZKIEWICZ A. On the performance of multiple-objective genetic local search on the 0/1 knapsack problem: a comparative experiment[J]. IEEE Transactions on Evolutionary Computation, 2002, 6(4): 402 -412.

[67] JASZKIEWICZ A. Do multiple-objective metaheuristics deliver on their promises? A computational experiment on the set-covering problem[J]. IEEE Transactions on Evolutionary Computation, 2003, 7(2): 133 -143.

[68] JOHNSON E L, MEHROTRA A, NEMHAUSER G L. Min-cut clustering[J]. Mathematical Programming, 1993, 62(1): 133 -151.

[69] JULSTROM B A. Greedy, genetic, and greedy genetic algorithms for the quadratic knapsack problem[C]//Proceedings of the 7th Annual Conference on Genetic and Evolutionary Computation, 2005: 607 -614.

[70] KELLERER H, STRUSEVICH V A. Fully polynomial approximation schemes for a symmetric quadratic knapsack problem and its scheduling applications [J]. Algorithmica, 2010, 57(4): 769 -795.

[71] PISINGER D, TOTH P. Knapsack problems [M]//Handbook of combinatorial optimization. Boston, MA: Springer, 1998: 299 -428.

[72] KIRKPATRICK S, GELATT C D, VECCHI M P. Optimization by simulated

annealing[J]. Science, 1983, 220(4598): 671 -680.

[73] KNOWLES J, CORNE D. The pareto archived evolution strategy: a new baseline algorithm for pareto multiobjective optimisation [C]//Proceedings of the 1999 Congress on Evolutionary Computation-CEC99 (Cat. No. 99TH8406). IEEE, 1999, 1: 98 -105.

[74] KNOWLES J, CORNE D. Memetic algorithms for multiobjective optimization: issues, methods and prospects [M]//Recent advances in memetic algorithms. Berlin, Heidelberg: Springer, 2005: 313 -352.

[75] LIEFOOGHE A, VEREL S, HAO J K. A hybrid metaheuristic for multiobjective unconstrained binary quadratic programming[J]. Applied Soft Computing, 2014, 16: 10 -19.

[76] LIEFOOGHE A, VEREL S, PAQUETE L, et al. Experiments on local search for bi-objective unconstrained binary quadratic programming [C]//International Conference on Evolutionary Multi-Criterion Optimization. Cham: Springer, 2015: 171 -186.

[77] LOPEZ-IBANEZ M, DUBOIS-LACOSTE J, CACERES L P, et al. The irace package: iterated racing for automatic algorithm configuration [J]. Operations Research Perspectives, 2016, 3: 43 -58.

[78] LOURENCO H R, MARTIN O C, STÜTZLE T. Iterated local search [M]// Handbook of metaheuristics. Boston, MA: Springer, 2003: 320 -353.

[79] LÜ Z, HAO J K. A memetic algorithm for graph coloring[J]. European Journal of Operational Research, 2010, 203(1): 241 -250.

[80] LÜ Z, HAO J K, Glover F. Neighborhood analysis: a case study on curriculum-based course timetabling[J]. Journal of Heuristics, 2011, 17(2): 97 -118.

[81] LUST T, TEGHEM J. Two-phase Pareto local search for the biobjective traveling salesman problem[J]. Journal of Heuristics, 2010, 16(3): 475 -510.

[82] MAK V, THOMADSEN T. Facets for the cardinality constrained quadratic knapsack problem and the quadratic selective travelling salesman problem[R]. IMM-Technical Report -2004 -19, 2004.

[83] MARTELLO S, TOTH P. Heuristic algorithms for the multiple knapsack problem [J]. Computing, 1981, 27(2): 93 -112.

[84] MARTELLO S, TOTH P. Knapsack problems: algorithms and computer

implementations[J]. Journal of Operational Research Society, 1990, 42(6): 513 -517.

[85] MEI Y, TANG K, YAO X. Decomposition-based memetic algorithm for multiobjective capacitated arc routing problem [J]. IEEE Transactions on Evolutionary Computation, 2011, 15(2): 151 -165.

[86] MEI Y, LI X, YAO X. Cooperative coevolution with route distance grouping for large-scale capacitated arc routing problems [J]. IEEE Transactions on Evolutionary Computation, 2013, 18(3): 435 -449.

[87] MERZ P, FREISLEBEN B. Fitness landscapes, memetic algorithms, and greedy operators for graph bipartitioning[J]. Evolutionary Computation, 2000, 8(1): 61 -91.

[88] MOSCATO P, COTTA C. A gentle introduction to memetic algorithms[M]// Handbook of metaheuristics. Springer, Boston, MA, 2003: 105 -144.

[89] NERI F, COTTA C, MOSCATO P. Handbook of memetic algorithms[M]. Berlin, Heidelberg: Springer, 2012.

[90] ONG Y S, KEANE A J. Meta-Lamarckian learning in memetic algorithms[J]. IEEE Transactions on Evolutionary Computation, 2004, 8(2): 99 -110.

[91] ONG Y S, LIM M H, CHEN X. Memetic computation—past, present & future [research frontier][J]. IEEE Computational Intelligence Magazine, 2010, 5 (2): 24 -31.

[92] PAQUETE L, CHIARANDINI M, STÜTZLE T. Pareto local optimum sets in the biobjective traveling salesman problem: an experimental study [M]// Metaheuristics for multiobjective optimisation. Berlin, Heidelberg: Springer, 2004: 177 -199.

[93] PARK K, LEE K, PARK S. An extended formulation approach to the edge-weighted maximal clique problem[J]. European Journal of Operational Research, 1996, 95(3): 671 -682.

[94] PISINGER W D, RASMUSSEN A B, SANDVIK R. Solution of large quadratic knapsack problems through aggressive reduction [J]. INFORMS Journal on Computing, 2007, 19(2): 280 -290.

[95] PISINGER D. An exact algorithm for large multiple knapsack problems[J]. European Journal of Operational Research, 1999, 114(3): 528 -541.

[96] PISINGER D. The quadratic knapsack problem—a survey[J]. Discrete Applied Mathematics, 2007, 155(5): 623 - 648.

[97] PORUMBEL D C, HAO J K, KUNTZ P. An evolutionary approach with diversity guarantee and well-informed grouping recombination for graph coloring [J]. Computers & Operations Research, 2010, 37(10): 1822 - 1832.

[98] RADER D J. WOEGINGER G J. The quadratic 0-1 knapsack problem with series-parallel support[J]. Operations Research Letters, 2002, 30(3): 159 - 166.

[99] RHYS J M W. A selection problem of shared fixed costs and network flows[J]. Management Science, 1970, 17(3): 200 - 207.

[100] RYAN D M, Foster B A. An integer programming approach to scheduling[J]. Computer Scheduling of Public Transport Urban Passenger Vehicle and Crew Scheduling, 1981: 269 - 280.

[101] SARAC T, SIPAHIOGLU A. A genetic algorithm for the quadratic multiple knapsack problem [C]//Proceedings of International Symposium on Brain, Vision, and Artificial Intelligence. Berlin, Heidelberg: Springer, 2007: 490 - 498.

[102] SARAC T, SIPAHIOGLU A. Generalized quadratic multiple knapsack problem and two solution approaches[J]. Computers & Operations Research, 2014, 43: 78 - 89.

[103] SHANG R, WANG J, JIAO L, et al. An improved decomposition-based memetic algorithm for multi-objective capacitated arc routing problem [J]. Applied Soft Computing, 2014, 19: 343 - 361.

[104] SINGH A, BAGHEL A S. A new grouping genetic algorithm for the quadratic multiple knapsack problem [C]//Proceedings of European Conference on Evolutionary Computation in Combinatorial Optimization. Berlin, Heidelberg, Springer, 2007: 210 - 218.

[105] SOAK S M, LEE S W. A memetic algorithm for the quadratic multiple container packing problem[J]. Applied Intelligence, 2012, 36(1): 119 - 135.

[106] SUNDAR S, SINGH A. A swarm intelligence approach to the quadratic multiple knapsack problem [C]//Proceedings of International Conference on Neural Information Processing. Berlin, Heidelberg: Springer 2010: 626 - 633.

[107] TANG K, MEI Y, YAO X. Memetic algorithm with extended neighborhood search for capacitated arc routing problems [J]. IEEE Transactions on

Evolutionary Computation, 2009, 13(5): 1151 - 1166.

[108] VASQUEZ M, HAO J K. A hybrid approach for the 0-1 multidimensional knapsack problem[C]//Proceedings of IJCAI, 2001: 328 - 333.

[109] VEREL S, LIEFOOGHE A, JOURDAN L, et al. On the structure of multiobjective combinatorial search space: MNK-landscapes with correlated objectives [J]. European Journal of Operational Research, 2013, 227(2): 331 - 342.

[110] VOUDOURIS C, TSANG E P K. Guided local search[M]. Boston, MA: Springer, 2003.

[111] WANG Y, LÜ Z, GLOVER F, et al. Backbone guided tabu search for solving the UBQP problem[J]. Journal of Heuristics, 2013, 19(4): 679 - 695.

[112] WANG H, KOCHENBERGER G, GLOVER F. A computational study on the quadratic knapsack problem with multiple constraints [J]. Computers & Operations Research, 2012, 39(1): 3 - 11.

[113] WILBAUT C, HANAFI S. New convergent heuristics for 0-1 mixed integer programming[J]. European Journal of Operational Research, 2009, 195(1): 62 - 74.

[114] WITZGALL C. Mathematical methods of site selection for Electronic Message Systems (EMS)[J]. NASA STI/Recon Technical Report N, 1975, 76: 18321.

[115] WOLPERT D H, MACREADY W G. No free lunch theorems for optimization [J]. IEEE Transactions on Evolutionary Computation, 1997, 1(1): 67 - 82.

[116] XIE X F, LIU J. A mini-swarm for the quadratic knapsack problem[C]// Proceedings of 2007 IEEE Swarm Intelligence Symposium. IEEE, 2007: 190 - 197.

[117] XIONG J, YANG K, LIU J, et al. A two-stage preference-based evolutionary multi-objective approach for capability planning problems[J]. Knowledge-Based Systems, 2012, 31: 128 - 139.

[118] XU Z. A strongly polynomial FPTAS for the symmetric quadratic knapsack problem[J]. European Journal of Operational Research, 2012, 218(2): 377 - 381.

[119] YANG Z, WANG G, CHU F. An effective grasp and tabu search for the 0-1 quadratic knapsack problem[J]. Computers & Operations Research, 2013, 40(5): 1176 - 1185.

[120] ZHANG Q, LI H. MOEA/D: a multiobjective evolutionary algorithm based on decomposition[J]. IEEE Transactions on Evolutionary Computation, 2007, 11(6): 712-731.

[121] ZITZLER E, LAUMANNS M, THIELE L. SPEA2: improving the strength Pareto evolutionary algorithm[J]. TIK-Report, 2001, 103.

[122] ZITZLER E, THIELE L, LAUMANNS M, et al. Performance assessment of multiobjective optimizers: an analysis and review[J]. IEEE Transactions on Evolutionary Computation, 2003, 7(2): 117-132.

[123] BLADO D, TORIELLO A. Relaxation analysis for the dynamic knapsack problem with stochastic item sizes[J]. SIAM Journal on Optimization, 2019, 29(1): 1-30.

[124] BHALGAT A, GOEL A, KHANNA S. Improved approximation results for stochastic knapsack problems[C]//Proceedings of the Twenty-Second Annual ACM-SIAM Symposium on Discrete Algorithms. Society for Industrial and Applied Mathematics, 2011: 1647-1665.

[125] BOUMAN P C, VAN DEN AKKER J M, HOOGEVEEN J A. Recoverable robustness by column generation[C]//European Symposium on Algorithms. Berlin, Heidelberg: Springer, 2011: 215-226.

[126] CHEN Y, HAO J K. Iterated responsive threshold search for the quadratic multiple knapsack problem[J]. Annals of Operations Research, 2015, 226(1): 101-131.

[127] COHN A M, BARNHART C. The stochastic knapsack problem with random weights: a heuristic approach to robust transportation planning[C]//Proceedings of the Triennial Symposium on Transportation Analysis, 1998.

[128] CACCHIANI V, CAPRARA A, GALLI L, et al. Recoverable robustness for railway rolling stock planning[C]//Proceedings of 8th Workshop on Algorithmic Approaches for Transportation Modeling, Optimization, and Systems (ATMOS'08). Schloss Dagstuhl-Leibniz-Zentrum fuer Informatik, 2008, 9: 1-13.

[129] CICERONE S, D'ANGELO G, DI STEFANO G, et al. Recoverable robustness in shunting and timetabling[M]//Robust and online large-scale optimization. Berlin, Heidelberg, Springer: 2009: 28-60.

[130] CHEN Y, HAO J K, GLOVER F. An evolutionary path relinking approach for

the quadratic multiple knapsack problem[J]. Knowledge-Based Systems, 2016, 92: 23-34.

[131] DEAN B C, GOEMANS M X, VONDRÁK J. Approximating the stochastic knapsack problem: the benefit of adaptivity[J]. Mathematics of Operations Research, 2008, 33(4): 945-964.

[132] GIBSON M R, OHLMANN J W, FRY M J. An agent-based stochastic ruler approach for a stochastic knapsack problem with sequential competition[J]. Computers & Operations Research, 2010, 37(3): 598-609.

[133] GOEL A, INDYK P. Stochastic load balancing and related problems[C]//Proceedings of 40th Annual Symposium on Foundations of Computer Science (Cat. No. 99CB37039). IEEE, 1999: 579-586.

[134] HARTMAN J C, PERRY T C. Approximating the solution of a dynamic, stochastic multiple knapsack problem[J]. Control and Cybernetics, 2006, 35: 535-550.

[135] KLEINBERG J, RABANI Y, TARDOSE. Allocating bandwidth for bursty connections[J]. SIAM Journal on Computing, 2000, 30(1): 191-217.

[136] LISSER A, LOPEZ R. Stochastic quadratic knapsack with recourse[J]. Electronic Notes in Discrete Mathematics, 2010, 36: 97-104.

[137] LIEBCHEN C, LÜBBECKE M, MÖHRING R, et al. The concept of recoverable robustness, linear programming recovery, and railway applications [M]//Robust and online large-scale optimization. Berlin, Heidelberg: Springer, 2009: 1-27.

[138] MORTON D P, WOOD R K. On a stochastic knapsack problem and generalizations[M]//Advances in computational and stochastic optimization, logic programming, and heuristic search. Boston, MA: Springer, 1998: 149-168.

[139] PIKE-BURKE C, GRUNEWALDER S. Optimistic planning for the stochastic knapsack problem[C]//Proceedings of Artificial Intelligence and Statistics. PMLR, 2017: 1114-1122.

[140] PERRY T C, HARTMAN J C. An approximate dynamic programming approach to solving a dynamic, stochastic multiple knapsack problem[J]. International Transactions in Operational Research, 2009, 16(3): 347-359.

[141] STEINBERG E, PARKS M S. A preference order dynamic program for a

knapsack problem with stochastic rewards[J]. Journal of the Operational Research Society, 1979, 30(2): 141-147.

[142] TÖNISSEN D D, VAN DEN AKKER J M, HOOGEVEEN J A. Column generation strategies and decomposition approaches for the two-stage stochastic multiple knapsack problem[J]. Computers & Operations Research, 2017, 83: 125-139.

[143] WOLPERT D H, MACREADY W G. No free lunch theorems for optimization[J]. IEEE Transactions on Evolutionary Computation, 1997, 1(1): 67-82.

[144] BURKE E K, HYDE M, KENDALL G, et al. A classification of hyper-heuristic approaches[M]//Handbook of metaheuristics. Boston, MA: Springer, 2010: 449-468.

[145] CRAINIC T G, TOULOUSE M. Parallel meta-heuristics[M]//Handbook of metaheuristics. Boston, MA: Springer, 2010: 497-541.

[146] GROËR C, GOLDEN B, WASIL E. A library of local search heuristics for the vehicle routing problem[J]. Mathematical Programming Computation, 2010, 2(2): 79-101.

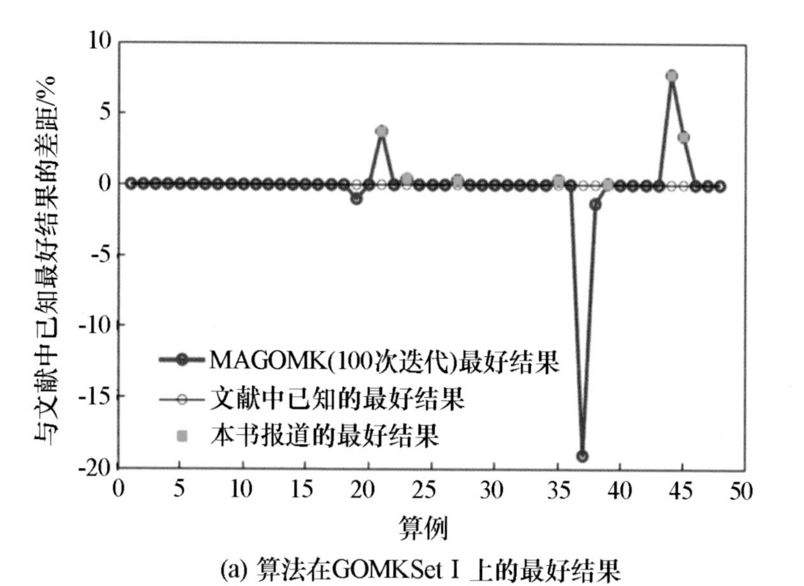

(a) 算法在GOMKSet I 上的最好结果

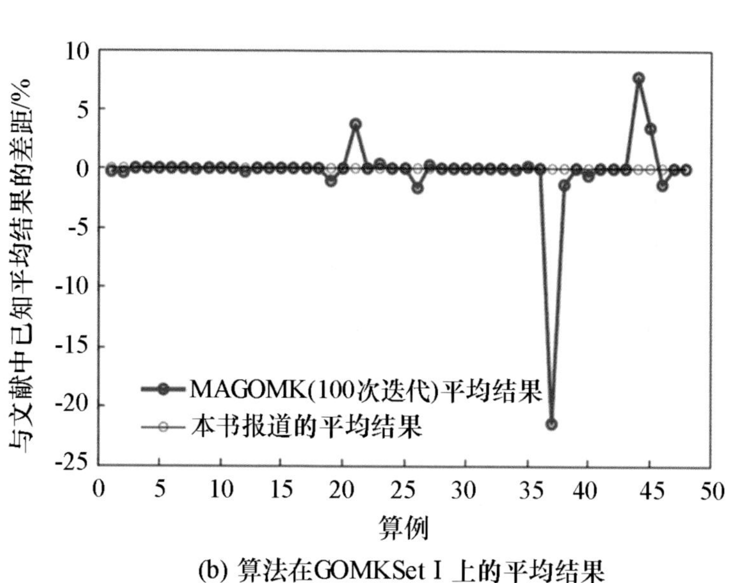

(b) 算法在GOMKSet I 上的平均结果

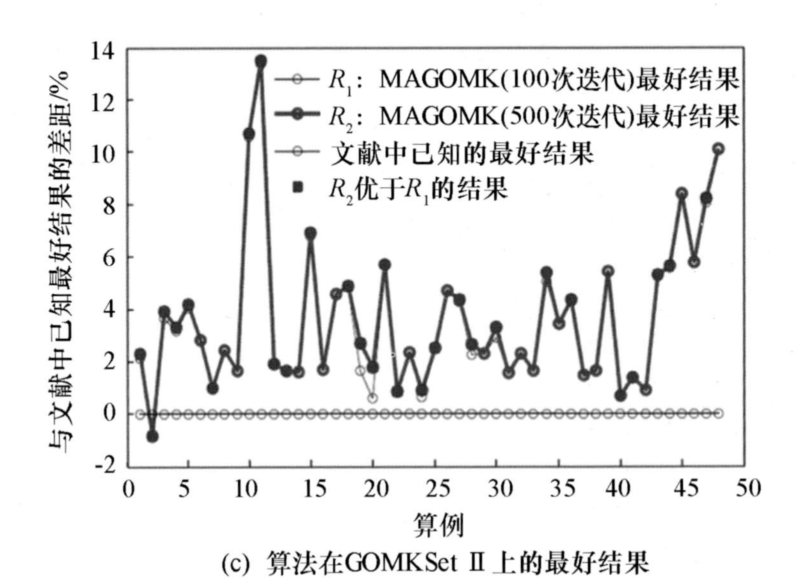

(c) 算法在GOMKSet Ⅱ上的最好结果

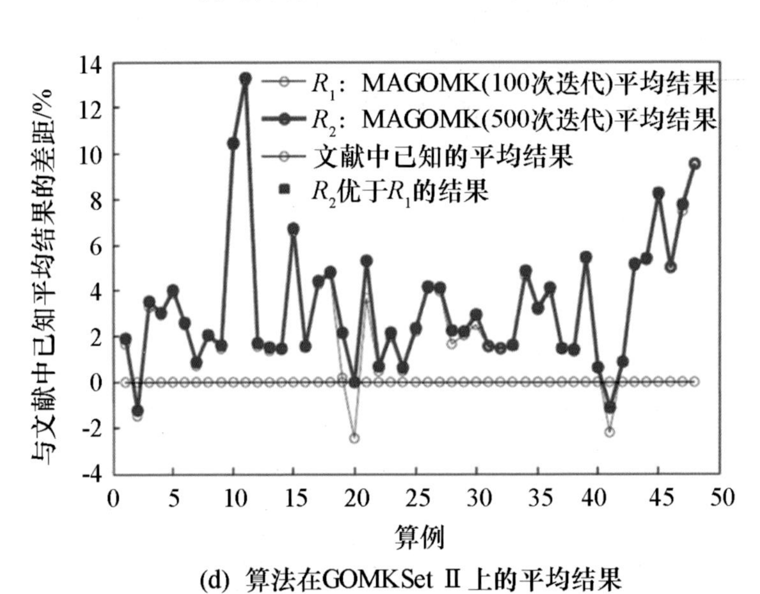

(d) 算法在GOMKSet Ⅱ上的平均结果

图 4.3　MAGQMK 在标准测试算例上的计算结果

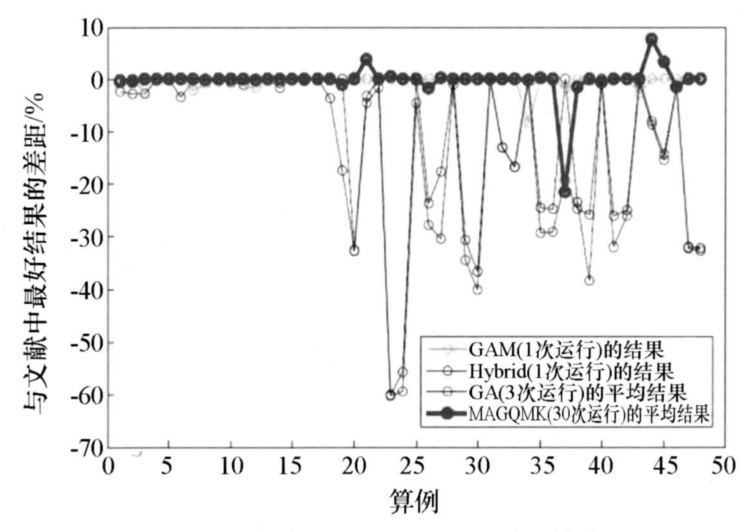

(a) 在GOMKSet Ⅰ 上的对比结果

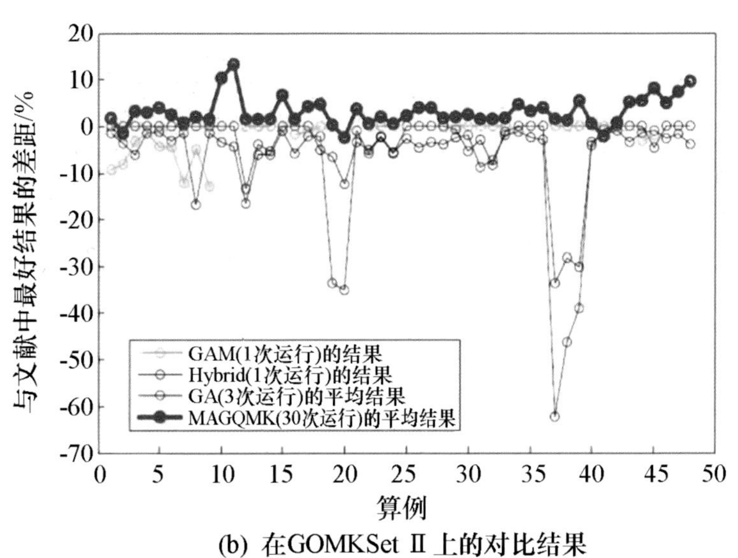

(b) 在GOMKSet Ⅱ 上的对比结果

图 4.4　MAGQMK 与文献中最好的 3 个算法结果对比

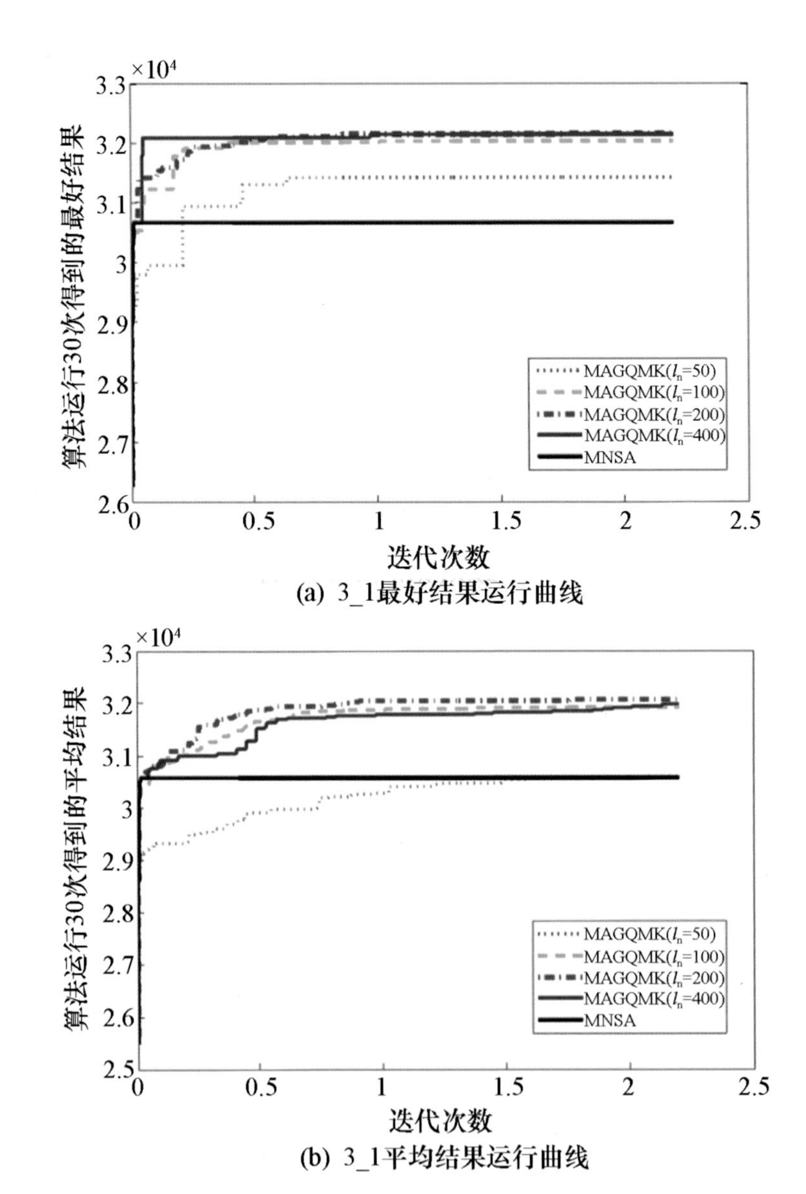

(a) 3_1最好结果运行曲线

(b) 3_1平均结果运行曲线

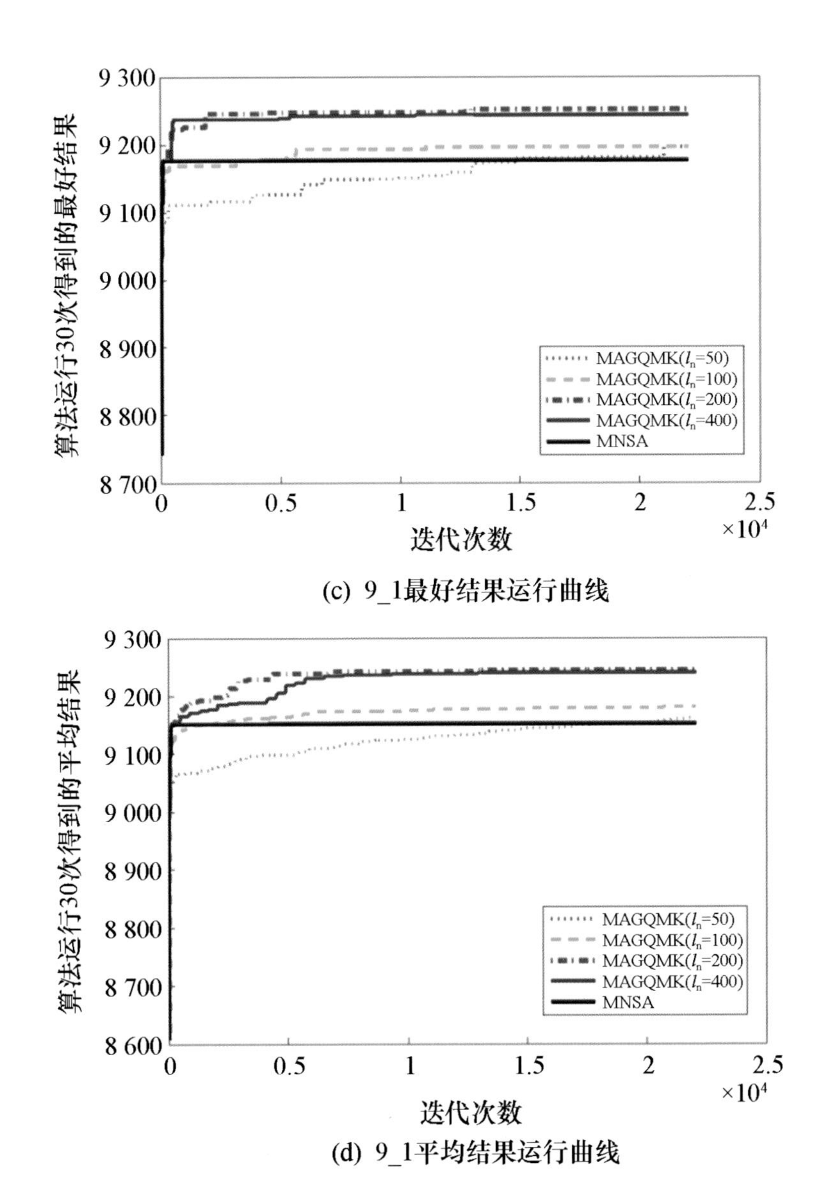

(c) 9_1最好结果运行曲线

(d) 9_1平均结果运行曲线

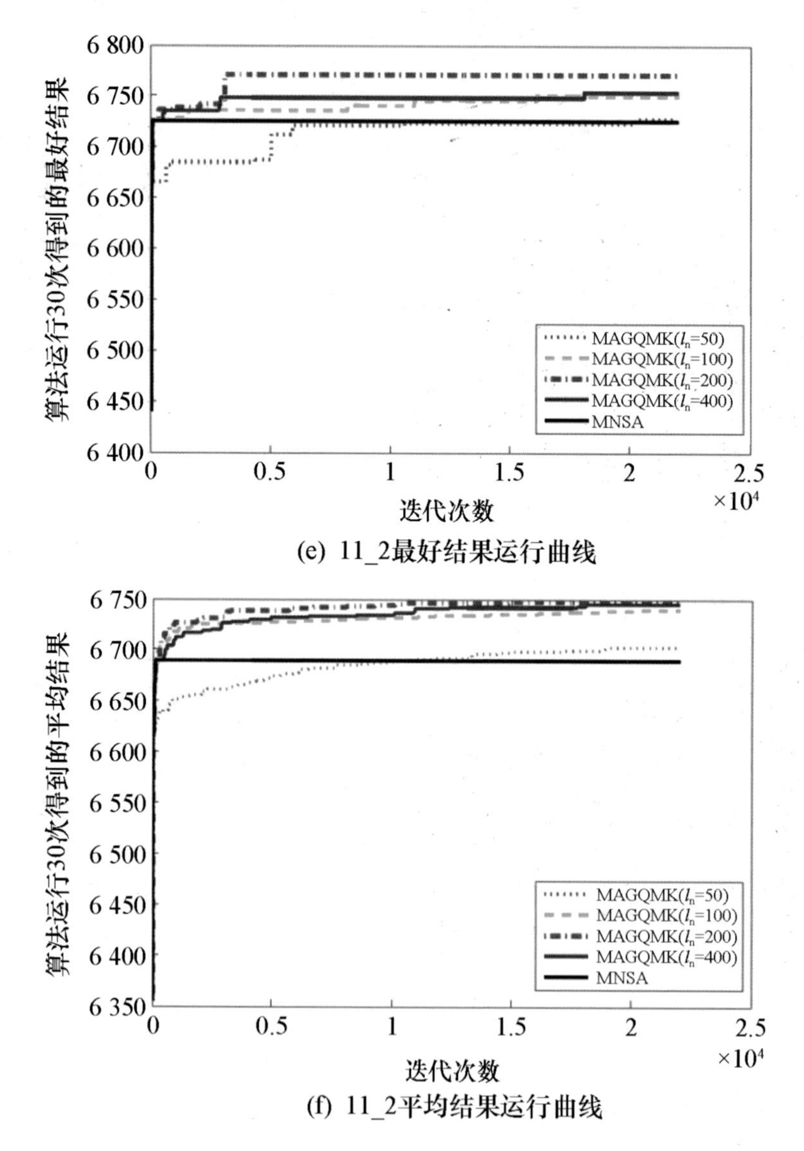

(e) 11_2最好结果运行曲线

(f) 11_2平均结果运行曲线

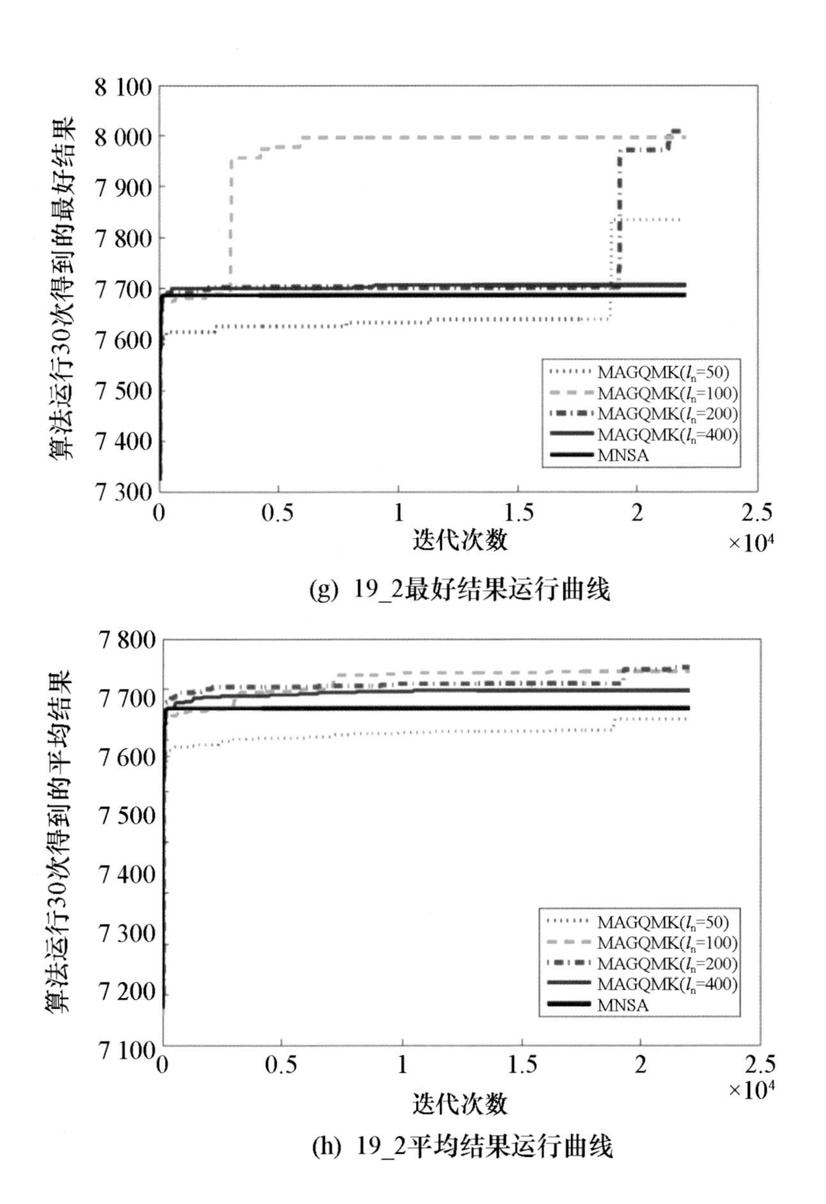

(g) 19_2最好结果运行曲线

(h) 19_2平均结果运行曲线

图 4.5　MAGQMK 采用 4 个不同的 l_n 值在 4 个代表性算例上的运行过程

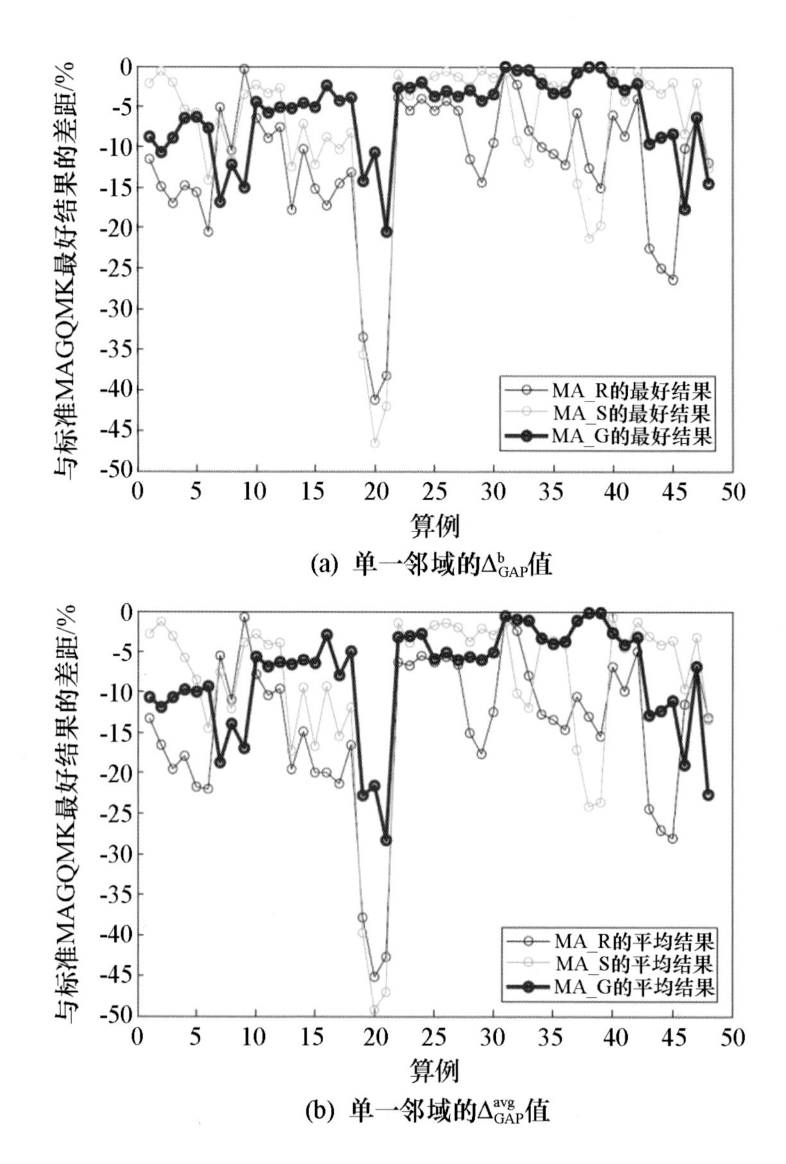

(a) 单一邻域的$\Delta_{\mathrm{GAP}}^{\mathrm{b}}$值

(b) 单一邻域的$\Delta_{\mathrm{GAP}}^{\mathrm{avg}}$值

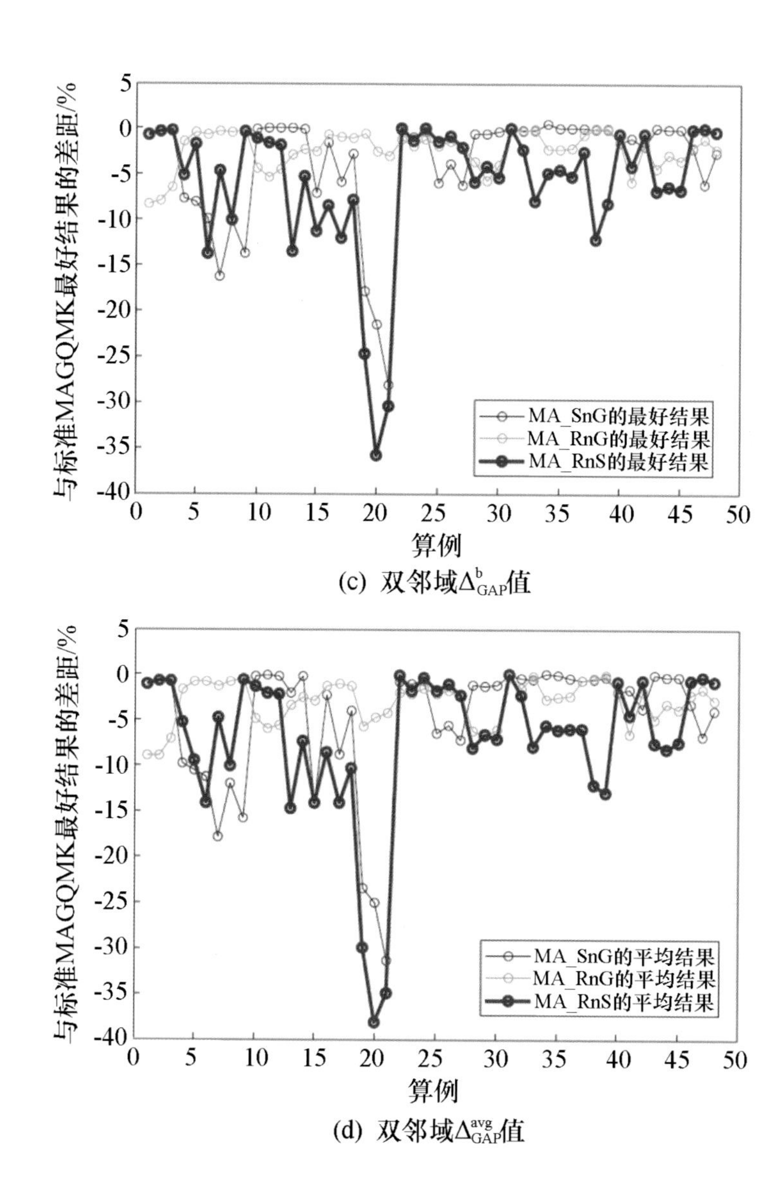

(c) 双邻域Δ_{GAP}^{b}值

(d) 双邻域Δ_{GAP}^{avg}值

图 4.6　变体算法与标准 MAGQMK 的 Δ_{GAP}^{b}和 Δ_{GAP}^{avg}值

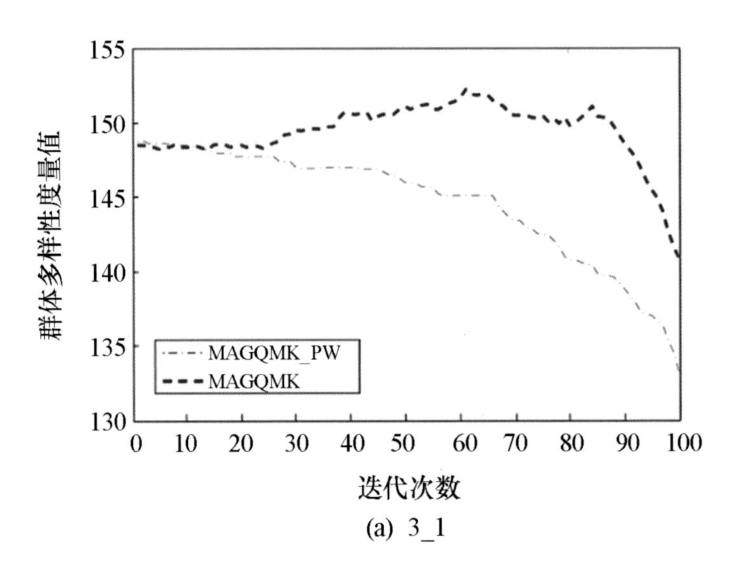
155
150
145
140
135
130
群体多样性度量值
0
10
20
30
40
50
60
70
80
90
100
迭代次数
MAGQMK_PW
MAGQMK

(a) 3_1

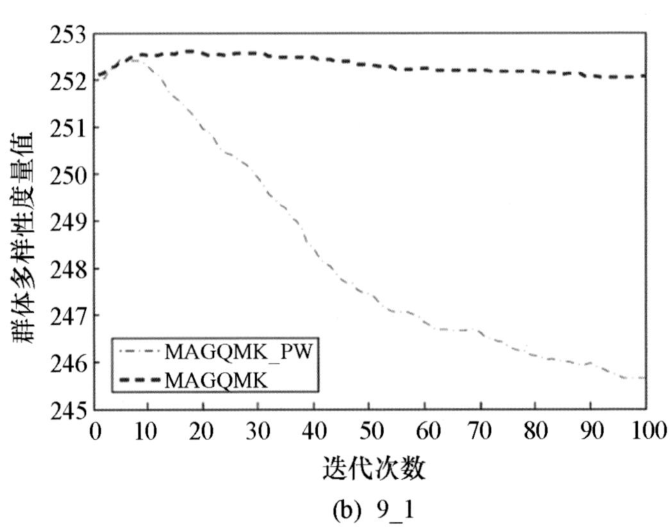
253
252
251
250
249
248
247
246
245
群体多样性度量值
0
10
20
30
40
50
60
70
80
90
100
迭代次数
MAGQMK_PW
MAGQMK

(b) 9_1

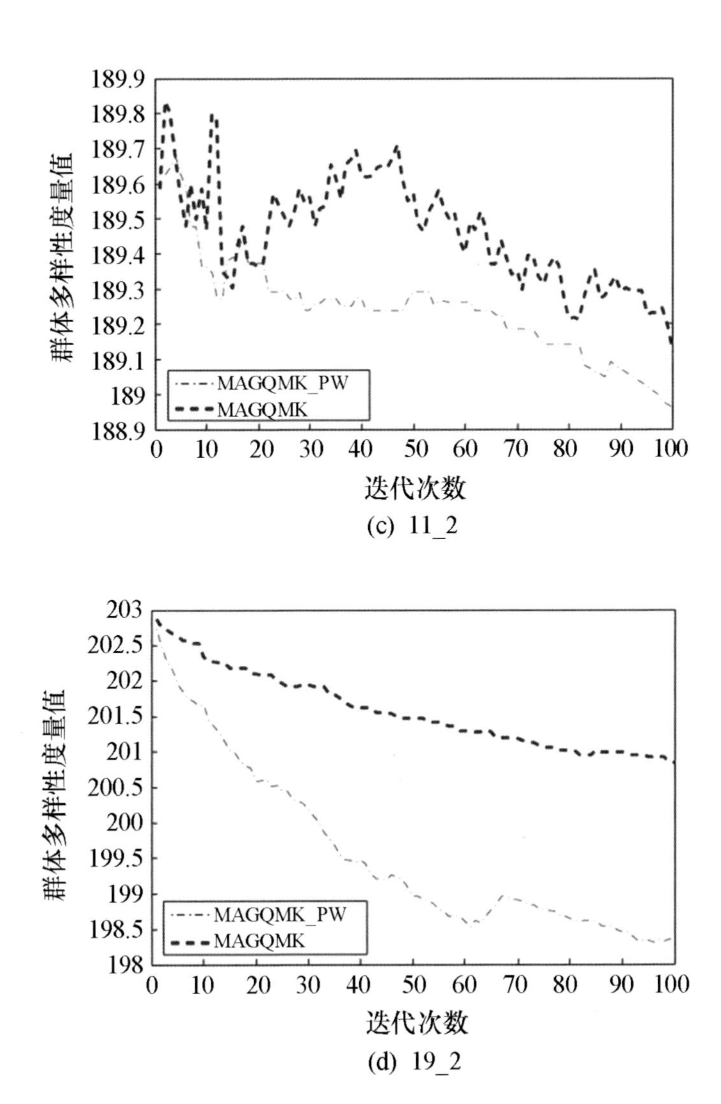

图 4.7　群体多样性随着迭代次数的变化图

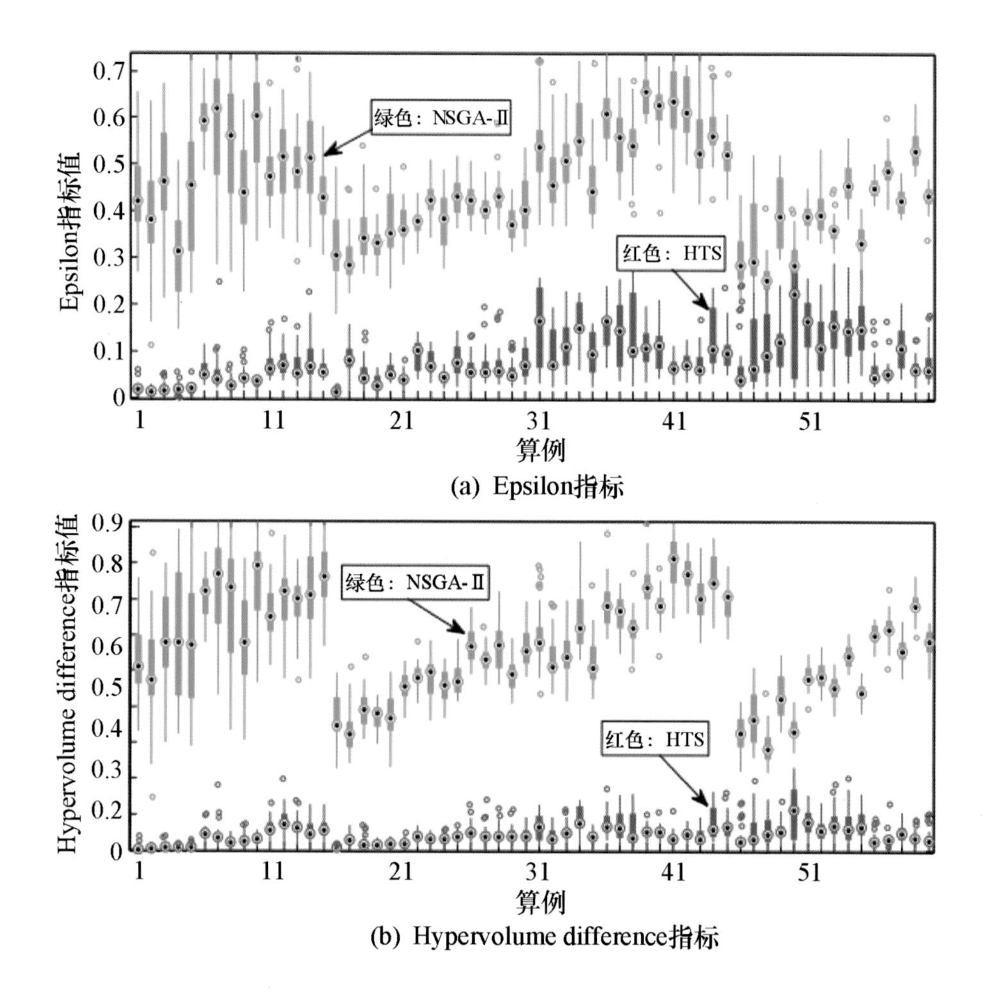

(a) Epsilon指标

(b) Hypervolume difference指标

图 5.2　HTS 和 NSGA-Ⅱ在 60 个标准测试算例上的计算结果

注：按照 Epsilon 指标和 Hypervolume difference 指标进行统计展示；针对每个算例和每个指标，图中对每个算法运行 30 次获得的 30 个结果进行统计；指标值越低结果越好。

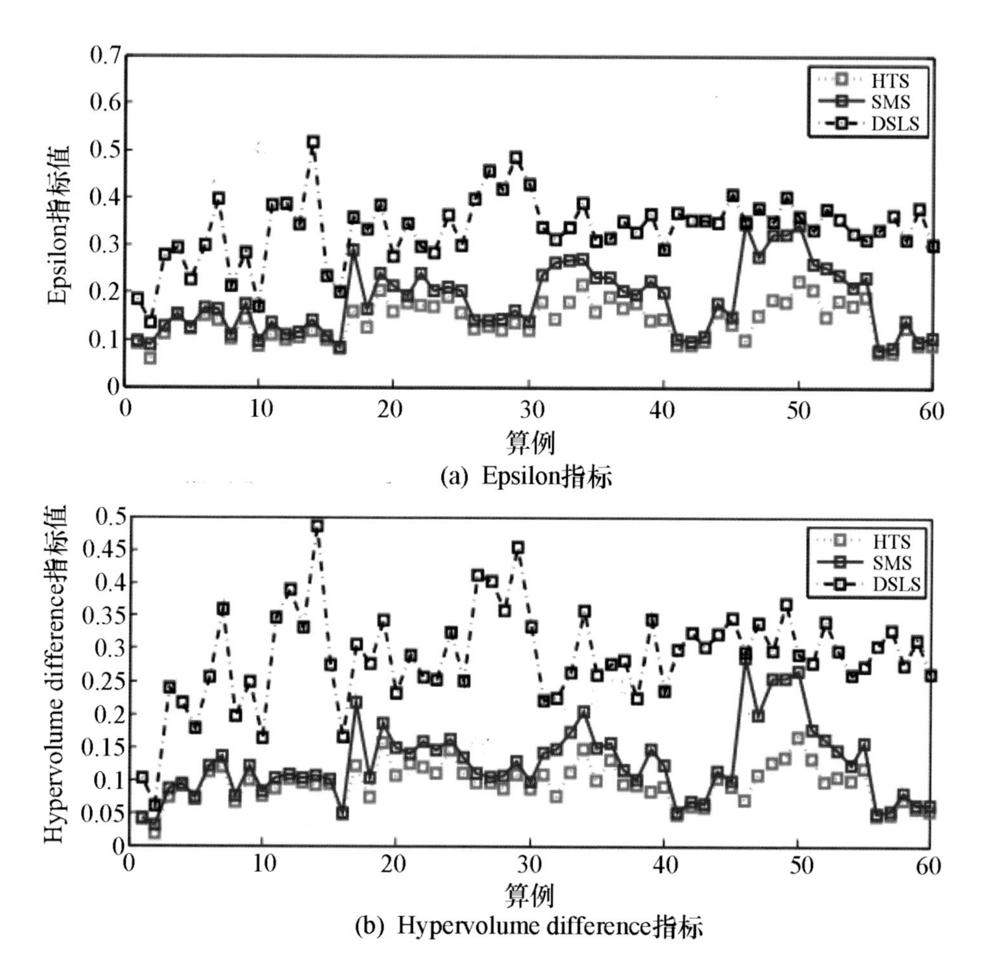

图 5.3　HTS 与其两个简化算法的计算结果

注：按照 Epsilon 指标和 Hypervolume difference 指标进行展示；对于每个算例和每个指标，图中的值时每个算法运行 30 次所得 30 个结果的平均值；指标值越低表明结果越好。

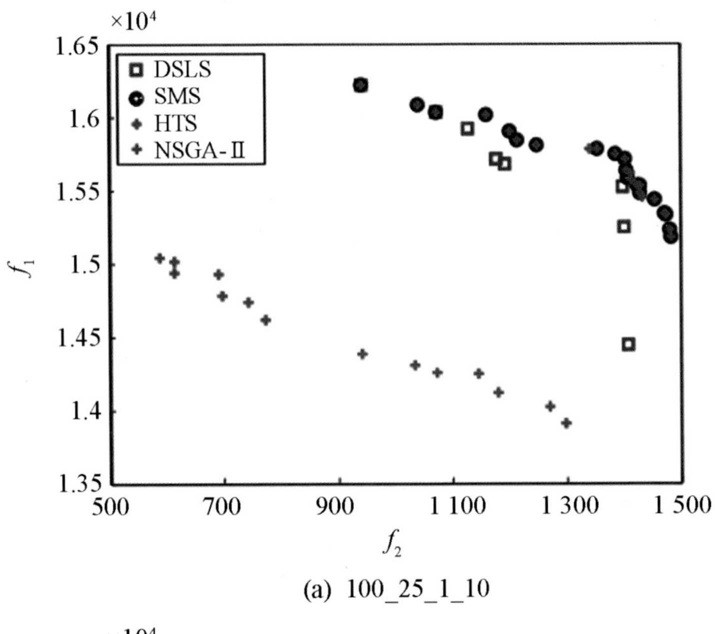

(a) 100_25_1_10

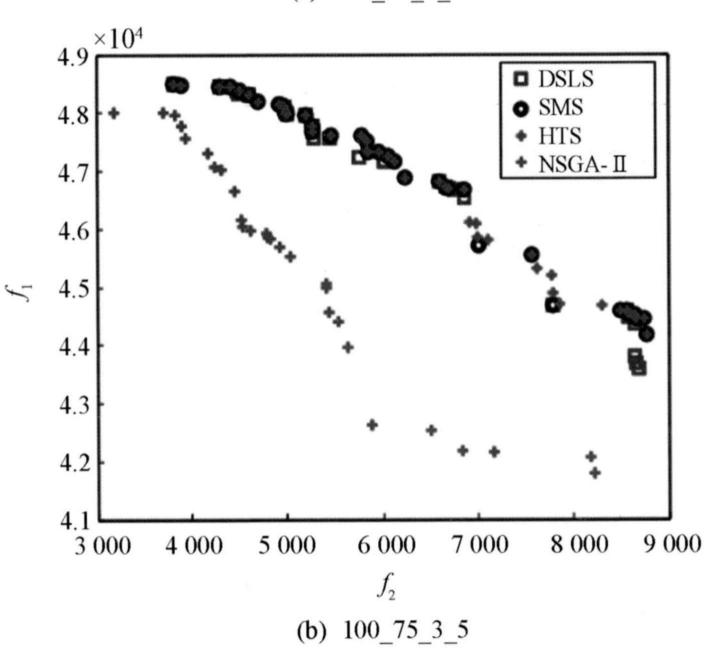

(b) 100_75_3_5

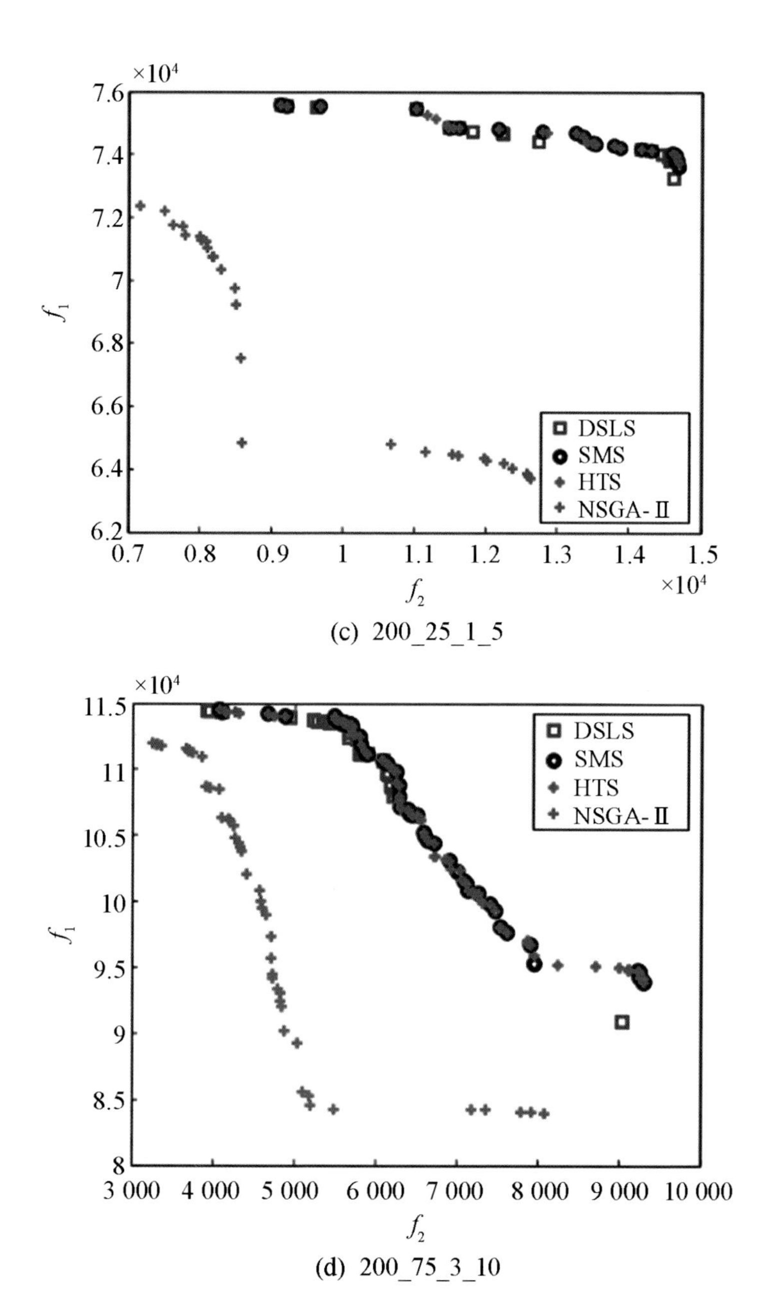

(c) 200_25_1_5

(d) 200_75_3_10

图 5.4　4 种算法（每个运行 30 次）在 4 个代表性算例上的输出结果

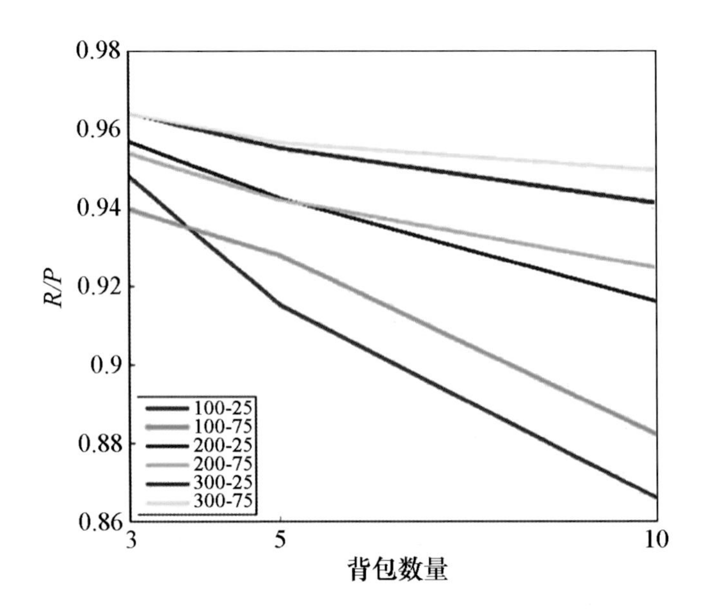

图 6.21　当获得最高 P 值时，不同算例集的 R/P 值（IRTS）

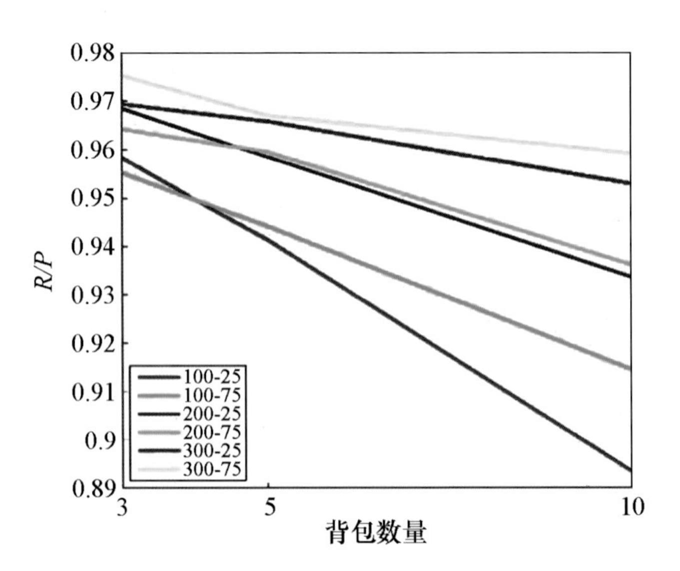

图 6.22　当获得最高 R 值时，不同算例集的 R/P 值（IRTS）